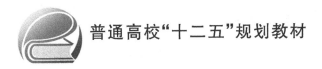

普通高校"十二五"规划教材

51系列单片机原理及应用

楼然苗　胡佳文　李光飞
刘玉良　李韵磊　叶继英　编著

U0245551

北京航空航天大学出版社

内 容 简 介

本书包含 3 部分内容:第 1 部分介绍 51 系列单片机的硬件资源、汇编指令与 C 语言编程基础;第 2 部分介绍单片机课程实验;第 3 部分介绍单片机设计应用实例,给出了完整的汇编与 C 语言源程序及注释。

本书针对课程教学特点,强调实践与创新,书中 10 个课程实验及 3 个设计应用实例给出了汇编和 C 语言两种程序,为教师教学和学生自学提供了方便;第 2 部分的课程实验内容,使得课堂教材与实验指导书合二为一。

本书适合作为高等院校单片机原理及应用类课程教材,也可作为电子技术人员设计参考用书。与本书同期配套出版的还有《51 系列单片机课程设计指导》教材,欢迎选用。

图书在版编目(CIP)数据

51 系列单片机原理及应用 / 楼然苗等编著. -- 北京 : 北京航空航天大学出版社,2014.10

ISBN 978 - 7 - 5124 - 1592 - 8

Ⅰ. ①5… Ⅱ. ①楼… Ⅲ. ①单片微型计算机 - C 语言 - 程序设计 Ⅳ. ①TP368.1②TP312

中国版本图书馆 CIP 数据核字(2014)第 221721 号

51 系列单片机原理及应用

楼然苗　胡佳文　李光飞
刘玉良　李韵磊　叶继英　编著

责任编辑　杨　昕

*

北京航空航天大学出版社出版发行

北京市海淀区学院路 37 号(邮编 100191)　http://www.buaapress.com.cn
发行部电话:(010)82317024　传真:(010)82328026
读者信箱:emsbook@gmail.com　邮购电话:(010)82316524
北京建宏印刷有限公司印装　各地书店经销

*

开本:710×1 000　1/16　印张:21.75　字数:464 千字
2014 年 10 月第 1 版　2023 年 1 月第 3 次印刷　印数:3 401～3 900 册
ISBN 978 - 7 - 5124 - 1592 - 8　定价:49.00 元

前　言

本教材可选择汇编或 C 语言进行单片机编程教学,内容强调学生实际开发程序能力的培养,提供完整的汇编及 C 语言源程序文档、实验电路图、实验电路板 PCB 制作图,集课堂教学教材与实验指导于一体,方便学校教师、学生选用。

全书内容分为 3 个部分。第 1 部分介绍 51 系列单片机的硬件资源、汇编与 C 语言编程基础;第 2 部分介绍单片机课程实验;第 3 部分介绍单片机汇编与 C 语言程序设计应用实例,给出了完整的汇编与 C 语言源程序。

各部分安排如下。

第 1 部分:51 系列单片机原理。

第 1 章:绪论。了解单片机的发展史,理解单片机的应用模式,熟悉单片机的应用开发过程。

第 2 章:单片机基本结构与工作原理。理解内部结构及引脚功能,掌握 RAM 中 SFR 和数据区地址划分,掌握 ROM 中程序复位及中断入口地址,掌握 4 个输入/输出口的特点,掌握所有 SFR 的意义及特点。

第 3 章:单片机的汇编指令系统。了解什么是寻址方式和指令系统,掌握 51 系列的寻址方式和指令格式,掌握 111 条指令的使用方法。

第 4 章:单片机汇编语言程序设计基础。了解程序设计的一般规律,掌握不同程序结构的单片机汇编程序设计的基本方法,程序举例。

第 5 章:单片机 C 语言程序设计。掌握单片机 C 语言程序设计的一般格式、C 程序的数据类型、运算符和表达式及一般语法结构。

第 6 章:单片机基本单元结构与操作原理。掌握定时器和中断的基本结构及汇编与 C 语言编程方法,理解串行口的基本结构及汇编与 C 语言编程方法。

第 2 部分:51 系列单片机实验。

第 7 章:实验 1　LED 小灯实验。

第 8 章：实验 2 定时器/计数器实验。

第 9 章：实验 3 定时器中断实验。

第 10 章：实验 4 串行口通信实验。

第 11 章：实验 5 按键接口实验。

第 12 章：实验 6 八位共阳 LED 数码管实验。

第 13 章：实验 7 LCD 液晶显示器实验。

第 14 章：实验 8 时钟电路的设计制作。

第 15 章：实验 9 DS1302 实时时钟设计。

第 16 章：实验 10 数字温度计设计。

第 3 部分：51 系列单片机设计应用实例。

第 17 章：实例 1 8×8 点阵 LED 字符显示器的设计。

第 18 章：实例 2 8 路输入模拟信号数值显示器的设计。

第 19 章：实例 3 15 路电器遥控器的设计。

附录 A：网络资源内容说明（下载地址：www. buaapress. com. cn 下载专区）。

附录 B："单片机原理及应用"课程的教学大纲（参考）。

附录 C："单片机原理及应用实验"课程的教学大纲（参考）。

附录 D："单片机原理及应用实验"课程的实验报告（式样参考）。

本书在出版、编辑过程中得到了北京航空航天大学出版社的大力支持，在此表示衷心的感谢。同时对编写中参考的多部著作的作者表示深深的谢意。

更多教学资源请访问浙江海洋学院精品课程网站（http://61. 153. 216.116/jpkc/jpkc/dpj/）及浙江海洋学院慕课网（http://mooc. chaoxing. com/course/541906. html）。

作　者
2014 年 5 月
于浙江海洋学院

目　　录

第 2 部分　51 系列单片机实验

第1部分
51系列单片机原理

第 1 章 绪 论

1.1 嵌入式系统

1.1.1 现代计算机的技术发展史

1. 始于微型机的嵌入式应用时代

电子数字计算机诞生于 1946 年 2 月 15 日,在其后漫长的历史进程中,计算机始终是在特殊的机房中运行,通常用来实现数值计算,直到 20 世纪 70 年代微处理器的出现,计算机才出现了历史性的变化。以微处理器为核心的微型计算机以其小型、低价、高可靠性等特点,迅速走出机房。基于高速数值解算能力的微型机表现出的智能化水平,引起了控制专业设计应用人员的兴趣,他们考虑将微型机嵌入到一个对象体系中,实现对象体系的智能化控制。早先,设计人员将微型计算机经电气加固、机械加固,并配置各种外围接口电路,安装到大型机械加工系统中。这样,计算机便失去了原来的形态与通用的计算机功能。为了区别于原有的通用计算机系统,人们把面向工控领域对象,嵌入到工控应用系统中,实现嵌入式应用的计算机称为嵌入式计算机系统,简称嵌入式系统。因此,嵌入式系统诞生于微型机时代,其嵌入性本质是将一个计算机嵌入到一个对象体系中去。

2. 现代计算机技术发展的两大分支

由于嵌入式计算机系统要嵌入到对象体系中,实现的是对象的智能化控制,因此,它有着与通用计算机系统完全不同的技术要求与技术发展方向。通用计算机系统的技术要求是高速、海量的数值计算,技术发展方向是总线速度的无限提升,存储容量的无限扩大。而嵌入式计算机系统的技术要求则是对象的智能化控制能力,技术发展方向是与对象系统密切相关的嵌入性能、控制能力及控制的可靠性。

早期,人们勉为其难地将通用计算机系统进行改装,在大型设备中实现嵌入式应用。然而,对于众多的对象系统(如家用电器、仪器仪表和工控单元等),无法嵌入通用计算机系统,况且嵌入式系统与通用计算机系统的技术发展方向完全不同,因此,必须独立地发展通用计算机系统与嵌入式计算机系统,这就形成了现代计算机技术发展的两大分支。如果说微型机的出现使计算机进入到现代计算机发展阶段,那么嵌入式计算机系统的诞生则标志着计算机进入了通用计算机系统与嵌入式计算机系统两大分支平行发展的时代,从而使计算机技术在 20 世纪末进入高速发展时期。

3. 计算机技术两大分支发展的意义

通用计算机系统与嵌入式计算机系统的专业化分工发展,导致 20 世纪末、21 世纪初,计算机技术的飞速发展。计算机专业领域集中精力发展通用计算机系统的软、硬件技术,不必兼顾嵌入式应用要求,通用微处理器迅速从 286、386、486 到奔腾系列;操作系统则迅速扩张计算机基于高速海量的数据文件处理能力,使通用计算机系统进入到尽善尽美阶段。

嵌入式计算机系统则走上了一条完全不同的道路,这条独立发展的道路就是单芯片化道路。它动员了原有的传统电子系统领域的厂家与专业人士,接过起源于计算机领域的嵌入式系统,承担起发展与普及嵌入式系统的历史任务,迅速地将传统的电子系统发展到智能化的现代电子系统时代。

现代计算机技术发展的两大分支,不仅形成了计算机发展的专业化分工,而且将发展计算机技术的任务扩展到传统的电子系统领域,使计算机成为进入人类社会全面智能化时代的有力工具。

1.1.2 嵌入式系统的定义与特点

如果了解了嵌入式(计算机)系统的由来与发展,那么对嵌入式系统就不会产生过多的误解,而能历史地、本质地、普遍适用地定义嵌入式系统。

1. 嵌入式系统的定义

按照历史性、本质性、普遍性要求,嵌入式系统可定义为"嵌入到对象体系中的专用计算机系统"。"嵌入性"、"专用性"和"计算机系统"是嵌入式系统的 3 个基本要素,"对象体系"则是指嵌入式系统所嵌入的主体系统。

2. 嵌入式系统的特点

嵌入式系统的特点与定义不同,它是由定义中的 3 个基本要素衍生出来的。不同的嵌入式系统其特点会有所差异。与"嵌入性"相关的特点:由于是嵌入到对象体系中,必须满足对象系统的环境要求,如物理环境(小型)、电气环境(可靠)、成本(价廉)等要求。与"专用性"相关的特点:软、硬件的裁剪性,满足对象要求的最小软、硬件配置等。与"计算机系统"相关的特点:嵌入式系统必须是能满足对象系统控制要求的计算机系统。与"嵌入性"和"专用性"这两个特点相呼应,所采用的计算机必须配置有与对象系统相适应的接口电路。具体来说可总结为以下 4 点:

① 面对控制对象,例如传感信号输入、人机交互操作和伺服驱动等。

② 嵌入到工控应用系统中的结构形态。

③ 能在工业现场环境中可靠运行的品质。

④ 突出控制功能,例如对外部信息的捕捉,对控制对象的实时控制,有突出控制功能的指令系统(I/O 控制、位操作、转移指令等)。

另外,在理解嵌入式系统定义时,不要与嵌入式设备相混淆。嵌入式设备是指内部有嵌入式系统的产品、设备,例如内含单片机的家用电器、仪器仪表、工控单元、机器人、手机和 PDA 等。

3. 嵌入式系统的种类

按照上述嵌入式系统的定义,只要满足定义中 3 个基本要素的计算机系统,都可称为嵌入式系统。嵌入式系统按形态可分为设备级(工控机)、板级(单板、模块)和芯片级(MPU、MCU、SoC)。

(1) 工控机

工控机是将通用计算机进行机械加固、电气加固改造后构成的,其特点是软件丰富,体积大。

(2) 通用 CPU 模块

通用 CPU(Central Processing Unit,中央处理器)模块是由通用 CPU 构成的各种形式的主机板系统,一般用在大量数据处理的场合,体积较小。

(3) 嵌入式微处理器

嵌入式微处理器是在通用微处理器(Micro Processor Unit,简称 MPU)的基核上,增添一些外围单元和接口构成单芯片形态的计算机系统,如 80386EX,它将定时器/计数器、DMA、中断系统、串行口、并行口和看门狗(WDT)等集成在一个芯片上。

(4) 单片机

单片机也称微控制器(Micro Controller Unit,简称 MCU)。它有唯一的专门为嵌入式应用系统设计的体系结构与指令系统,最能满足嵌入式应用要求。单片机是完全按嵌入式系统要求设计的单芯片形态应用系统,最能满足面对控制对象、应用系统的嵌入,现场的可靠运行及非凡的控制品质等要求,是发展最快、品种最多、数量最大的嵌入式系统。

有些人把嵌入式处理器当作嵌入式系统,但由于嵌入式系统是一个嵌入式计算机系统,因此,只有将嵌入式处理器构成一个计算机系统,并作为嵌入式应用时,这样的计算机系统才可称作嵌入式系统。

4. 嵌入式系统的发展

嵌入式系统与对象系统密切相关,其主要技术发展方向是满足嵌入式应用要求,不断扩展对象系统要求的外围电路,如 ADC(Analog-to-Digital Converter,模/数转换)、DAC(Digital-to-Analog Converter,数/模转换)、PWM(Pulse Width Modulation,脉宽调制)、日历时钟、电源监测和程序运行监测电路等,形成满足对象系统要求的应用系统。嵌入式系统作为一个专用计算机系统,要不断向计算机应用系统发展。因此,可以把定义中的专用计算机系统扩展成满足对象系统要求的计算机应用系统。

1.2　单片机的技术发展历史

嵌入式系统虽然起源于微型计算机时代,然而,微型计算机的体积、价位、可靠性都无法满足广大对象系统的嵌入式应用要求,因此,嵌入式系统必须走独立发展道路。这条道路就是芯片化道路。将计算机做在一个芯片上,从而开创了嵌入式系统独立发展的单片机时代。

在探索单片机的发展道路时,有过两种模式:一种是将通用计算机直接芯片化的模式,它将通用计算机系统中的基本单元进行裁剪后,集成在一个芯片上,构成单片微型计算机;另一种是完全按嵌入式应用要求设计的,满足嵌入式应用要求的体系结构、微处理器、指令系统、总线方式、管理模式等。Intel 公司的 MCS-48、MCS-51 就是按照第 2 种模式发展起来的单片形态的嵌入式系统(单片微型计算机)。MCS-51 是在 MCS-48 探索基础上,进行全面、完善发展的嵌入式系统。MCS-51 的体系结构已成为单片嵌入式系统的典型结构体系。

1.2.1　单片机发展的三大阶段

单片机诞生后,经历了 SCM、MCU、SoC 三大阶段。

① SCM 即单片微型计算机(Single Chip Microcomputer)阶段,主要是寻求最佳的单片形态嵌入式系统的最佳体系结构。其代表芯片有通用 CPU 68XX 系列和专用 CPU MCS-48 系列。在开创嵌入式系统独立发展道路上,Intel 公司功不可没。

② MCU 即微控制器(Micro Controller Unit)阶段,主要的技术发展方向是:不断扩展满足嵌入式应用时对象系统要求的各种外围电路与接口电路,突显其对象的智能化控制能力。其代表产品以 8051 系列为代表,如 8031、8032、8751、89C51、89C52 等。它所涉及的领域都与对象系统相关,因此,发展 MCU 的重任不可避免地落在电气、电子技术厂家。从这一角度来看,Intel 逐渐淡出 MCU 的发展也有其客观因素。在发展 MCU 方面,最著名的厂家当数 Philips 公司。Philips 公司以其在嵌入式应用方面的巨大优势,将 MCS-51 从单片微型计算机迅速发展到微控制器。

③ 单片机是嵌入式系统的独立发展之路。向 MCU 阶段发展的重要因素,就是寻求应用系统在芯片上的最大化解决。因此,专用单片机的发展自然形成了 SoC (System on Chip,片上系统)化趋势。随着微电子技术、IC(Integrated Circuit,集成电路)设计、EDA(Electronic Design Automation,电子设计自动化)工具的发展,基于 SoC 的单片机应用系统设计将会有较大的发展。因此,对单片机的理解可以从单片微型计算机、单片微控制器延伸到单片应用系统。

1.2.2　单片机的发展方向

未来单片机技术的发展趋势可归结为以下 10 个方面:

① 主流型机发展趋势。8 位单片机为主流,再加上少量 32 位机,而 16 位机可能被淘汰。

② 全盘 CMOS 化趋势。指在 HCMOS 基础上的 CMOS 化,CMOS 速度慢、功耗低,而 HCMOS 具有本质低功耗及低功耗管理技术等特点。

③ RISC 体系结构的发展。早期 CISC 指令较复杂,指令代码周期数不统一,难以实现流水线(单周期指令仅为 1 MIPS)。采用 RISC 体系结构可以精简指令系统,使其绝大部分为单周期指令,很容易实现流水线作业(单周期指令速度可达 12 MIPS)。

④ 大力发展专用单片机。

⑤ OTPROM、Flash ROM 成为主流供应状态。

⑥ ISP 及基于 ISP 的开发环境。Flash ROM 的应用推动了 ISP(系统可编程技术)的发展,这样就可实现目标程序的串行下载,PC 机可通过串行电缆对远程目标高度仿真及更新软件等。

⑦ 单片机的软件嵌入。目前的单片机只提供程序空间,没有驻机软件。ROM 空间足够大后,可装入如平台软件、虚拟外设软件和用于系统诊断管理的软件等,以提高开发效率。

⑧ 实现全面功耗管理,例如采用 ID 模式、PD 模式、双时钟模式、高速时钟/低速时钟模式和低电压节能技术,目前已有在 1.2~1.8 V 低电压下工作的单片机。

⑨ 推行串行扩展总线,例如 I^2C 总线等。

⑩ ASMIC 技术的发展,例如以 MCU 为核心的专用集成电路(ASIC)。

1.2.3　常用单片机

1. 8051 单片机

8051 单片机最早由 Intel 公司推出,其后,多家公司购买了 8051 的内核,使得以 8051 为内核的 MCU 系列单片机在世界上产量最大,应用也最广泛,有人推测 8051 可能最终形成事实上的标准 MCU 芯片。

2. ATMEL 公司的单片机

ATMEL 公司的单片机(AVR 单片机)是内载 Flash 存储器的单片机,芯片上的 Flash 存储器附在用户的产品中,可随时编程,再编程,使用户的产品设计容易,更新换代方便。AVR 单片机采用增强的 RISC 结构,使其具有高速处理能力,在一个时钟周期内可执行复杂的指令,每兆赫可实现 1 MIPS 的处理能力。单片机工作电压为 2.7~6.0 V,可实现耗电最优化。它广泛应用于计算机外部设备、工业实时控制、仪器仪表、通信设备、家用电器、宇航设备等各个领域。

3. Motorola 单片机

Motorola 是世界上最大的单片机厂商,从 M6800 开始,先后开发了 4 位、8 位、16 位、32 位的单片机,其中典型的代表有 8 位机 M6805 和 M68HC05 系列,8 位增强型机 M68HC11 和 M68HC12,16 位机 M68HC16,32 位机 M683XX。Motorola 单片机的特点之一是在同样的速度下所用的时钟频率较 Intel 类单片机低得多,因而使得其高频噪声低,抗干扰能力强,更适用于工控领域及恶劣的环境。

4. Microchip 单片机

Microchip 单片机的主要产品是 PIC 16C 系列和 17C 系列 8 位单片机,CPU 采用 RISC 结构,分别仅有 33、35、58 条指令,采用 Harvard 双总线结构,运行速度快,工作电压低,功耗低,具有较大的输入、输出直接驱动能力,价格低,一次性编程,体积小。它适用于用量大、档次低、价格敏感的产品,在办公自动化设备、消费电子产品、电讯通信、智能仪器仪表、汽车电子、金融电子、工业控制等不同领域都有广泛的应用。PIC 系列单片机在世界单片机市场份额排名中逐年提高,发展非常迅速。

5. Winbon 单片机

华邦公司的 W77、W78 系列 8 位单片机的引脚和指令集与 8051 兼容,但每个指令只需要 4 个时钟周期,速度提高了 3 倍,工作频率最高可达 40 MHz。同时增加了看门狗定时器(WatchDog Timer)、6 组外部中断源、2 组异步串行口(UART)、2 组数据指针(Data Pointer)及状态等待控制引脚(Wait State Control Pin)。W741 系列的 4 位单片机带液晶驱动,可在线烧录,保密性高,采用低操作电压(1.2~1.8 V)。

1.2.4 单片机的应用领域

单片机技术应用范围广,在各种仪器仪表生产单位,石油、化工和纺织机械的加工行业,家用电器等领域都有广泛的应用。例如:

① 应用单片机设计的自动电饭煲、冰箱、空调机、全自动洗衣机等家用电器。

② 应用单片机设计的卫星定位仪、雷达、电子罗盘等导航设备。

③ 通过 IC 卡、单片机、PC 机构成的各种收费系统。

④ 各种测量工具,如时钟、超声波水位尺、水表、电表、电子称重计。

⑤ 各种教学用仪器、医疗仪器、工业用仪器仪表。

⑥ 由单片机构成的霓虹灯控制器。

⑦ 汽车安全系统、消防报警系统。

⑧ 智能玩具、机器人。

1.3 单片机的应用模式

1.3.1 单片机应用系统的结构

单片机应用系统的结构可分为以下 3 个层次。

① 单片机:通常指应用系统主处理机,即所选择的单片机器件。

② 单片机系统:指按照单片机的技术要求和嵌入对象的资源要求而构成的基本系统,如电源、时钟电路、复位电路和扩展存储器等与单片机构成了单片机系统。

③ 单片机应用系统:指能满足嵌入对象要求的全部电路系统。在单片机系统的基础上加上面向对象的接口电路,如前向通道、后向通道、人机交互通道(键盘、显

示器、打印机等)和串行通信口(RS-232)以及应用程序等。

单片机应用系统 3 个层次的关系如图 1.1 所示。

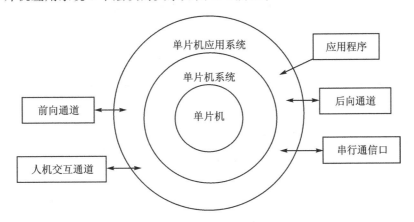

图 1.1　单片机应用系统 3 个层次的关系

1.3.2　单片机的种类

单片机可按应用领域、通用性和总线结构分类。

① 按应用领域分：家电类、工控类、通信类和个人信息终端等。

② 按通用性分：通用型和专用型(如计费率电表和电子记事簿等)。

③ 按总线结构分：总线型和非总线型。例如 89C51 为总线型，有数据总线、地址总线及相应的控制线(WR、RD、EA 和 ALE 等)；89C2051 等为非总线型，其外部引脚少，可使成本降低。

1.3.3　单片机的供应类型

按提供的存储器类型可分为以下 5 种类型。

① MASKROM 类：程序在芯片封装过程中用掩膜工艺制作到 ROM 区中，如 80C51，其适合大批生产。

② EPROM 类：紫外线可擦/写存储器类，如 87C51，其价格较贵。

③ ROMless 类：无 ROM 存储器，如 80C31，其电路扩展复杂，较少用。

④ OTPROM 类：可一次性写入程序。

⑤ Flash ROM(MTPROM)类：可多次编程写入的存储器，如 89C51、89C52，其成本低，开发调试方便，在恶劣环境下可靠性不及 OTPROM。

1.3.4　单片机的应用模式

单片机应用模式的分类如图 1.2 所示。各应用模式的结构如图 1.3～图 1.6 所示。

图 1.2　单片机应用模式的分类

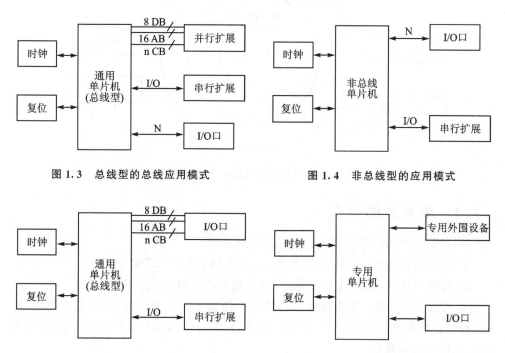

图 1.3　总线型的总线应用模式　　　　　图 1.4　非总线型的应用模式

图 1.5　总线型的非总线应用模式　　　　图 1.6　专用型的应用模式

1.4　单片机的应用开发过程

单片机的应用开发可分为以下 5 个过程：

① 硬件系统设计调试。例如电路设计、PCB 印制板绘制等。

② 应用程序的设计。可使用如 Wave、Keil - C51 等编译工具软件进行源程序编写、编译调试等。

③ 应用程序的仿真调试。指用仿真器对硬件进行在线调试或软件仿真调试，在调试中不断修改、完善硬件及软件。

④ 单片机应用程序的烧写。用专用的单片机烧写器可将编译过的二进制源程序文件写入单片机程序存储器内。

⑤ 系统脱机运行检查。进行全面检查，针对出现的问题修正硬件、软件或总体设计方案。

1.5　数制与编码

1.5.1　数制的表示

1. 常用数制

（1）十进制数

十进制数有以下两个主要特点：

① 有 10 个不同的数字符号：0、1、2、…、9。

② 低位向高位进位，采用"逢十进一"、"借一当十"的计数原则进行计数。十进制数用 D 结尾表示。

例如，十进制数（1 234.45）D 可表示为

$$（1\ 234.45）D = 1×10^3 + 2×10^2 + 3×10^1 + 4×10^0 + 4×10^{-1} + 5×10^{-2}$$

式中：10 称为十进制数的基数；10^3、10^2、10^1、10^0、10^{-1} 称为各数位的权。

（2）二进制数

在二进制中只有两个不同数码：0 和 1，采用"逢二进一"、"借一当二"的计数原则进行计数。二进制数用 B 结尾表示。

例如，二进制数（11011011.01）B 可表示为

$$（11011011.01）B = 1×2^7 + 1×2^6 + 0×2^5 + 1×2^4 + 1×2^3 + 0×2^2 + 1×2^1 + 1×2^0 + 0×2^{-1} + 1×2^{-2}$$

（3）八进制数

在八进制中有 0、1、2、…、7 八个不同数码，采用"逢八进一"、"借一当八"的计数原则进行计数。八进制数用 Q 结尾表示。

例如，八进制数（503.04）Q 可表示为

$$（503.04）Q = 5×8^2 + 0×8^1 + 3×8^0 + 0×8^{-1} + 4×8^{-2}$$

（4）十六进制数

在十六进制中有 0、1、2、…、9，A、B、C、D、E、F 共 16 个不同的数码，采用"逢十六进一"、"借一当十六"的计数原则进行计数。十六进制数用 H 结尾表示。

例如，十六进制数（4E9.27）H 可表示为

$$（4E9.27）H = 4×16^2 + 14×16^1 + 9×16^0 + 2×16^{-1} + 7×16^{-2}$$

2. 不同进制数之间的相互转换

表 1.1 列出了二、八、十、十六进制数之间的对应关系，熟记这些对应关系对后续内容的学习会有较大的帮助。

（1）二、八、十六进制数转换成为十进制数

根据各进制的定义表示方式，按权展开相加，即可转换为十进制数。

【例 1-1】　将（10101）B、（72）Q 和（49）H 转换为十进制数。

$(10101)B = 1 \times 2^4 + 0 \times 2^3 + 1 \times 2^2 + 0 \times 2^1 + 1 \times 2^0 = 37$

$(72)Q = 7 \times 8^1 + 2 \times 8^0 = 58$

$(49)H = 4 \times 16^1 + 9 \times 16^0 = 73$

表 1.1　各种进制的对应关系

十进制	二进制	八进制	十六进制	十进制	二进制	八进制	十六进制
0	0	0	0	9	1001	11	9
1	1	1	1	10	1010	12	A
2	10	2	2	11	1011	13	B
3	11	3	3	12	1100	14	C
4	100	4	4	13	1101	15	D
5	101	5	5	14	1110	16	E
6	110	6	6	15	1111	17	F
7	111	7	7	16	10000	20	10
8	1000	10	8	17	10001	21	11

（2）十进制数转换为二进制数

十进制数转换二进制数,需要将整数部分和小数部分分开,采用不同方法进行转换,然后用小数点将这两部分连接起来。

① 整数部分:除 2 取余法。

具体方法是:将要转换的十进制数除以 2,取余数;再用商除以 2,再取余数,直到商等于 0 为止,将每次得到的余数按倒序的方法排列起来作为结果。

【例 1-2】 将十进制数 25 转换成二进制数。

```
 2 │    2 5   余数
   2 │  1 2   1      最低位
     2 │  6   0
       2 │ 3  0
         2 │ 1  1
           0  1      最高位
```

所以(25)D=(11001)B。

② 小数部分:乘 2 取整法。

具体方法是:将十进制小数不断地乘以 2,直到积的小数部分为 0(或直到所要求的位数)为止,每次乘得的整数部分依次排列即为相应进制的数码。最初得到的为最高位,最后得到的为最低位。

【例 1-3】 将十进制数 0.625 转换成二进制数。

$$
\begin{array}{r}
0.625 \\
\times \quad 2 \\
\hline
1.250 \\
\times \quad 2 \\
\hline
0.5 \\
\times \quad 2 \\
\hline
1.0
\end{array}
$$

1　最高位

0

1　最低位

所以(0.625)D$=(0.101)$B。

将十进制数 25.625 转换成二进制数，只要将例 1-2 和例 1-3 的整数和小数部分组合在一起即可，即(25.625)D$=(11001.101)$B。

（3）十进制数转换为八进制数

十进制转换为八进制数与十进制转换为二进制数类似，只不过整数部分采用除 8 取余法，小数部分采用乘 8 取整法。

【例 1-4】　将十进制 193.12 转换成八进制数。

整数部分转换

$$
\begin{array}{r}
8\ \lfloor 1\ 9\ 3 \quad 余数 \\
8\ \lfloor 2\ 4 \quad 1 \quad 最低位 \\
8\ \lfloor 3 \quad 0 \\
0 \quad 3 \quad 最高位
\end{array}
$$

小数部分转换

$$
\begin{array}{rl}
0.12 & 取整 \\
\times \quad 8 & \\
\hline
0.96 & 0 \quad 最高位 \\
\times \quad 8 & \\
\hline
7.68 & 7 \\
\times \quad 8 & \\
\hline
5.44 & 5 \quad 最低位
\end{array}
$$

所以(193.12)D$\approx(301.075)$Q。

（4）二进制与八进制之间的相互转换

由于$2^3=8$，故可采用"合三为一"的原则，即从小数点开始向左、右两边各以 3 位为一组进行二—八转换，不足 3 位的以 0 补足，便可以将二进制数转换为八进制数。反之，每位八进制数用 3 位二进制数表示，就可将八进制数转换为二进制数。

【例 1-5】　将(10100101.01011101)B 转换为八进制数。

010 100 101.010 111 010

　2　 4　 5 . 2　 7　 2

即(10100101.01011101)B$=(245.272)$Q。

【例 1-6】　将(756.34)Q 转换为二进制数。

　7　 5　 6 . 3　 4

111 101 110 . 011　100

即(756.34)Q$=(111101110.0111)$B。

（5）二进制与十六进制之间的相互转换

由于$2^4=16$，故可采用"合四为一"的原则，即从小数点开始向左、右两边各以 4 位为一组进行二—十六转换，不足 4 位的以 0 补足，便可以将二进制数转换为十六进制数。反之，每位十六进制数用 4 位二进制数表示，就可将十六进制数转换为二进制数。

【例 1-7】 将(1111111000111.100101011)B 转换为十六进制数。

0001 1111 1100 0111 . 1001 0101 1000

　1　F　C　7　.　9　　5　　8

即(111111000111.100101011)B＝(1FC7.958)H。

【例 1-8】 将(79BD.6C)H 转换为二进制数。

　7　9　B　D　.　6　　C

0111 1001 1011 1101 . 0110 1100

即(79BD.6C)H＝(111100110111101.011011)B。

1.5.2　常用的信息编码

1. 二—十进制 BCD 码(Binary-Coded Decimal)

二—十进制 BCD 码是指每位十进制数用 4 位二进制数编码表示。由于 4 位二进制数可以表示 16 种状态,因此可丢弃最后 6 种状态,而选用 0000～1001 来表示十进制数中的 0～9。这种编码又叫做 8421 码。十进制数与 BCD 码的对应关系如表 1.2 所列。

表 1.2　十进制数与 BCD 码的对应关系

十进制数	BCD 码	十进制数	BCD 码	十进制数	BCD 码	十进制数	BCD 码
0	0000	5	0101	10	00010000	15	00010101
1	0001	6	0110	11	00010001	16	00010110
2	0010	7	0111	12	00010010	17	00010111
3	0011	8	1000	13	00010011	18	00011000
4	0100	9	1001	14	00010100	19	00011001

【例 1-9】 将十进制数 69.25 转换成 BCD 码。

　6　9　.　2　5

0110 1001 . 0010 0101

结果为(69.25)D＝(01101001.00100101)BCD。

【例 1-10】 将 BCD 码 100101111000.01010110 转换成十进制数。

1001 0111 1000 . 0101 0110

　9　7　8　.　5　6

结果为(100101111000.01010110)BCD＝(978.56)D。

2. 字符编码(ASCII 码)

计算机使用最多、最普遍的是 ASCII(American Standard Code for Information Interchange)字符编码,即美国信息交换标准代码,如表 1.3 所列。

ASCII 码的每个字符用 7 位二进制数表示,其排列次序为 d6d5d4d3d2d1d0,其中 d6 为高位,d0 为低位。而一个字符在计算机内实际是用 8 位表示,正常情况下,最高一位 d7 为"0"。7 位二进制数共有 128 种编码组合,可表示 128 个字符,其中数字 10 个、大小写英文字母 52 个、其他字符 32 个和控制字符 34 个。

- 数字 0~9 的 ASCII 码为 30H~39H。
- 大写英文字母 A~Z 的 ASCII 码为 41H~5AH。
- 小写英文字母 a~z 的 ASCII 码为 61H~7AH。

对于 ASCII 码表中的 0、A、a 的 ASCII 码 30H、41H、61H 应尽量记住,其余的数字和字母的 ASCII 码可按数字和字母的顺序以十六进制的规律算出。

表 1.3 7 位 ASCII 代码表

d3 d2 d1d0 位	0 d6 d5 d4 位							
	000	001	010	011	100	101	110	111
0000	NUL	DEL	SP	0	@	P	`	p
0001	SOH	DC1	!	1	A	Q	a	q
0010	STX	DC2	"	2	B	R	b	r
0011	ETX	DC3	#	3	C	S	c	s
0100	EOT	DC4	$	4	D	T	d	t
0101	ENQ	NAK	%	5	E	U	e	u
0110	ACK	SYN	&	6	F	V	f	v
0111	BEL	ETB	´	7	G	W	g	w
1000	BS	CAN	(	8	H	X	h	x
1001	HT	EM	)	9	I	Y	i	y
1010	LF	SUB	*	:	J	Z	j	z
1011	VT	ESC	+	;	K	〔	k	{
1100	FF	FS	,	<	L	\	l	|
1101	CR	GS	-	=	M	〕	m	}
1110	SO	RS	·	>	N	↑	n	~
1111	SI	HS	/	?	O	←	o	DEL

1.5.3 常用的数据码制

数在计算机中是以二进制形式表示的,数又分为有符号数和无符号数。原码、反码、补码都是计算机中常用的有符号定点数的表示方法。

一个有符号定点数的最高位为符号位,其中:0 表示正数,1 表示负数。

1. 原 码

原码就是这个数本身的二进制有符号数表示形式。例如：

10000001 就是数 −1 的原码表示。

00000001 就是数 +1 的原码表示。

2. 反 码

正数的反码和补码都是和原码相同的。如数 +1 的原码、反码、补码都用 00000001 表示。

负数的反码是将其原码除符号位之外的各位求反,例如数 −3 的反码表示为

$$[-3]_{反}=[10000011]_{反}=11111100$$

3. 补 码

负数的补码是将其原码除符号位之外的各位求反之后在末位再加 1。例如数 −3 的补码表示为

$$[-3]_{补}=[10000011]_{补}=11111101$$

计算机中设立补码一是为了方便计算机将减法运算转换为加法运算。如 $[a-b]_{补}$ 的减法运算可用加法运算 $[a]_{补}+[-b]_{补}$ 完成;二是为了统一正 0(00000000) 和负 0(10000000),这两个数其实都是 0,但它们的原码却有不同的表示。它们的补码都是一样的,都表示为 00000000。

思考与练习

1. 什么是嵌入式系统？有哪些类型？

2. 通用计算机系统与一般嵌入式系统的主要区别在哪里？

3. 单片机的主要发展方向是什么？

4. 单片机的主要供应类型是指什么？分几种供应类型？在研制开发时主要用什么单片机？

5. 什么是总线型单片机？什么是非总线型单片机？什么是总线应用模式？什么是非总线应用模式？

6. 简述单片机的开发过程。

7. 将十进制数 235 分别转换为二进制数、八进制数、十六进制数。

8. 将十进制数 100.75 分别转换为二进制数、八进制数、十六进制数。

9. 将十六进制数(7F.F)H 转换为十进制数。

10. 将二进制数(10110011.11)B 转换为十进制数。

11. 以每位同学的学号后三位为十进制数,分别将其转换为二进制数和十六进制数。

第2章 单片机基本结构与工作原理

2.1 单片机的基本结构

典型 51 系列单片机是由 CPU 系统、CPU 外围电路和基本功能单元 3 部分组成,如图 2.1 所示。

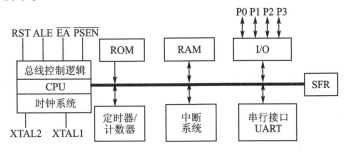

图 2.1 80C51 系列单片机的基本原理

1. CPU 系统

CPU 系统包括 CPU、时钟系统和总线控制逻辑 3 部分,其功能如下。

① CPU:包含运算器和控制器,专门为面向控制对象、嵌入式特点而设计,有突出控制功能的指令系统。

② 时钟系统:包含振荡器、外接谐振元件,可关闭振荡器或 CPU 时钟,其结构如图 2.2 所示。

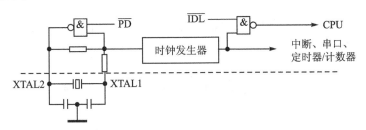

图 2.2 80C51 的时钟系统

③ 总线控制逻辑:主要用于管理外部并行总线时序及系统的复位控制,外部引脚有 RST、ALE、EA 和 PSEN。

RST:系统复位用。

ALE:数据(地址)复用控制。

EA：外部/内部程序存储器选择。

PSEN：外部程序存储器的取指控制。

单片机的上电复位电路如图 2.3 所示。

2. CPU 外围电路

CPU 外围电路包括 ROM、RAM、I/O 口和

SFR 4 部分。

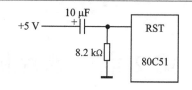

图 2.3　单片机的上电复位电路

① ROM：程序存储器。其地址范围一般为 0000H～FFFFH(64 KB)。按供应类型分：80C51 为 ROMless，83C51 为 MaskROM，87C51 为 EPROM/OTPROM，89C51 为 FlashROM。

② RAM：数据存储器。其地址范围为 00H～FFH(256 B)，是一个多用多功能数据存储器，有数据存储、通用工作寄存器、堆栈和位地址等空间。

③ I/O 端口：80C51 系列单片机有 4 个 8 位 I/O 端口，分别为 P0、P1、P2 和 P3。P0 为数据总线端口，P2、P0 组成 16 位地址总线，P1 为用户端口，P3 用于基本输入/输出端口以及并行扩展总线的读/写控制。P0、P2 可作用户 I/O 端口，P3 不作基本功能单元的输入/输出端口时，可作用户 I/O 端口。

④ SFR：特殊功能寄存器。它是单片机中的重要控制单元，CPU 对所有片内功能单元的操作都是通过访问 SFR 实现的。

3. 基本功能单元

80C51 系列单片机具有定时器/计数器、中断系统和串行接口 3 个基本功能单元。

① 定时器/计数器：80C51 有 2 个 16 位定时器/计数器，定时时靠内部的分频时钟频率计数实现；作计数器时，对 P3.4 (T0) 或 P3.5 (T1) 端口的低电平脉冲计数。

② 中断系统：80C51 共有 5 个中断源，即 2 个外部中断源$\overline{INT0}$、$\overline{INT1}$、2 个定时器溢出中断(T0、T1)和 1 个串行中断。

③ 串行接口 UART：该接口一个带有移位寄存器工作方式的通用异步收发器，不仅可以作串行通信，还可用于移位寄存器方式的串行外围扩展。RXD(P3.0)脚为接收端口，TXD (P3.1) 脚为发送端口。

2.2　单片机内部资源的配置

单片机内部资源可按需要进行扩展与删减，单片机中许多型号系列是在基核的基础上扩展部分资源形成的。这些可扩展的资源有：

① 时钟系统的速度扩展，最高可达 75 MHz。

② ROM 的容量扩展，最高可达 64 KB。

③ RAM 的容量扩展，从 256～1 024 B。

④ I/O 口的数量扩展，从 4 个 I/O 口到 7 个 I/O 口。

⑤ SFR 的功能扩展,如 ADC、PWM、WDT 和模拟比较器等。

⑥ 中断系统的中断源扩展。

⑦ 定时器/计数器的数量扩展和功能扩展。

⑧ 串行口的增强扩展。

⑨ 电源供给系统的宽电压适应性扩展,从 1.2～6 V。

为了满足小型廉价的要求,可将单片机的某些资源删减,某些功能加强,以满足不同场合的使用要求。这些删减或增加资源的内容如下:

① 总线删减。例如 89C1051、89C2051 删除了并行总线,成为 20 脚封装。

② 功能删减。例如 89C1051 只有 1 KB 的 ROM、64 B 的 RAM 和 1 个定时器/计数器,删除了串行口 UART 单元。

③ 某些功能加强。例如增加模拟比较器和计数器捕捉功能等。

2.3　单片机的外部特性

2.3.1　单片机的引脚分配及功能描述

1. 80C51 单片机不同封装的引脚分配图

80C51 系列的 DIP、LCC 和 QFP 封装引脚示意图如图 2.4 所示。

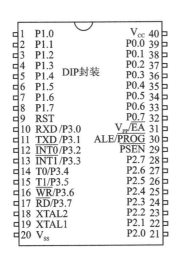
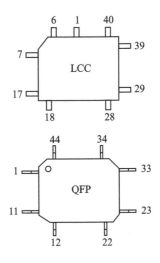

图 2.4　80C51 系列的 DIP、LCC 和 QFP 封装引脚示意图

2. 80C51 引脚功能描述

80C51 引脚功能描述如表 2.1 所列。

表 2.1　80C51 引脚功能描述

引脚标记	引脚编号			端口类别	引脚名称及功能描述
	DIP	LCC	QFP		
V_{SS}	20	22	16	I	地端：0 V 基准
V_{CC}	40	44	38	I	电源端：正常操作、空闲和掉电状态的供电
P0.0～P0.7	39～32	43～36	37～30	I/O	P0：开漏结构的准双向口，是 80C51 并行总线的数据总线和低 8 位地址总线；不作总线使用时，也可用作普通 I/O 口
P1.0～P1.7	1～8	2～9	40～44 1～3	I/O	P1 口：带内部上拉电阻的准双向口
P2.0～P2.7	21～28	24～31	18～25	I/O	P2 口：带内部上拉电阻的准双向口，是并行总线的高 8 位地址线；不作总线地址线时，也可用作普通 I/O 口
P3.0～P3.7	10～17	11、13～19	5、7～13	I/O	P3：带内部上拉电阻的准双向口，具有复用功能，除作普通 I/O 外，还具有以下用途：RXD：UART 的串行输入口，移位寄存器方式的数据端；TXD：UART 的串行输出口，移位寄存器方式的时钟端；INT0：外部中断 0 输入口；INT1：外部中断 1 输入口；T0：定时器/计数器 0 输入口；T1：定时器/计数器 1 输入口；WR：片外 RAM"写"控制信号；RD：片外 RAM"读"控制信号
RST	0	10	4	I	复位端：高电平有效复位，在复位端上保持两个机器周期的高电平即可完成操作
ALE/$\overline{PROG}$	30	33	27	I/O	地址锁存允许/编程脉冲输入端；访问外部存储器时，提供 P0 作为低 8 位地址的锁存信号；编程写入时，作为编程脉冲输入端；正常操作时，输出时钟振荡器的 6 分频频率信号
$\overline{PSEN}$	29	32	36	O	外部程序存储器选通信号；使用外部程序存储器时，作为外部程序存储器的取指控制端
$V_{PP}/\overline{EA}$	31	35	29	I	内外程序存储器选择/编程写入电源输入端：EA＝0 时选择访问外部程序存储器；编程写入时输入编程电压 V_{PP}
XTAL2	18	20	14	O	谐振器端口 2：时钟振荡器反相放大器输出端
XTAL1	19	21	15	I	谐振器端口 1：时钟振荡器反相放大器输入端

2.3.2　单片机的引脚功能分类

① 基本引脚：电源 V_{CC}、V_{SS}，时钟 XTAL2、XTAL1 和复位 RST。

② 并行扩展总线：单片机总线由数据总线 P0 口，地址总线 P0 口（低 8 位）、P2

口(高 8 位)和控制总线 ALE、$\overline{PSEN}$、$\overline{EA}$,三部分组成。

③ 串行通信总线:发送口 TXD 和接收口 RXD。

④ I/O 端口:P1 口为普通 I/O 口,P3 口可复用作普通 I/O 口,P0,P2 口不作并行口时也可作普通 I/O 口。

2.3.3　单片机的引脚应用特性

1. 并行总线的构成特性

80C51 并行总线的构成如图 2.5 所示。

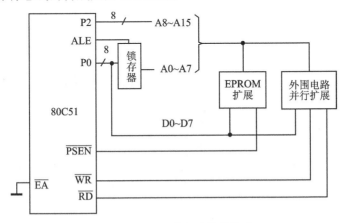

图 2.5　80C51 并行总线的构成

并行总线口特点:

① P0 口为地址/数据复用口。

② 两个独立的并行扩展空间。程序存储器使用$\overline{PSEN}$取指控制信号,数据采用$\overline{WR}$、$\overline{RD}$存取控制信号。

③ 外围扩展统一编址。在 64 KB 的空间上,可扩展外数据存储器或其他外围器件。

2. 引脚复用特性

P3 口、P0 口和 P2 口均可用作普通 I/O 口。

3. I/O 的驱动特性

由于采用 CMOS 电路,输入电流极微,通常不必考虑 I/O 端口的扇出能力;只有当负载为 LED、继电器等功率驱动元件时,才考虑 I/O 口的驱动能力。

2.4　单片机的 SFR 运行管理模式

2.4.1　80C51 中的 SFR

1. SFR 清单

80C51 共有 21 个 SFR(特殊功能寄存器),用于实现对片内 13 个电路单元的操作管理,其中 11 个可位寻址,10 个不可位寻址。表 2.2 列出了这些寄存器名及其功能特性。

表 2.2　80C51 中的 SFR

符号	寄存器名	位地址、位标记及位功能								直接地址	复位状态
		D7	D6	D5	D4	D3	D2	D1	D0		
(1)可位寻址 SFR(共 11 个)											
ACC	累加器	E7	E6	E5	E4	E3	E2	E1	E0	E0H	00H
		ACC.7	ACC.6	ACC.5	ACC.4	ACC.3	ACC.2	ACC.1	ACC.0		
B	B 寄存器	F7	F6	F5	F4	F3	F2	F1	F0	F0H	00H
		B.7	B.6	B.5	B.4	B.3	B.2	B.1	B.0		
PSW	程序状态字	D7	D6	D5	D4	D3	D2	D1	D0	D0H	00H
		CY	AC	F0	RS1	RS0	OV	—	P		
IP	中断优先权寄存器	BF	BE	BD	BC	BB	BA	B9	B8	B8H	×××00000B
		—	—	—	PS	PT1	PX1	PT0	PX0		
P3	P3 口	B7	B6	B5	B4	B3	B2	B1	B0	B0H	FFH
		P3.7	P3.6	P3.5	P3.4	P3.3	P3.2	P3.1	P3.0		
IE	中断允许寄存器	AF	AE	AD	AC	AB	AA	A9	A8	A8H	0××00000B
		EA	—	—	ES	ET1	EX1	ET0	EX0		
P2	P2 口	A7	A6	A5	A4	A3	A2	A1	A0	A0H	FFH
		P2.7	P2.6	P2.5	P2.4	P2.3	P2.2	P2.1	P2.0		
SCON	串行口控制寄存器	9F	9E	9D	9C	9B	9A	99	98	98H	00H
		SM0	SM1	SM2	REN	TB8	RB8	TI	RI		
P1	P1 口	97	96	95	94	93	92	91	90	90H	FFH
		P1.7	P1.6	P1.5	P1.4	P1.3	P1.2	P1.1	P1.0		
TCON	定时器控制寄存器	8F	8E	8D	8C	8B	8A	89	88	88H	00H
		TF1	TR1	TF0	TR0	IE1	IT1	IE0	IT0		
P0	P0 口	87	86	85	84	83	82	81	80	80H	FFH
		P0.7	P0.6	P0.5	P0.4	P0.3	P0.2	P0.1	P0.0		
(2)不可位寻址 SFR(共 10 个)											
SP	栈指示器									81H	07H
DPL	数据指针低 8 位									82H	00H
DPH	数据指针高 8 位									83H	00H
PCON	电源控制寄存器	SMOD	—	—	—	GF1	GF0	PD	IDL	87H	0×××0000B
TMOD	定时器方式寄存器	GATE	C/$\overline{T}$	M1	M0	GATE	C/$\overline{T}$	M1	M0	89H	00H
TL0	T0 寄存器低 8 位									8AH	00H
TL1	T1 寄存器低 8 位									8BH	00H

续表 2.2

符　号	寄存器名	位地址、位标记及位功能								直接地址	复位状态
		D7	D6	D5	D4	D3	D2	D1	D0		
TH0	T0 寄存器高 8 位									8CH	00H
TH1	T1 寄存器高 8 位									8DH	00H
SBUF	串行口数据缓冲器									99H	×××××××B

2. 几个特殊功能寄存器的说明

（1）ACC 累加器

累加器是 CPU 中使用最多的寄存器,简称 ACC 或 A。其主要作用如下:

① A 是 ALU 单元输入之一,也是结果存放单元。

② CPU 中大多数数据传送都通过 A,因此 A 相当于数据的中转站,如查表指令、片外存储指令等。

③ 在进行汇编压堆栈操作时,要用"PUSH　ACC"或"POP　ACC"(不能用"PUSH　A"或"POP　A")。

（2）B 寄存器

B 寄存器在乘法和除法指令中作为 ALU 的输入之一。在乘法中,ALU 的输入数为 A 和 B,运算结果低位放在 A 中,高位放在 B 中。在除法中,被除数取自 A,除数取自 B,商在 A 中,余数在 B 中。在其他情况下,B 寄存器可作为内部 RAM 的一个单元使用。

（3）程序状态字 PSW

CY　　　　　进位标志,当有进位/借位时,C＝1;否则 C＝0。

AC　　　　　半进位标志,当 D3 向 D4 位产生进位或借位时,AC＝1。

F0　　　　　标志位,用户可置位或复位。

RS1、RS0　　4 个通用寄存器组选择位。

OV　　　　　溢出标志,当带符号数运算结果超出－128～＋127 范围时,OV＝1;当无符号数乘法结果超出 255 时,或无符号数除法的除数为 0 时,OV＝1。

P　　　　　　奇偶校验标志,每条指令执行完,若 A 中 1 的个数为奇数时,P＝1;否则 P＝0,即偶校验方式。

（4）堆栈指针 SP

单片机中堆栈指针 SP 在压堆栈时的地址是向上增加的,其操作次序为先地址加 1,再压堆栈(保存数据);在出堆栈时地址是向下减小的,其操作次序为先移出数据,再地址减 1。在进行单片机堆栈操作的汇编编程时要遵循"先进后出,后进先出"

的数据操作规律。

（5）数据指针 DPTR

数据指针 DPTR 是一个 16 位的特殊功能寄存器，其主要功能是作为片外数据存储器寻址用地址寄存器（间接寻址），故称数据指针。DPTR 可直接用双字节操作，也可对 DPL、DPH 分别用单字节操作。

（6）程序计数器 PC

PC 是一个 16 位的程序计数器，它不属于特殊功能寄存器范畴，程序员不能访问PC。PC 是专门用于在 CPU 取指令期间寻址程序存储器的。PC 中总是保存着下一条要执行指令的 16 位地址。通常情况下程序是顺序执行的，当取出一条指令字节（1～3 字节）后，PC 会自动加 1。但在执行转移指令、子程序调用/返回指令或中断时，会把转向的指令地址赋给 PC。

3. SFR 的应用特性

① 可以对 SFR 进行编程操作。

② 对 SFR 编程时，必须了解该 SFR 的位定义、位地址和字节地址等情况。

③ 应用时要区分控制位与标志位。

④ 要了解标志位的清除特性（硬件自动清除或软件清除）。

2.4.2　SFR 的寻址方式

1. SFR 的直接寻址方式

在 80C51 片内 RAM 80H～FFH 地址上有两个物理空间：一个是 SFR 的单元地址；另一个是高 128 字节的数据地址。采用直接寻址访问的是 SFR，而间接寻址则访问数据存储器。

2. SFR 的位寻址与字节寻址

在 80C51 中有许多 SFR 可位操作（直接地址为×0H 或×8H），空出的 8 个地址号依次作为 8 个位地址。例如 TCON 的直接地址为 88H，而 IT0 的位地址也是88H，对 TCON 寻址使用直接寻址，而对 IT0 寻址则使用位寻址。

2.4.3　SFR 的复位状态

① I/O 端口均为 FFH 状态。

② 栈指示器 SP=07H。

③ 所有 SFR 有效位均为 0。

④ 复位时 RAM 中值不变，但上电复位时 RAM 中为随机数。

⑤ SBUF 寄存器为随机数。

2.5 单片机的 I/O 端口及应用特性

2.5.1 I/O 端口电气结构

80C51 单片机的 P0～P3 口的结构如图 2.6 所示。

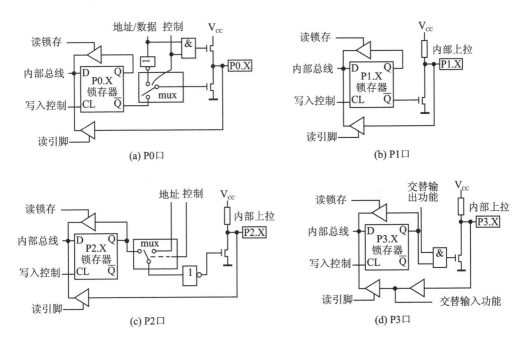

图 2.6 80C51 的 P0～P3 口的结构示意图

其特点如下：

① 锁存器加引脚结构。

② I/O 复用结构。其中 P0 口作并行扩展时为三态双向口；P3 口为功能复用 I/O 口，由内部控制端控制。

③ 准双向口结构。P0～P3 口作普通 I/O 口使用时均为准双向口。典型结构如 P1 口，输入时读引脚；输出时为写锁存器。

2.5.2 I/O 端口应用特性

① 端口的自动识别：P0、P2 总线复用，P3 功能复用，内部资源自动选择。

② 端口锁存器的读、改、写操作：都是一些逻辑运算、置位/清除和条件转移等指令。

③ 读引脚的操作指令：I/O 端口被指定为源操作数即为读引脚操作。例如，执

行"MOV A,P1"时,P1 口的引脚状态传送到累加器中;而相对应的"MOV　P0,A"指令则是将累加器的内容传送到 P1 口锁存器中。

④ 准双向口的使用:端口作输入时,读入时应先对端口置 1,然后再读引脚。

例如,将 P1 口的状态读入累加器 A 中,就需执行以下两条指令:

```
MOV    P1，＃0FFH      ;P1 口置输入状态
MOV    A，  P1         ;将 P1 口读入 A 中
```

⑤ P0 口作普通口使用:此时必须加上拉电阻。

⑥ I/O 驱动特性:P0 口可驱动 8 个 LSTTL 输入端,P1～P3 口可驱动 4 个 LSTTL 输入端。

2.6　80C51 单片机存储器系统及操作方式

2.6.1　80C51 存储器的结构

80C51 程序存储器系统结构如图 2.7 所示,其寻址范围为 64 KB(用 PC 或 DPTR)。80C51 数据存储器系统结构如图 2.8 所示,其片内数据存储器寻址范围为 256 字节,80H～FFH 只能间接寻址;其片外数据存储器寻址范围为 64 KB(用 DPTR、P2、@Ri)。

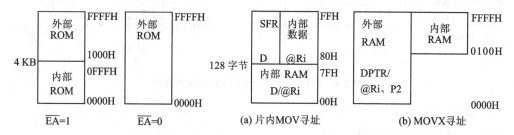

图 2.7　80C51 程序存储器系统结构　　　图 2.8　80C51 数据存储器系统结构

2.6.2　程序存储器及其操作

程序存储器用来存放应用程序和表格常数,设计中应根据要求选择容量,其最大容量为 64 KB。单片机复位时,PC 指针从 0000H 地址开始执行,应用程序的第一条指令的入口必须是 0000H。程序存储器中有一些固定的中断入口地址,这些入口地址不得安放其他程序,而应安放中断服务程序,这些入口地址如表 2.3 所列。

程序存储器的操作有以下两种:

① 程序指令的自主操作　按 PC 指针顺序操作。

② 表格常数的查表操作　用 MOVC 指令。

表 2.3　程序存储器的固定中断入口地址

ROM 地址	用　途	优先级
0000H	复位程序运行入口	高
0003H	外中断 0 入口地址(IE0)	
000BH	定时器 T0 溢出中断入口地址(TF0)	
0013H	外中断 1 入口地址(IE1)	
001BH	定时器 T1 溢出中断入口地址(TF1)	
0023H	串行口发送/接收中断入口地址(RI+TI)	低
002BH	定时器 T2 中断入口地址(TF2+EXF2)	

2.6.3　数据存储器结构及应用特性

1. 片内数据存储器的结构

数据存储器的结构如图 2.9 所示。

2. 片内数据存储器的应用特性

① 复用特性：除工作寄存器、位寻址单元有固定空间外，其余没有使用的都可作数据缓冲区。

② 复位特性：复位时 SP＝07H，PSW＝00H，故栈底在 07H，工作寄存器为 0 组。

③ 活动堆栈：程序运行中 SP 可随意设置。

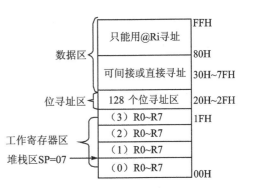

图 2.9　数据存储器的结构

3. 片内数据存储器的汇编操作

① 直接寻址操作，如：

MOV　　30H，＃50H　　　;30H←＃50H

② 间接寻址操作，如：

MOV　　R0,＃30H　　　;30H 赋给 R0
MOV　　A,@R0　　　　;A←((R0))

③ 位地址空间操作，如：

SETB　　00H　　　　　;20H 的 D0 位置 1

④ 工作寄存器的选择操作，如：

MOV　　PSW,＃18H　　;RS1、RS0 置成 11

⑤ 堆栈操作，如：

```
MOV     SP,＃70H         ;栈底设在 70H
```

4. 片外数据存储器的汇编操作

使用 MOVX 命令,只能与 A 交换数据。

(1) 读入数据

```
MOVX    A,＠TPDR
```

或

```
MOVX    A,＠Ri
```

(2) 写入数据

```
MOVX    ＠TPTR,A
```

或

```
MOVX    ＠Ri,A
```

例如:将片外 567FH 单元的数写入累加器 A 中,用 DPTR 指针操作为

```
MOV     DPTR,＃567FH
MOVX    A,＠DPTR
```

用 R0 间接寻址操作为

```
MOV     R0,＃7FH
MOV     P2,＃56H
MOVX    A,＠R0
```

思考与练习

1. 典型单片机由哪几部分组成?每部分的基本功能是什么?

2. 单片机的主要性能包括哪些?

3. 描述单片机的引脚功能。

4. 在 80C51 中,SFR 在内存里占什么空间?其寻址方式是怎样的?

5. 在 80C51 中,哪些内存空间可以位寻址?位地址范围是多少?

6. 在 80C51 的 80H～FFH 内分哪两个物理空间?如何区别这两个空间?

7. 在程序存储器中,程序复位运行及中断入口的地址在哪里?

第 3 章　单片机的汇编指令系统

3.1　单片机指令系统基础

3.1.1　汇编指令格式

汇编指令是指令系统最基本的书写方式,由助记符、目的操作数和源操作数组成。其格式如下:

(标号:)　操作码助记符　目的操作数,源操作数　(;注释)

标号可以是以英文字母开头的字母、数字和某些特殊符号的序列。某条指令一旦赋予标号,则在其他指令的操作数中即可引用该标号作为引用地址。

操作码助记符用来表达指令的操作功能。

操作数是指令操作所需的数据、地址或符号(标号)。通常右边操作数为源操作数,左边为目的操作数。例如:

MOV	A,#40H	;把数 40H 送入累加器 A 中
MOV	A,40H	;把 40H 中的数送入累加器 A 中
INC	A	;A 中的数加 1
CJNE	A,#40H,LOOP1	;A 中数与数 40H 比较,不等时程序转到 LOOP1
DIV	AB	;A 中内容被 B 中内容除,商在 A 中,余数在 B 中

3.1.2　指令代码格式

指令代码是程序指令的二进制数字表示方法。指令有单字节指令、双字节指令和三字节指令。第 1 个字节代码为操作码,表达了指令的操作功能;第 2、3 个字节则为操作数,可以是地址或立即数。

表 3.1 中列出了几种汇编指令与指令代码。

表 3.1　汇编指令与指令代码

代码字节	指令代码	汇编指令		指令周期
单字节	84	DIV	AB	四周期
单字节	A3	INC	DPTR	双周期
双字节	7440	MOV	A,#40H	单周期
三字节	B440 rel	CJNE	A,#40H,LOOP	双周期

3.1.3　汇编指令中的符号约定

汇编指令中的符号约定如下：

Rn(0～7)　　当前选中的 8 个工作寄存器 R0～R7；

Ri(i=0,1)　　当前选中的用于间接寻址的两个工作寄存器 R0、R1；

direct　　　8 位直接地址，可以是 RAM 单元地址(00H～7FH)或特殊功能寄存器(SFR)地址(80H～FFH)；

♯data　　　8 位常数；

♯data16　　16 位常数；

addr16　　　16 位地址；

addr11　　　11 位地址；

rel　　　　8 位偏移地址，表示相对跳转的偏移字节，按下一条指令的第 1 个字节计算，在－128～＋127 取值范围内；

DPTR　　　16 位数据指针；

bit　　　　位地址，内部 RAM 20H～2F 中可寻址位和 SFR 中的可寻址位；

A　　　　　累加器；

B　　　　　B 寄存器，用于乘法等指令中；

C　　　　　进位标志或进位位，或位操作指令中的位累加器；

@　　　　　间接寻址寄存器的前缀；

/　　　　　位操作的取"反"前缀。

3.1.4　指令系统的寻址方式

指令系统的寻址方式有以下 7 种。

1. 寄存器寻址方式

① 单片机中的所有工作寄存器 R0～R7 及 SFR 都是可寻址寄存器，这些寄存器都以寄存器名作指令操作数。例如：

```
MOV    A,R0
MOV    SP,♯70H
```

② 在寄存器寻址方式的操作指令中，寄存器内容作为操作数，可以是源操作数或目的操作数。例如：

```
MOV    R1,♯10H
MOV    A,R1
```

2. 直接寻址方式

① 直接寻址的空间有片内数据存储器的直接地址 direct，其包括 00H～7FH 中的数据区及 80H～FFH 中的 SFR。

② 直接寻址方式的操作指令直接把地址作为操作数来运行,既可作为源操作数,也可作为目的操作数。例如:

```
MOV     50H,60H
MOV     DPH,40H
INC     60H
```

3. 间接寻址方式

① 间接寻址的地址空间有片内数据存储器的 00H～FFH 和片外数据存储器的 0000H～FFFFH。

② 间接寻址的寄存器有 Ri 和 DPTR,间接寻址时要在间接寻址寄存器标记前面加@符号。

③ 间接寻址时,寄存器中的内容是操作数的地址。例如:

```
MOV     R0,♯30H
MOV     A,@R0
MOV     DPTR,♯0FFFH
MOVX    A,@DPTR
```

4. 位寻址方式

① 位寻址的位地址在 RAM 的 20H～2FH 单元的 128 个位和 SFR 中可位寻址的位单元。

② 进位位 C 作为位操作的位累加器。

③ 在位寻址操作中,位单元可以使用地址编号或位地址名。例如:

```
SETB    TR0
CLR     00H
ANL     C,5FH        ;将 5FH 中的位状态与进位位 C 相"与",结果在 C 中
```

5. 立即寻址方式

① 常数用来参与指令操作,一般用"♯"标记作前缀。

② 立即数在寻址操作中只能作源操作数。例如:

```
MOV     A,♯30H
MOV     DPTR,♯2FFFH
ANL     A,♯0F4H
```

6. 基址变址寻址方式

① 基址变址寻址方式是一种间接寻址方式,PC 和 DPTR 可作为基址地址,A 作为变量地址。

② 共有 3 条指令:

```
MOVC    A,@A+DPTR
```

```
MOVC     A,@A+PC
JMP      @A+DPTR
```

7. 相对寻址方式

① 相对寻址中,相对地址 rel 是一个 8 位的地址偏移量,是相对于转移指令下一条指令第一个代码的地址偏移量,为 −128～+127。

② 使用中应注意 rel 的范围不要超出。例如:

```
JZ       LOOP
DJNE     R0,DISPLAY
```

3.2 指令系统的分类与速解

3.2.1 指令的分类图解

按指令的操作功能,80C51 单片机的指令系统由数据传送、算术操作、逻辑操作、程序转移和位操作指令组成,共有 111 条指令。

指令图解的标记符号如下。

箭头:单箭头表示操作数从源操作数到目的操作数;双箭头表示源操作数与目的操作数可互换;箭头上标有指令助记符。

圆框:为累加器 A 或位累加器 C。

矩形框:为指令操作数的空间。

虚线矩形框:为立即数 ♯data。

1. 数据传送类指令(共 29 条)

① 程序存储器查表指令 MOVC(共 2 条),如图 3.1 所示。

② 片外 RAM 数据传送指令 MOVX(共 4 条),如图 3.2 所示。

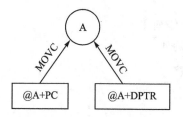

图 3.1　程序存储器查表指令

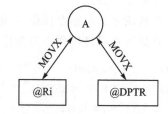

图 3.2　片外数据存储器数据传送指令

③ 片内 RAM 及寄存器间的数据传送指令 MOV、PUSH 和 POP(共 18 条),如图 3.3 所示。

④ 数据交换指令 XCH、XCHD 和 SWAP(共 5 条),如图 3.4 所示。

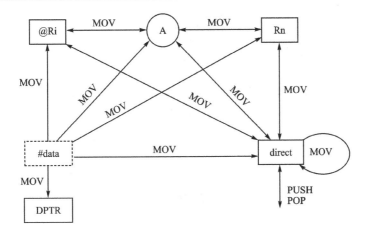

图 3.3　片内 RAM 及寄存器间的数据传送指令

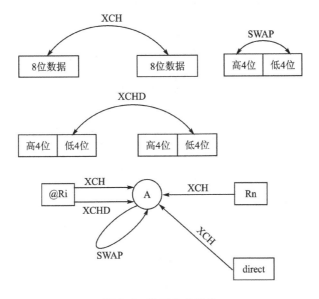

图 3.4　数据交换指令

2. 算术运算类指令(共 24 条)

算术运算类指令包括:ADD、ADDC、SUBB、MUL、DIV、INC、DEC 和 DA,如图 3.5 所示。

3. 逻辑运算类指令(共 24 条)

逻辑运算类指令包括:ANL、ORL、XRL、CLR、CPL、RR、RRC、RL 和 RLC,如图 3.6 所示。

4. 转移操作类指令(共 17 条)

① 无条件转移类指令(共 9 条):LJMP、AJMP、SJMP、LCALL、ACALL、JMP、RETI、RET 和 NOP。

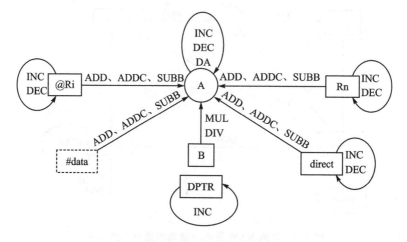

图 3.5　算术运算类指令

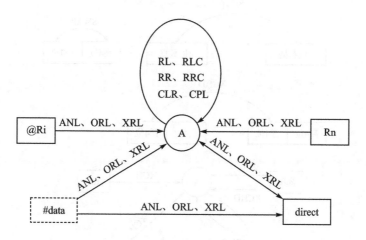

图 3.6　逻辑运算类指令

② 条件转移类指令(共 8 条)：JZ、JNZ、DJNZ 和 CJNE，如图 3.7 所示。

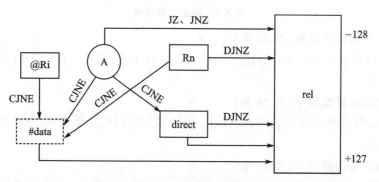

图 3.7　条件转移类指令

5. 布尔指令(共 17 条)

① 位操作指令(共 12 条)：MOV、ANL、ORL、CLR、SETB 和 CPL,如图 3.8 所示。

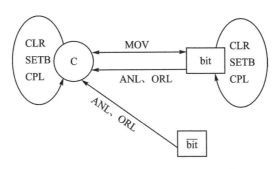

图 3.8　位操作指令

② 位条件转移指令(共 5 条)：JC、JNC、JB、JNB 和 JBC,如图 3.9 所示。

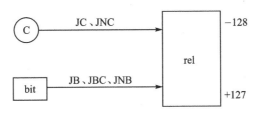

图 3.9　位条件转移指令

3.2.2　指令系统速解表

80C51 单片机的指令系统速解表如表 3.2～表 3.6 所列。

表 3.2　数据传送指令(共 29 条)

汇编指令	操作说明	代码长度/字节	指令周期	
			Tosc	Tm
(1) 程序存储器查表指令(共 2 条)				
MOVC　A,@A+DPTR	将以 DPTR 为基址,A 为偏移地址中的数送入 A 中	1	24	2
MOVC　A,@ A+PC	将以 PC 为基址,A 为偏移地址中的数送入 A 中	1	24	2
(2) 片外 RAM 数据传送指令(共 4 条)				
MOVX　A,@DPTR	将片外 RAM 中的 DPTR 地址中的数送入 A 中	1	24	2
MOVX　@DPTR,A	将 A 中的数送入片外 RAM 中的 DPTR 地址单元中	1	24	2

汇编指令		操作说明	代码长度/字节	指令周期	
				Tosc	Tm
MOVX	A,@Ri	将片外 RAM 中@Ri 指示的地址中的数送入 A 中	1	24	2
MOVX	@Ri,A	将 A 中的数送入片外@Ri 指示的地址单元中	1	24	2
(3) 片内 RAM 及寄存器间的数据传送指令(共 18 条)					
MOV	A,Rn	将 Rn 中的数送入 A 中	1	12	1
MOV	A,direct	将直接地址 direct 中的数送入 A 中	2	12	1
MOV	A,♯data	将 8 位常数送入 A 中	2	12	1
MOV	A,@Ri	将 Ri 指示的地址中的数送入 A 中	1	12	1
MOV	Rn,direct	将直接地址 direct 中的数送入 Rn 中	2	24	2
MOV	Rn,♯data	将立即数送入 Rn 中	2	12	1
MOV	Rn,A	将 A 中的数送入 Rn 中	1	12	1
MOV	direct,Rn	将 Rn 中的数送入 direct 中	2	24	2
MOV	direct,A	将 A 中的数送入 direct 中	2	12	1
MOV	direct,@Ri	将@Ri 指示单元中的数送入 direct 中	2	24	2
MOV	direct,♯data	将立即数送入 direct 中	3	24	2
MOV	direct,direct	将一个 direct 中的数送入另一个 direct 中	3	24	2
MOV	@Ri,A	将 A 中的数送入 Ri 指示的地址中	1	12	1
MOV	@Ri,direct	将 direct 中的数送入 Ri 指示的地址中	2	24	2
MOV	@Ri,♯data	将立即数送入 Ri 指示的地址中	2	12	1
MOV	DPTR,♯data16	将 16 位立即数直接送入 DPTR 中	3	24	2
PUSH	direct	SP 先加 1,然后将 direct 中的数压入堆栈(R0~R7 除外)	2	24	2
POP	direct	将堆栈中的数弹出到 direct 中,然后 SP 减 1	2	24	2
(4) 数据交换指令(共 5 条)					
XCH	A,Rn	A 中的数与 Rn 中的数全交换	1	12	Tm
XCH	A,direct	A 中的数与 direct 中的数全交换	2	12	1
XCH	A,@Ri	A 中的数与@Ri 中的数全交换	1	12	1
XCHD	A,@Ri	A 中的数与@Ri 中的数半交换(低 4 位交换)	1	12	1
SWAP	A	A 中数自交换(高 4 位与低 4 位)	1	12	1

表 3.3　算术运算类指令(共 24 条)

汇编指令		操作说明	代码长度/字节	指令周期	
				Tosc	Tm
ADD	A,Rn	Rn 中与 A 中的数相加,结果在 A 中,影响 PSW 位的状态	1	12	1
ADD	A,direct	direct 中与 A 中的数相加,结果在 A 中,影响 PSW 位的状态	2	12	1
ADD	A,♯data	立即数与 A 中的数相加,结果在 A 中,影响 PSW 位的状态	2	12	1
ADD	A,@Ri	@Ri 中与 A 中的数相加,结果在 A 中,影响 PSW 位的状态	1	12	1
ADDC	A,Rn	Rn 中与 A 中的数带进位加,结果在 A 中,影响 PSW 位的状态	1	12	1
ADDC	A,direct	direct 中与 A 中的数带进位加,结果在 A 中,影响 PSW 位的状态	2	12	1
ADDC	A,♯data	立即数与 A 中的数带进位加,结果在 A 中,影响 PSW 位的状态	2	12	1
ADDC	A,@Ri	@Ri 中与 A 中的数带进位加,结果在 A 中,影响 PSW 位的状态	1	12	1
SUBB	A,Rn	Rn 中与 A 中的数带借位减,结果在 A 中,影响 PSW 位的状态	1	12	1
SUBB	A,direct	direct 中与 A 中的数带借位减,结果在 A 中,影响 PSW 位的状态	2	12	1
SUBB	A,♯data	立即数与 A 中的数带借位减,结果在 A 中,影响 PSW 位的状态	2	12	1
SUBB	A,@Ri	@Ri 中与 A 中的数带借位减,结果在 A 中,影响 PSW 位的状态	1	12	1
INC	A	A 中的数加 1	1	12	1
INC	Rn	Rn 中的数加 1	1	12	1
INC	direct	direct 中的数加 1	2	12	1
INC	@Ri	@Ri 中的数加 1	1	12	1
INC	DPTR	DPTR 中的数加 1	1	24	2
DEC	A	A 中的数减 1	1	12	1
DEC	Rn	Rn 中的数减 1	1	12	1
DEC	direct	direct 中的数减 1	2	12	1
DEC	@Ri	@Ri 中的数减 1	1	12	1
MUL	AB	A,B 中的两无符号数相乘,结果低 8 位在 A 中,高 8 位在 B 中	1	48	4
DIV	AB	A,B 中的两无符号数相除,商在 A 中,余数在 B 中	1	48	4
DA	A	十进制调整,对 BCD 码十进制加法运算结果调整(不适合减法)	1	12	1

表 3.4　逻辑运算类指令(共 24 条)

汇编指令		操作说明	代码长度/字节	指令周期	
				Tosc	Tm
ANL	A,Rn	Rn 中与 A 中的数相"与",结果在 A 中	1	12	1
ANL	A,direct	direct 中与 A 中的数相"与",结果在 A 中	2	12	1
ANL	A,#data	立即数与 A 中的数相"与",结果在 A 中	2	12	1
ANL	A,@Ri	@Ri 中与 A 中的数相"与",结果在 A 中	1	12	1
ANL	direct,A	A 和 direct 中的数进行"与"操作,结果在 direct 中	2	12	1
ANL	direct,#data	常数和 direct 中的数进行"与"操作,结果在 direct 中	3	24	2
ORL	A,Rn	Rn 中和 A 中的数进行"或"操作,结果在 A 中	1	12	1
ORL	A,direct	direct 中和 A 中的数进行"或"操作,结果在 A 中	2	12	1
ORL	A,#data	立即数和 A 中的数进行"或"操作,结果在 A 中	2	12	1
ORL	A,@Ri	@Ri 中和 A 中的数进行"或"操作,结果在 A 中	1	12	1
ORL	direct,A	A 中和 direct 中的数进行"或"操作,结果在 direct 中	2	12	1
ORL	direct,#data	立即数和 direct 中的数进行"或"操作,结果在 direct 中	3	24	2
XRL	A,Rn	Rn 中和 A 中的数进行"异或"操作,结果在 A 中	1	12	1
XRL	A,direct	direct 中与 A 中的数进行"异或"操作,结果在 A 中	2	12	1
XRL	A,#data	立即数与 A 中的数进行"异或"操作,结果在 A 中	2	12	1
XRL	A,@Ri	@Ri 中与 A 中的数进行"异或"操作,结果在 A 中	1	12	1
XRL	direct,A	A 中与 direct 中的数进行"异或"操作,结果在 direct 中	2	12	1
XRL	direct,#data	立即数与 direct 中的数进行"异或"操作,结果在 direct 中	3	24	2
RR	A	A 中的数循环右移(移向低位),D0 移入 D7	1	12	1
RRC	A	A 中的数带进位循环右移,D0 移入 C,C 移入 D7	1	12	1
RL	A	A 中的数循环左移(移向高位),D7 移入 D0	1	12	1
RLC	A	A 中的数带进位循环左移,D7 移入 C,C 移入 D0	1	12	1
CLR	A	A 中数清 0	1	12	1
CPL	A	A 中数每位取"反"	1	12	1

表 3.5　程序转移类指令(共 17 条)

汇编指令		操作说明	代码长度/字节	指令周期	
				Tosc	Tm
(1) 无条件转移类指令(共 9 条)					
LJMP	addr16	长转移,程序转到 addr16 指示的地址处	3	24	2
AJMP	addr11	短转移,程序转到 addr11 指示的地址处	2	24	2
SJMP	rel	相对转移,程序转到 rel 指示的地址处	2	24	2
LCALL	addr16	长调用,程序调用 addr16 处的子程序	3	24	2
ACALL	addr11	短调用,程序调用 addr11 处的子程序	2	24	2
JMP	@A+DPTR	程序散转,程序转到 DPTR 为基址,A 为偏移地址处	1	24	2
RETI		中断返回	1	24	2
RET		子程序返回	1	24	2
NOP		空操作	1	12	1
(2) 条件转移类指令(共 8 条)					
JZ	rel	A 中的数为 0,程序转到相对地址 rel 处	2	24	2
JNZ	rel	A 中的数不为 0,程序转到相对地址 rel 处	2	24	2
DJNZ	Rn,rel	Rn 中的数减 1 不为 0,程序转到相对地址 rel 处	2	24	2
DJNZ	direct,rel	direct 中的数减 1 不为 0,程序转到相对地址 rel 处	3	24	2
CJNE	A,♯data,rel	♯data 与 A 中的数不等转至 rel 处。C=1,data>(A);C=0,data≤(A)	3	24	2
CJNE	A,direct,rel	direct 与 A 中的数不等转至 rel 处。C=1,data>(A);C=0,data≤(A)	3	24	2
CJNE	Rn,♯data,rel	♯data 与 Rn 中的数不等转至 rel 处。C=1,data>(Rn);C=0,data≤(Rn)	3	24	2
CJNE	@Ri,♯data,rel	♯data 与@Ri 中的数不等转至 rel 处。C=1,data>(@Ri);C=0,data≤((@Ri)	3	24	2

表 3.6　布尔指令(共 17 条)

汇编指令		操作说明	代码长度/字节	指令周期	
				Tosc	Tm
(1) 位操作指令(共 12 条)					
MOV	C,bit	bit 中状态送入 C 中	2	12	1
MOV	bit,C	C 中状态送入 bit 中	2	24	2
ANL	C,bit	bit 中状态与 C 中状态相"与",结果在 C 中	2	24	2
ANL	C,/bit	bit 中状态取"反"与 C 中状态相"与",结果在 C 中	2	24	2
ORL	C,bit	bit 中状态与 C 中状态相"或",结果在 C 中	2	24	2

续表 3.6

汇编指令		操作说明	代码长度/字节	指令周期	
				Tosc	Tm
ORL	C,/bit	bit 中状态取"反"与 C 中状态相"或",结果在 C 中	2	24	2
CLR	C	C 中状态清 0	1	12	1
SETB	C	C 中状态置 1	1	12	1
CPL	C	C 中状态取"反"	1	12	1
CLR	bit	bit 中状态清 0	2	12	1
SETB	bit	bit 中状态置 1	2	12	1
CPL	bit	bit 中状态取"反"	2	12	1
(2) 位条件转移指令(共 5 条)					
JC	rel	进位位为 1 时,程序转至 rel	2	24	2
JNC	rel	进位位不为 1 时,程序转至 rel	2	24	2
JB	bit,rel	bit 状态为 1 时,程序转至 rel	3	24	2
JNB	bit,rel	bit 状态不为 1 时,程序转至 rel	3	24	2
JBC	bit,rel	bit 状态为 1 时,程序转至 rel,同时 bit 位清 0	3	24	2

3.3　指令的应用实例

本节介绍 7 段 LED 数码管显示程序实例。

图 3.10 为一个采用 6 个 7 段 LED 数码管显示的时钟电路,其采用 AT89C2051 单片机最小化应用设计,LED 显示采用动态扫描方式实现,P1 口输出段码数据,P3.0～P3.5 口作扫描输出,P3.7 接按钮开关。为了提供 LED 数码管的驱动电流,用三极管 9012 作电源驱动输出。为了提高秒计时的精确性,采用 12 MHz 晶振。

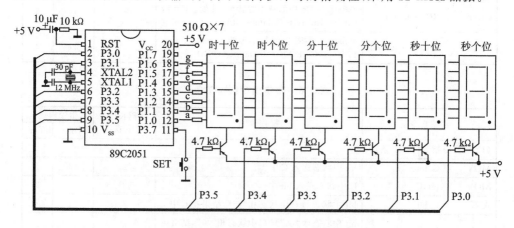

图 3.10　采用 AT89C2051 的 6 位时钟电路

数码管显示的数据存放在内存单元 70H～75H 中,其中 70H～71H 存放秒数

据,72H～73H 存放分数据,74H～75H 存放时数据,每一地址单元内均为十进制
BCD 码。由于采用软件动态扫描实现数据显示功能,显示用十进制 BCD 码数据的
对应段码存放在 ROM 表中。显示时,先取出 70H～75H 某一地址中的数据,然后查
得对应的显示用段码从 P1 口输出。P3 口将对应的数码管选中,就能显示该地址单
元的数据值。

　　以下是动态扫描法实现数据显示功能的程序:

```
;;;;;;;;;;;;;;;;;;;;;;;;;;;;;;;;;;;;;
;;              显示程序                    ;;
;;;;;;;;;;;;;;;;;;;;;;;;;;;;;;;;;;;;;
;
DISPLAY: MOV    R1,#70H          ;显示数据首址
         MOV    R5,#0FEH         ;扫描端口初值
PLAY:    MOV    A,R5             ;将 R5 中数据移入 A 中
         MOV    P1,#0FFH         ;清原数据
         MOV    P3,A             ;扫描端口赋值
         MOV    A,@R1            ;取显示数据
         MOV    DPTR,#TAB        ;段码表表址放入数据指针
         MOVC   A,@A+DPTR        ;查段码
         MOV    P1,A             ;段码数据放到 P1 口
         LCALL  DL1MS            ;数据显示 1 ms
         INC    R1               ;存放显示数据地址加 1
         MOV    A,R5             ;扫描端口值放入 A
         JNB    ACC.5,ENDOUT     ;A 中值为 11011111(B)时结束
         RL     A                ;A 中数据循环左移一位
         MOV    R5,A             ;A 中数据放回 R5 中
         AJMP   PLAY             ;跳至 PLAY 循环
ENDOUT:  MOV    P3,#0FFH         ;退出时 P3 口复位
         MOV    P1,#0FFH         ;退出时 P1 口复位
         RET                     ;子程序结束
TAB:     DB     0C0H,0F9H,0A4H,0B0H,99H,92H,82H,0F8H,80H,90H,0FFH
;共阳段码表         "0"  "1"  "2"  "3" "4" "5" "6"  "7"  "8"  "9""熄灭符"
;
;;;;;;;;;;;;;;;;;;;;;;;;;;;;;;;;;;;;;
;;          1 ms 延时程序               ;;
;;;;;;;;;;;;;;;;;;;;;;;;;;;;;;;;;;;;;
;
DL1MS:   MOV    R6,#14H           ; R6 赋初值 20(十进制)
DL1:     MOV    R7,#19H           ; R7 赋初值 25(十进制)
DL2:     DJNZ   R7,DL2            ; R7 减 1 不为 0 转 DL2
```

```
DJNZ      R6,DL1              ；R6 减 1 不为 0 转 DL1
RET                          ;子程序结束
```

思考与练习

1. 请区别汇编指令、指令代码、指令周期、指令长度。

2. 80C51 指令系统有哪些寻址方式？相应的空间在何处？

3. 片内 RAM 20H～2FH 的 128 个位地址与直接地址 00H～7FH 形式完全相同，如何在指令中区分出位寻址操作和直接地址操作？

4. 什么是源操作数？什么是目的操作数？通常在指令中如何区别？

5. 查表指令是在什么空间上的寻址操作？

6. 80C51 中有 LJMP、LCALL，为何还设置了 AJMP、ACALL？

7. 查表指令中使用了基址加变址的寻址方式，请问 DPTR、PC 分别代表什么地址？

8. 比较"不等转移指令"CJNE 有哪些扩展功能？

第 4 章　单片机汇编语言程序设计基础

4.1　汇编语言程序设计的一般格式

4.1.1　单片机汇编语言程序设计的基本步骤

单片机汇编语言程序设计的基本步骤如下：

① 分析设计任务，确定算法或思路。

② 对程序进行总体设计并画出流程图。主程序流程图实例如图 4.1 所示，中断服务程序流程图实例如图 4.2 所示。

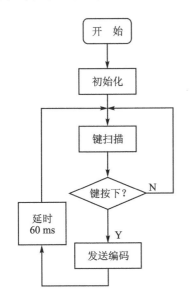

图 4.1　主程序流程图实例

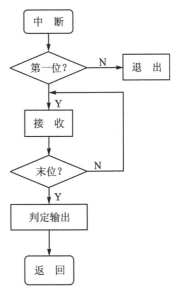

图 4.2　中断服务程序流程图实例

其中各图标的意义如下。

过程框：表示程序要做的事。

判断框：表示条件判断。

开始、结束框：表示流程的开始或终止。

程序流向：箭头所指表示程序的流向。

③ 编写源程序。可在编译软件下编程(如 Wave),要求简练、层次清楚、字节数少和执行时间短等。

④ 汇编与调试源程序(在编译软件中进行)。

⑤ 编写程序说明文件。

4.1.2 汇编语言程序的设计方法

① 汇编程序的基本结构总是由简单程序、分支程序、循环程序、查表程序、子程序和中断程序等结构化的程序模块有机组成的。

② 划分功能模块进行设计。

③ 自上而下逐渐求精。

4.1.3 常用的伪指令

1. 标号等值伪指令——EQU

格式: 名字　EQU　表达式

例如:自行车里程车速计中的定义为

```
VSDA    EQU     P1.5      ;E²PROM 数据传送口
VSCL    EQU     P1.4      ;E²PROM 时钟传送口
SLA     EQU     50H       ;E²PROM 器件寻址字节存放单元
NUMBYT  EQU     51H       ;E²PROM 传送字节数存放单元
MTD     EQU     30H       ;E²PROM 发送数据缓冲单元
MRD     EQU     40H       ;E²PROM 读出数据存放单元
SLAW    EQU     0A0H      ;E²PROM 寻址字节写
SLAR    EQU     0A1H      ;E²PROM 寻址字节读
DPHH    EQU     62H       ;DPTR 计数扩展高 8 位
TH1H    EQU     6CH       ;定时器 T1 扩展计数单元
TH1HH   EQU     6DH       ;定时器 T1 扩展计数单元
```

2. 标号等值伪指令——DL

格式: 名字　DL　表达式

DL 伪定义可以重复定义。

3. 数据存储说明伪定义——DB

格式: 标号　DB　表达式或数据串

例如:

```
TAB:    DB      00H,14H,45H,0FEH,56H
        DB      89H,0DFH
```

4. 数据伪定义——DW

格式: 标号　DW　双字节表达式或数据串

例如：

TAB:　　　DW　　　　0013H,1456H,45DFH,0FE12H,5600H

5. 存储区说明伪指令——DS

格式：　标号　DS　表达式

例如：

BASE:　　DS　　　　0100H　　;从标号 BASE 开始空出 256 个单元

6. 程序起始地址伪定义——ORG

用来定义程序的起始地址。

例如：

ORG　　　0000H
LJMP　　　START

7. 内存命名伪指令——DATA、IDATA、XDATA

例如：

ADR1　　　DATA　　30H
ADR2　　　IDATA　　81H

4.2　简单结构程序

简单结构程序又叫顺序程序,程序从第一条指令开始一直执行到最后一条,无分支,无循环。

例如：双字节加法程序,其程序如下：

```
;
;被加数在 addr1(低位)和 addr2(高位)中,加数在 addr3(低位)和 addr4(高位)中
;运算结果在 addr1 和 addr2 中
;
ADDR1    EQU     30H
ADDR2    EQU     31H
ADDR3    EQU     32H
ADDR4    EQU     33H

;
ADDST:   PUSH    ACC
         MOV     R0,#addr1
         MOV     R1,#addr3
         MOV     A,@R0
         ADD     A,@R1
```

```
MOV     @R0,A
INC     R0
INC     R1
MOV     A,@R0
ADDC    A,@R1
MOV     @R0,A
POP     ACC
RET
```

4.3　分支结构程序

1. 单分支结构程序

单分支结构程序只有一个入口,两个出口,根据条件的判断选择出口。例如:

```
START:    ACALL    CLEAR          ;调用初始化子程序
STAR1:    MOV      P3,#0FFH       ;置 P3 口为输入状态
          JNB      P3.0,FUN0      ;P3.0 为 0 转 FUN0 执行
          LJMP     FUN1           ;P3.0 为 1 转 FUN1 执行
```

2. 多分支结构程序

多分支结构程序指一个入口,多个出口,根据条件选择执行一个程序。例如:键功能散转程序,其程序如下:

```
              MOV      DPTR,#KEYFUNTAB    ;装入键功能标号首址
              JMP      @A+DPTR            ;散转
KEYFUNTAB:LJMP        KEYFUN00           ;跳到 KEYFUN00
              LJMP     KEYFUN01           ;跳到 KEYFUN01
              LJMP     KEYFUN02           ;跳到 KEYFUN02
              ⋮
              RET
```

4.4　循环结构程序

循环结构程序用以控制一个程序多次重复执行,当条件满足时退出循环。循环结构程序由初始化、循环处理、判断和结束处理等组成。例如:采用 12 MHz 晶振的 513 μs 延时程序,其程序如下:

```
;
DL513:    MOV      R2,#0FFH
DELAY1:   DJNZ     R2,DELAY1
          RET
```

4.5　子程序结构程序

一些经常要用的程序一般设计成子程序,以便供其他程序经常调用。子程序必须具有程序标号,结束必须用 RET 指令,调用时用 LCALL 和 ACALL 等指令。例如:延时程序和显示程序等。

4.6　查表程序

查表程序用 MOVC 指令,用于访问(查)程序存储器中的固定数表,如用于七段 LED 数码管显示的程序中就用到了查表指令,其程序如下:

```
;
DISPLAY: MOV      R1,#70H          ;显示数据首址
         MOV      R5,#0FEH         ;扫描端口初值
PLAY:    MOV      A,R5             ;将 R5 中数据移入 A 中
         MOV      P1,#0FFH         ;清原数据
         MOV      P3,A             ;扫描端口值
         MOV      A,@R1            ;取显示数据
         MOV      DPTR,#TAB        ;段码表表址放入数据指针
         MOVC     A,@A+DPTR        ;查段码
         MOV      P1,A             ;段码数据放到 P1 口
         LCALL    DL1MS            ;数据显示 1 ms
         INC      R1               ;存放显示数据地址加 1
         MOV      A,R5             ;扫描端口值放入 A
         JNB      ACC.5,ENDOUT     ;A 中值为 11011111(B)时结束
         RL       A                ;A 中数据循环左移 1 位
         MOV      R5,A             ;A 中数据放回 R5 中
         AJMP     PLAY             ;跳至 PLAY 循环
ENDOUT:  MOV      P3,#0FFH         ;退出时 P3 口复回
         MOV      P1,#0FFH         ;退出时 P1 口复回
         RET                       ;子程序结束
TAB:     DB       0C0H,0F9H,0A4H,0B0H,99H,92H,82H,0F8H,80H,90H,0FFH
;共阳段码表       "0"  "1"  "2"  "3" "4" "5" "6" "7"  "8" "9""熄灭符"
```

4.7　查键程序

具有按键控制功能的单片机应用系统都有查键功能程序,有简单的顺序查键及

复杂的行列式查键。

【例 4 - 1】　顺序查键程序。

```
START:   MOV    P3,#0FFH          ;置 P3 口为输入口
         JNB    P3.0,FUN0         ;P3.0 口为 0 转 FUN0
         JNB    P3.1,FUN1         ;P3.1 口为 0 转 FUN1
         JNB    P3.2,FUN2         ;P3.2 口为 0 转 FUN2
         JNB    P3.3,FUN3         ;P3.3 口为 0 转 FUN3
         AJMP   START             ;转 START 循环
```

【例 4 - 2】　32 键行列式查键程序（4×8）。

32 键行列式查键电原理图如图 4.3 所示。

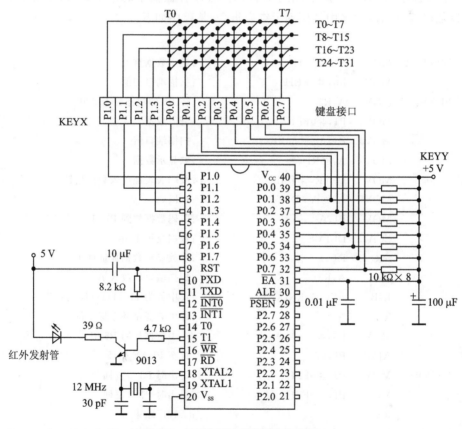

图 4.3　32 键行列式查键电原理图

以下是 32 键行列式查键程序（4×8）：

```
;**********************************
;*      键盘工作子程序(4 × 8 阵列)      *
;*      出口为各键工作程序入口          *
;**********************************
```

```
KEYWORK:    MOV     KEYY,#0FFH          ;置列线输入
            CLR     KEYX0              ;行线(P1 口)全置 0
            CLR     KEYX1
            CLR     KEYX2
            CLR     KEYX3
            MOV     A,KEYY             ;读入 P0 口值
            MOV     B,A                ;KEYY 口值暂存 B 中
            CJNE    A,#0FFH,KEYHIT     ;不等于#0FFH,转 KEYHIT(有键按下)
KEYOUT:     RET                        ;没有键按下,返回
;
KEYHIT:     LCALL   DL10MS             ;延时去抖动
            MOV     A,KEYY             ;再读入 P0 口值至 A
            CJNE    A,B,KEYOUT         ;A 不等于 B(是干扰),子程序返回
            SETB    KEYX1              ;有键按下,找键号,开始查 0 行
            SETB    KEYX2
            SETB    KEYX3
            MOV     A,KEYY             ;读入 P0 口值
            CJNE    A,#0FFH,KEYVAL0    ;P0 不等于#0FFH,按下键在第 0 行
            SETB    KEYX0              ;不在第 0 行,开始查 1 行
            CLR     KEYX1
            MOV     A,KEYY             ;读入 P0 口值
            CJNE    A,#0FFH,KEYVAL1    ;P0 口不等于#0FFH,按下键在第 1 行
            SETB    KEYX1              ;不在第 1 行,开始查 2 行
            CLR     KEYX2
            MOV     A,KEYY             ;读入 P0 口值
            CJNE    A,#0FFH,KEYVAL2    ;P0 口不等于#0FFH,按下键在第 2 行
            SETB    KEYX2              ;不在第 2 行,开始查 3 行
            CLR     KEYX3
            MOV     A,KEYY             ;读入 P0 口值
            CJNE    A,#0FFH,KEYVAL3    ;P0 口不等于#0FFH,按下键在第 3 行
            LJMP    KEYOUT             ;不在第 3 行,子程序返回
;
KEYVAL0:    MOV     R2,#00H            ;按下键在第 0 行,R2 赋行号初值 0
            LJMP    KEYVAL4            ;跳到 KEYVAL4
;
KEYVAL1:    MOV     R2,#08H            ;按下键在第 1 行,R2 赋行号初值 8
            LJMP    KEYVAL4            ;跳到 KEYVAL4
;
KEYVAL2:    MOV     R2,#10H            ;按下键在第 2 行,R2 赋行号初值 16
```

```
              LJMP    KEYVAL4           ;跳到 KEYVAL4
;
KEYVAL3：     MOV     R2,#18H           ;按下键在第 3 行,R2 赋行号初值 24
              LJMP    KEYVAL4           ;跳到 KEYVAL4
;
KEYVAL4：     MOV     DPTR,#KEYVALTAB   ;键值翻译成连续数字
              MOV     B,A               ;P0 口值暂存 B 内
              CLR     A                 ;清 A
              MOV     R0,A              ;清 R0
KEYVAL5：     MOV     A,R0              ;查列号开始,R0 数据放入 A
              SUBB    A,#08H            ;A 中数减 8
              JNC     KEYOUT            ;借位 C 为 0,查表出错,返回
              MOV     A,R0              ;查表次数小于 8,继续查
              MOVC    A,@A+DPTR         ;查列号表
              INC     R0                ;R0 加 1
              CJNE    A,B,KEYVAL5       ;查得值和 P0 口值不等,转 KEYVAL5 再查
              DEC     R0                ;查得值和 P0 口值相等,R0 减 1
              MOV     A,R0              ;放入 A(R0 中数值即为列号值)
              ADD     A,R2              ;与行号初值相加成为键号值(0～31)
              MOV     B,A               ;键号乘以 3 处理用于 JMP 散转指令
              RL      A                 ;键号乘以 3 处理用于 JMP 散转指令
              ADD     A,B               ;键号乘以 3 处理用于 JMP 散转指令
              MOV     DPTR,#KEYFUNTAB   ;取散转功能程序(表)首址
              JMP     @A+DPTR           ;散转至对应功能程序标号
KEYFUNTAB：LJMP     KEYFUN00          ;跳到键号 0 对应功能程序标号
              LJMP    KEYFUN01          ;跳到键号 1 对应功能程序标号
              LJMP    KEYFUN02          ;跳到键号 2 对应功能程序标号
              LJMP    KEYFUN03
              LJMP    KEYFUN04
              LJMP    KEYFUN05
              LJMP    KEYFUN06
              LJMP    KEYFUN07
              LJMP    KEYFUN08
              LJMP    KEYFUN09
              LJMP    KEYFUN10
              LJMP    KEYFUN11
              LJMP    KEYFUN12
              LJMP    KEYFUN13
              LJMP    KEYFUN14
```

```
        LJMP     KEYFUN15
        LJMP     KEYFUN16
        LJMP     KEYFUN17
        LJMP     KEYFUN18
        LJMP     KEYFUN19
        LJMP     KEYFUN20
        LJMP     KEYFUN21
        LJMP     KEYFUN22
        LJMP     KEYFUN23
        LJMP     KEYFUN24
        LJMP     KEYFUN25
        LJMP     KEYFUN26
        LJMP     KEYFUN27
        LJMP     KEYFUN28
        LJMP     KEYFUN29
        LJMP     KEYFUN30
        LJMP     KEYFUN31
        RET
;P0 口对应列号的 ROM 数值表
KEYVALTAB：DB  0FEH,0FDH,0FBH,0F7H,0EFH,0DFH,0BFH,7FH
;                0   1     2     3     4     5    6    7
        RET
;各按键功能程序
KEYFUN00：    RET                    ;键号 0 功能程序
KEYFUN01：    RET                    ;键号 1 功能程序
KEYFUN02：    RET                    ;键号 2 功能程序
KEYFUN03：    RET
KEYFUN04：    RET
KEYFUN05：    RET
KEYFUN06：    RET
KEYFUN07：    RET
KEYFUN08：    RET
KEYFUN09：    RET
KEYFUN10：    RET
KEYFUN11：    RET
KEYFUN12：    RET
KEYFUN13：    RET
KEYFUN14：    RET
KEYFUN15：    RET
```

```
KEYFUN16：    RET
KEYFUN17：    RET
KEYFUN18：    RET
KEYFUN19：    RET
KEYFUN20：    RET
KEYFUN21：    RET
KEYFUN22：    RET
KEYFUN23：    RET
KEYFUN24：    RET
KEYFUN25：    RET
KEYFUN26：    RET
KEYFUN27：    RET
KEYFUN28：    RET
KEYFUN29：    RET
KEYFUN30：    RET
KEYFUN31：    RET
RET

；
```

4.8　显示程序

LED 七段数码管显示电路如图 4.4 所示。

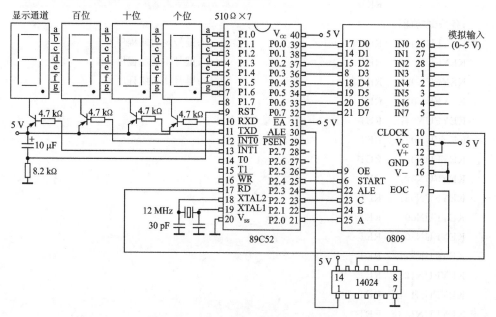

图 4.4　LED 七段数码管显示电原理图

LED 七段数码管显示程序采用动态扫描法,先将要显示的数据通过查表得到段码数据,然后放入输出口,再将相应的数码管点亮,依次循环。以下是一个 4 位 LED 共阳数码管显示程序,用 P1 口及 P3 口作显示扫描口,数据在 P1 口输出,列扫描在 P3.0～P3.3 口。

```
;4 位共阳数口码管显示子程序,显示内容在 78H～7BH
DISP:      MOV    R1,#78H              ;取显示数据首址
           MOV    R5,#0FEH             ;扫描用初值
PLAY:      MOV    P1,#0FFH             ;显示关闭
           MOV    A,R5                 ;扫描控制值入 A
           ANL    P3,A                 ;放入 P3 口
           MOV    A,@R1                ;取显示数据
           MOV    DPTR,#TAB            ;取表首地址
           MOVC   A,@A+DPTR            ;查显示用段码数据
           MOV    P1,A                 ;段码数据放入 P1 口
           LCALL  DL1MS                ;显示 1 ms
           INC    R1                   ;显示数据地址加 1
           MOV    A,P3                 ;读入 P3 端口值至 A
           JNB    ACC.3,ENDOUT         ;P3.3 为 0,结束
           RL     A                    ;P3.3 不为 0,A 中数值左移 1 位
           MOV    R5,A                 ;放回 R5 内暂存
           MOV    P3,#0FFH             ;关扫描显示
           AJMP   PLAY                 ;跳回 PLAY 循环
ENDOUT:    MOV    P3,#0FFH             ;P3 口置 1,关显示
           MOV    P1,#0FFH             ;P1 口置 1,关显示
           RET                         ;子程序返回
TAB:       DB  0C0H,0F9H,0A4H,0B0H,99H,92H,82H,0F8H,80H,90H,0FFH
;共阳段码表
;显示数         "0"  "1"  "2"  "3" "4" "5" "6" "7" "8" "9" "熄灭符"
```

4.9 小灯控制程序实例

以下是 1 个由 8 个 LED 小灯组成的流水灯演示实例,能通过按键控制亮灯的方式。其汇编源程序如下:

```
;******************************************;
;                小灯控制程序              ;
; 以下程序用 3 个按键开关控制 8 个流水灯的亮灯方式 ;
;P1 口接 LED 小灯,低电平时亮              ;
;******************************************;
```

```
LAMPOUT    EQU      P1                  ;小灯输出口
KEYSW0     EQU      P3.7                ;键 0
KEYSW1     EQU      P3.6                ;键 1
KEYSW2     EQU      P3.5                ;键 2
KEYSW3     EQU      P3.4                ;键 3
;***********中断入口程序***********
           ORG      0000H               ;程序执行开始地址
           LJMP     START               ;跳至 START 执行
;***********初始化程序************
CLEAR:     MOV      20H,#00H            ;20H 单元内存清 0(闪烁标志清 0)
           SETB     00H                 ;20H.0 位置 1(上电时自动执行闪烁功能 0)
           RET                          ;子程序返回
;***************主程序*************
START:     ACALL    CLEAR               ;调用初始化子程序
MAIN:      LCALL    KEYWORK             ;调用键扫描子程序
           JB       00H,FUN0            ;20H.0 位为 1 时执行 FUN0
           JB       01H,FUN1            ;20H.1 位为 1 时执行 FUN1
           JB       02H,FUN2            ;20H.2 位为 1 时执行 FUN2
           JB       03H,MAIN            ;备用
           AJMP     MAIN                ;返回主程序 MAIN
;***************功能程序************
;第 1 种闪烁功能程序
FUN0:      MOV      A,#0FEH             ;累加器赋初值
FUN00:     MOV      LAMPOUT,A           ;累加器值送至 LAMPOUT 口
           LCALL    DL05S               ;延时
           JNB      ACC.7,MAIN          ;累加器最高位为 0 时转 MAIN
           RL       A                   ;累加器 A 中数据循环左移 1 位
           AJMP     FUN00               ;转 FUN00 循环
;第 2 种闪烁功能程序
FUN1:      MOV      A,#0FEH             ;累加器赋初值
FUN11:     MOV      LAMPOUT,A           ;累加器值送至 LAMPOUT 口
           LCALL    DL05S               ;延时
           JZ       MAIN                ;A 为 0 转 MAIN
           RL       A                   ;累加器 A 中数据循环左移 1 位
           ANL      A,LAMPOUT           ;A 同 LAMPOUT 口值相"与"
           AJMP     FUN11               ;转 FUN11 循环
;第 3 种闪烁功能程序
FUN2:      MOV      A,#0AAH             ;累加器赋初值
           MOV      LAMPOUT,A           ;累加器值送至 LAMPOUT 口
```

```
            LCALL     DL05S              ;延时
            LCALL     DL05S              ;延时
            CPL       A                  ;A 中各位取"反"
            MOV       LAMPOUT,A          ;累加器值送至 LAMPOUT 口
            LCALL     DL05S              ;延时
            LCALL     DL05S              ;延时
            AJMP      MAIN               ;转 MAIN
;****************扫键程序****************
KEYWORK：MOV        P3,＃0FFH           ;置 P3 口为输入状态
            JNB       KEYSW0,KEY0        ;读 KEYSW0 口,若为 0 转 KEY0
            JNB       KEYSW1,KEY1        ;读 KEYSW1 口,若为 0 转 KEY1
            JNB       KEYSW2,KEY2        ;读 KEYSW2 口,若为 0 转 KEY2
            JNB       KEYSW3,KEY3        ;读 KEYSW3 口,若为 0 转 KEY3
            RET                          ;子程序返回
;闪烁功能 0 键处理程序
KEY0：      LCALL     DL10MS             ;延时 10 ms 消抖
            JB        KEYSW0,OUT0        ;KEYSW0 为 1,子程序返回(干扰)
            SETB      00H                ;20H.0 位置 1(执行闪烁功能 1 标志)
            CLR       01H                ;20H.1 位清 0
            CLR       02H                ;20H.2 位清 0
            CLR       03H                ;20H.3 位清 0
WAIT0：     JNB       KEYSW0,WAIT0       ;等待按键释放
            LCALL     DL10MS             ;延时 10 ms 消抖
            JNB       KEYSW0,WAIT0
OUT0：      RET                          ;子程序返回
;闪烁功能 1 键处理程序
KEY1：      LCALL     DL10MS
            JB        KEYSW1,OUT1
            SETB      01H                ;20H.1 位置 1(执行闪烁功能 2 标志)
            CLR       00H
            CLR       02H
            CLR       03H
WAIT1：     JNB       KEYSW1,WAIT1       ;等待按键释放
            LCALL     DL10MS             ;延时 10 ms 消抖
            JNB       KEYSW1,WAIT1
OUT1：      RET
;闪烁功能 2 键处理程序
KEY2：      LCALL     DL10MS
            JB        KEYSW2,OUT2
```

```
                SETB    02H                    ;20H.2 位置 1(执行闪烁功能 3 标志)
                CLR     01H
                CLR     00H
                CLR     03H
WAIT2:          JNB     KEYSW2,WAIT2           ;等待按键释放
                LCALL   DL10MS                 ;延时 10 ms 消抖
                JNB     KEYSW2,WAIT2
OUT2:           RET
;闪烁功能(备用)键处理程序
KEY3:           LCALL   DL10MS
                JB      KEYSW3,OUT3
                SETB    03H                    ;20H.3 位置 1(执行备用闪烁功能标志)
                CLR     01H
                CLR     02H
                CLR     00H
WAIT3:          JNB     KEYSW3,WAIT3           ;等待按键释放
                LCALL   DL10MS                 ;延时 10 ms 消抖
                JNB     KEYSW3,WAIT3
OUT3:           RET
;****************延时程序****************
;0.5 ms 延时子程序,执行一次时间为 513 μs
DL512:          MOV     R2,#0FFH
LOOP1:          DJNZ    R2,LOOP1
                RET
;10 ms 延时子程序(调用 20 次 0.5 ms 延时子程序)
DL10MS:         MOV     R3,#14H
LOOP2:          LCALL   DL512
                DJNZ    R3,LOOP2
                RET
;延时子程序,改变 R4 寄存器初值可改变闪烁的快慢(时间为(15×25) ms)
DL05S:          MOV     R4,#0FH
LOOP3:          LCALL   DL25MS
                DJNZ    R4,LOOP3
                RET
;25 ms 延时子程序,用调用扫键子程序延时,可快速读出功能按键值
DL25MS:         MOV     R5,#0FFH
LOOP4:          LCALL   KEYWORK
                DJNZ    R5,LOOP4
                RET
                END                            ;程序结束
```

思考与练习

1. 简述单片机程序设计的基本步骤。

2. 阅读"双字节加法程序"并给程序加上注释。

3. 试写一个延时时间为 515 μs 的延时用子程序(设晶振频率为 12 MHz)。

4. 在"32 键行列式查键程序"例子中为什么键号值在执行散转指令前要进行乘以 3 的处理?

第 5 章　单片机 C 语言程序设计

5.1　单片机 C 程序设计的一般格式

5.1.1　单片机 C 语言编程的步骤

单片机 C 程序设计的步骤一般如下：

① 分析设计任务，确定算法，画出编程算法的流程图。

② 使用通用的文字编辑软件，如 EDIT、WORD 等编写 C 源程序；也可在支持 C 语言的编译器（如 Keil C51 编译器）上直接编写。

③ 在 C 编译器上进行调试及编译，编译后可生成后缀名为 HEX 的十六进制目标程序文件。

④ 用编程器将目标程序文件写入单片机。

5.1.2　单片机 C 程序的几个基本概念

1. 函　数

C 程序由一个主函数和若干个其他函数所构成，程序中由主函数调用其他函数，其他函数也可以互相调用。其他函数又可分为标准函数和用户自定义函数。如果在程序中要使用标准函数，就要在程序开头写上一条文件包含处理命令，如♯include "math. h"，在编译时将读入一个包含该标准函数的头文件。如果在程序中要建立一个自定义函数，则需对函数进行定义。根据定义形式可将函数分为无参数函数和有参数函数。

（1）无参数函数的定义形式

类型标识符　函数名（）
{函数体}

类型标识符用来指定函数返回值的类型。如果函数不带返回值，一般写 void，以说明函数为无返回值函数。例如：定义一个延时函数名为 delay，函数体为_nop_（）的函数，其定义形式为

```
void delay()
{
_nop_();                        //空操作函数,相当于汇编中的 nop
```

}

函数的参数可以不止一个,相互之间用“,”隔开。

（2）有参数函数的定义形式

类型标识符　函数名（形式参数列表及参数说明）

{函数体}

例如,一个 ms 级的有参数延时函数的定义形式为

```
delay1ms(int t)                        //参数变量 t 为整型
{
int i,j;
for(i=0;i<t;i++)
    for(j=0;j<120;j++)
    ;
}
```

（3）空函数的定义形式

类型说明符　　函数名（）

{ }

调用空函数时,什么工作也不做,等以后需要扩充函数时,可以在函数体位置填写程序。

2. 指针与指针变量

一个变量具有一个变量名,对它赋值后就有一个变量值,变量名和变量值是两个不同的概念。变量名对应于内存单元的地址,表示变量在内存中的位置;而变量值则是放在内存单元中的数据,也就是内存单元的内容。变量名对应于地址,变量值对应于内容,应加以区别。

例如,定义一个整形变量 int x,编译器就会分配两个存储单元给 x。如果给变量赋值,令 x 为 30,这个值就会放入对应的存储单元中。虽然这个地址是由编译器分配,我们无法事先确定,但可以用取地址运算符 & 取出变量 x 的地址,例如取 x 变量的地址用 &x。

&x 就是变量 x 的指针,指针是由编译器分配,而不是由程序指定的,但指针值可以用 &x 取出。

如果把指针（地址值）也作为一个变量,并定义一个指针变量 xp,那么编译器就会另外开辟一个存储单元,用于存放指针变量。这个指针变量实际上成了指针的指针,例如定义:

int * xp

通过语句“xp=&x”把变量 x 的地址值存于指针变量 xp 中。现在访问变量 x

有两种方法：一种是直接访问；另一种是用指针间接访问：＊xp。

"int ＊xp"中的"＊"与"＊xp"中的"＊"所代表的意义不同，"int ＊xp"中的"＊"是对指针变量定义时作为类型说明；而"＊xp"中的"＊"是运算符，表示由 xp 所指示的内存单元中取出变量值。

单片机 C51 中的指针根据指向的存储空间不同而长度不同，data/idata/pdata 为 1 字节；code/xdata 为 2 字节；如果未指定指向存储空间，即定义为通用指针，长度为 3 字节。

3. 文件包含处理命令♯include

文件的包含处理命令，是指一个源文件将另外一个源文件的全部内容包含进来，或者说是把一个外部文件包含到本文件之中。这种文件包含处理的命令格式为

♯include "文件名"

或者用

♯include ＜文件名＞

通常被包含的文件多为头文件，即以 h 为后缀的文件，如 reg52. h、intrins. h 和 stdio. h 等。

在单片机 C51 程序的开头，一般需根据所选用的芯片，包含相应的头文件，如♯include "reg51. h"。

4. 宏定义

在 C 程序中，可以指定一个标志符去定义一个常量或字符串。例如：

♯define P 568

在 C 程序中，一般常量和字符串定义用大写，而变量定义用小写。宏定义还可以进行参数替换。例如：

♯define m(x,y) x＊y

这里的"m(x,y)"被定义为"x＊y"的宏名。编译中，在程序中出现"m(x,y)"的地方，可以用"x＊y"替换，这样可使程序更简洁。

5.1.3 单片机 C 程序的基本结构

单片机 C 程序的基本结构说明如下：

① C 程序由一个主函数和若干子函数组成，其中主函数的名字必须为 main()。C 程序通过函数调用去执行指定的工作。函数调用类似于汇编语言中的子程序调用。被调用的函数可以是系统提供的库函数，也可以是用户自行定义的功能函数。

② 一个函数由说明部分和函数体两部分组成。函数说明部分是对函数名、函数类型、形参名和形参类型等所做的说明。例如：

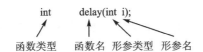

③ C 程序的执行总是从 main( )函数开始的,单片机 C51 程序的主函数一般没有返回值,故定义为

void main(void)

而对 main( )函数的位置无特殊规定,main( )函数可放在程序的开头、最后或其他函数的前后。

④ 源程序文件需要包含其他源程序文件时,应在本程序文件头部用包含命令 ♯ include 进行"文件包含"处理,其格式为

♯ include "reg51. h"

或者写成

♯ include ＜reg52. h＞

使用括号＜ ＞表示按照标准方式搜索要包含的头文件,该文件位于编译软件系统目录下的 include 子目录下,一般包含系统提供的标准文件时采用这种方式。使用" "引号时表示首先在当前目录下搜索要包含的文件,如果没有再按照标准方式搜索,对于用户自己编写或收集的文件一般采用" "引号方式。在单片机 C 语言编程中,如在编写程序时需要系统提供的库函数,则要把相应的头文件加进去。比如基本输入/输出要包含 Stdio. h 文件,三角函数运算要包含 math. h 文件,字符串处理要包含 string. h 文件,左移、右移、循环函数要包含 intrins. h 文件。

一条 ♯ include 命令只能指定包含一个文件,每行规定只能写一条包含命令。

⑤ C 程序中的一个函数需调用另一个子函数时,另一个子函数应写在前面。当另一个子函数放在本函数后面时,应在本函数开始前说明。

⑥ C 程序书写格式自由,一行可写一个语句或几个语句,每个语句的结尾处须用";"符号。

5.2　单片机 C 程序的数据类型

C 语言中数据有常量和变量之分,常量和变量都有多种类型,各种类型占有不同的存储字节长度。因此在 C 语言程序中使用常量、变量和函数时,都必须先说明它的类型,这样编译器才能为它们分配存储单元。

5.2.1　常量和符号常量

在程序运行中其值不会改变的量称为常量。常量可以用一个标识符来代表,称为符号常量。例如可以用宏定义一个符号常量 PARL,其值为 3.141 59:

＃define　PARL　3.14159

符号常量被定义后,凡在此程序中有 PARL 的地方,都代表常量 3.141 59。符号常量的值不能改变,也不能再被赋值。一般符号常量用大写字母,变量用小写字母。

常量通常分为以下几种类型。

1. 整型常量

整型常量就是整型常数,在 C 语言中可以用十进制、八进制和十六进制 3 种形式表示。例如:

11、−45、0 等　　　　　（十进制数）;

011、056 等　　　　　（八进制数,以 0 开头）;

0x11、0x55、0x00 等　　（十六进制数,以 0x 开头）。

2. 实型常量

实型常量就是实型常数,实型常数又叫浮点数,在 C 语言中可以用小数和指数两种形式表示。例如:

0.12、56.36、15.00 等（十进制实型常数）;

1.55e5、5.99e2 等（指数形式的实型常数,表示 1.55×10^5、5.99×10^2）。

3. 字符常量

在 C 语言中字符常量是指用单引号括起来的单个字符。例如'a'、'b'、'?'和'A'等都是字符常量,应注意在 C 语言中'a'和'A'是不同的字符常量。

4. 字符串常量

在 C 语言中还有另一种字符数据称为字符串。字符串常量与字符常量不同,它是由一对双引号括起来的字符序列。例如"You are man."、"CHINA"和"15.68"等都是字符串常量。字符常量和字符串常量二者不同,不能混用。例如'a'和"a"在内存中,'a'占 1 字节,而"a"占 2 字节。

5.2.2　变　量

凡数值可改变的量称为变量。变量由变量名和变量值构成。在 C 语言中规定变量名只能由字母、数字和下划线组成,且不能用数字打头。变量可分成 6 种类型,如表 5.1 所列。

表 5.1　变量类型表

变量类型	定义符	说　明	定义符	数据长度	值域范围
位变量	bit			1 位	0,1
	sbit			1 位	0,1
字符变量	char	有符号	signed char	8 位	−128～+127
		无符号	unsigned char	8 位	0～255
整数型变量	int	有符号	signed int	16 位	−32 768～+32 767
		无符号	unsigned int	16 位	0～65 535

变量类型	定义符	说　明	定义符	数据长度	值域范围
长整数型变量	long int	有符号	signed long	32 位	$-2^{31} \sim 2^{31}-1$
		无符号	unsigned long	32 位	$0 \sim 2^{32}-1$
实数型变量	float	单精度		32 位	$\lvert 3.4e-38 \rvert \sim \lvert 3.4e+38 \rvert$
寄存器变量	sfr			8 位	$0 \sim 255$
	sfr16			16 位	$0 \sim 65\,535$

其中位变量 bit 不能建立数组,不能定义为指针,也不能作为函数的参数和返回值。sbit/sfr/sfr16 用于定义特殊功能寄存器,只能直接寻址。

单片机 C51 语言不支持双精度变量,但保留的关键字"double"在编译时被解释为单精度变量。

变量在程序使用中必须进行详细的定义,例如定义两个变量 i 和 j 为无符号整型变量:

unsigned int i,j;

定义两个变量 x 和 y 为字符变量:

char x,y;

几个变量在定义时可以分别分几行定义,也可合并成一句定义,在定义时可赋初始值,例如:

int i=0,k=1,m;

也可以分 3 句写,例如:

int i=0;

int k=1;

int m;

5.3　单片机 C 程序的运算符和表达式

在单片机 C 语言编程中,通常用到 30 个运算符,如表 5.2 所列。其中算术运算符 13 个,关系运算符 6 个,逻辑运算符 3 个,位操作运算符 7 个,指针运算符 1 个。

在 C 语言中,运算符具有优先级和结合性。

算术运算符优先级规定为:先乘/除模(模运算又叫求余运算),后加/减,括号最优先;结合性规定为:自左至右,即运算对象两侧的算术符优先级相同时,先与左边的运算符号结合。

关系运算符的优先级规定为:>、<、>=、<= 四种运算符优先级相同,==、!=两种运算符优先级相同,但前四种优先级高于后两种。关系运算符的优先级低于算术运算符,高于赋值(=)运算符。

表 5.2　单片机 C 语言常用运算符

运算符		范　例	说　明
算术运算	＋	a＋b	a 变量值和 b 变量值相加
	－	a－b	a 变量值和 b 变量值相减
	＊	a＊b	a 变量值乘以 b 变量值
	/	a/b	a 变量值除以 b 变量值
	％	a％b	取 a 变量值除以 b 变量值的余数
	＝	a＝5	a 变量赋值,即 a 变量值等于 5
	＋＝	a＋＝b	等同于 a＝a＋b,将 a 和 b 相加的结果存回 a
	－＝	a－＝b	等同于 a＝a－b,将 a 和 b 相减的结果存回 a
	＊＝	a＊＝b	等同于 a＝a＊b,将 a 和 b 相乘的结果存回 a
	/＝	a/＝b	等同于 a＝a/b,将 a 和 b 相除的结果存回 a
	％＝	a％＝b	等同于 a＝a％b,将 a 和 b 相除的余数存回 a
	＋＋	a＋＋	a 的值加 1,等同于 a＝a＋1
	－－	a－－	a 的值减 1,等同于 a＝a－1
关系运算	＞	a＞b	测试 a 是否大于 b
	＜	a＜b	测试 a 是否小于 b
	＝＝	a＝＝b	测试 a 是否等于 b
	＞＝	a＞＝b	测试 a 是否大于或等于 b
	＜＝	a＜＝b	测试 a 是否小于或等于 b
	!＝	a!＝b	测试 a 是否不等于 b
逻辑运算	＆＆	a＆＆b	a 和 b 进行逻辑"与"(AND)运算,2 个变量都为"真"时结果才为"真"
	‖	a‖b	a 和 b 进行逻辑"或"(OR)运算,只要有 1 个变量为"真",结果就为"真"
	!	! a	将 a 变量的值取"反",即原来为"真"则变为"假",原为"假"则为"真"
位操作运算	＞＞	a＞＞b	将 a 按位右移 b 个位,高位补 0
	＜＜	a＜＜b	将 a 按位左移 b 个位,低位补 0
	＼	a＼b	a 和 b 按位进行"或"运算
	＆	a＆b	a 和 b 按位进行"与"运算
	^	a^b	a 和 b 按位进行"异或"运算
	～	～a	将 a 的每一位取"反"
	＆	a＝＆b	将变量 b 的地址存入 a 寄存器
指针运算	＊	＊a	用来取 a 所指地址内的值

逻辑运算符的优先级次序为：!、&&、||。

当表达式中出现不同类型的运算符时，非(!)运算符优先级最高，算术运算符次之，关系运算符再次之，其次是 && 和||，最低为赋值运算符。

位操作的对象只能是整型或字符数据型。

5.4　单片机 C 程序的一般语法结构

5.4.1　顺序结构

顺序结构是指程序按语句的先后次序逐句执行的一种结构，这是最简单的语法结构。例如：

```
main()
{
    P0＝0xFF;              //初始化端口
    P2＝0x00;
    P1＝0xFF;
    P3＝0xFF;
    scan();               //调用显示子函数
    test();               //调用测量子函数
}
```

5.4.2　分支结构

分支结构可分为单分支、双分支和多分支 3 种。C 程序中提供了 3 种条件转移语句，分别为 if、if-else 和 switch 语句。

1. 单分支转移语句

单分支转移语句的格式为

if(条件表达式){执行语句;}

当执行语句只有一句时，可以省去{}。if 语句的执行步骤是：先判断条件表达式是否成立，若成立（为"真"）则执行{}中的语句；否则执行后面的程序语句。if 语句单分支流程图如图 5.1 所示。

2. 双分支转移语句

双分支转移语句的格式为

if　（条件表达式){语句 1;}
else　　{语句 2;}

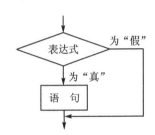

图 5.1　if 语句单分支流程图

if-else 语句的执行步骤是：先判断条件表达式是否成立,若成立(为"真")则执行语句 1;否则执行语句 2,然后继续执行后面的语句。if-else 语句双分支流程图如图 5.2 所示。

if-else 中的 else 不能单独使用,应与 if 配对。双分支语句在使用中可以嵌套而实现多分支结构,其格式为

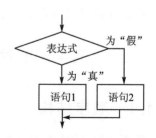

if(表达式 1)语句 1;

else if(表达式 2)语句 2;

⋮

else if(表达式 n)语句 n;

else 语句 $n+1$;

图 5.2　if-else 语句双分支流程图

这种语句的执行步骤是：先判断条件表达式 1 是否成立,若成立(为"真")则执行语句 1,否则判断条件表达式 2 是否成立;若成立(为"真")则执行语句 2,否则判断条件表达式 n 是否成立;若成立(为"真")则执行语句 n;若所有条件都不符则执行语句 $n+1$。if-else 嵌套实现多分支程序流程图如图 5.3 所示。

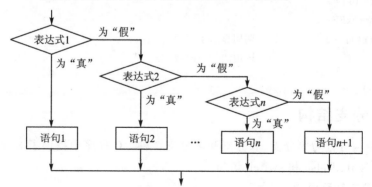

图 5.3　if-else 语句嵌套实现多分支程序流程图

3. 多分支转移语句

多分支转移语句的格式为

```
switch(条件表达式)
{
case  常量表达式 1:{语句 1;break;}
case  常量表达式 2:{语句 2;break;}
⋮
case  常量表达式 n:{语句 n;break;}
default:{语句 n+1;break;}
}
```

switch 语句的执行步骤是：当条件表达式的值同 case 后面的某一常量表达式相同时，则执行相应的语句；若都不相同，则执行 default 后面的语句。case 后面的常量表达式必须互不相同；否则会出现程序的混乱。case 后面的 break 不能漏写，若没有 break 语句，在执行完本语句功能后，程序将继续执行下一句 case 的语句功能。switch 多分支程序执行流程图如图 5.4 所示。

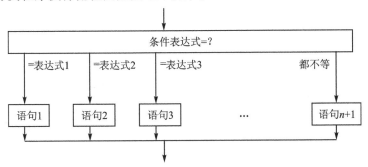

图 5.4　switch 多分支程序执行流程图

5.4.3　循环结构

循环结构有 while、do-while 和 for 语句。

1. while 语句

while 语句的一般格式为

while(表达式){循环体语句；}

while 语句的执行步骤是：先判断 while 后的表达式是否成立，若成立（为"真"）则重复执行循环体语句，直到表达式不成立时退出循环。while 循环程序执行流程图如图 5.5 所示。

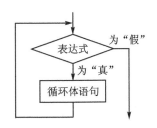

2. do-while 语句

do-while 语句的一般格式为

do{循环体语句；}
while(表达式)；

图 5.5　while 循环程序执行流程图

do-while 语句的执行步骤是：先执行循环体语句，然后判断表达式是否成立，若成立（为"真"）则重复执行循环体语句，直到表达式不成立时退出循环。do-while 循环程序执行流程图如图 5.6 所示。

3. for 语句

for 语句的一般格式为

for(表达式 1；表达式 2；表达式 3){循环体语句；}

for 语句的执行步骤是：先求表达式 1 的值并作为变量的初值,再判断表达式 2 是否满足条件,若为"真"则执行循环体语句,最后执行表达式 3 对变量进行修正,再判断表达式 2 是否满足条件,直到表达式 2 的条件不满足时退出循环。for 循环程序执行流程图如图 5.7 所示。

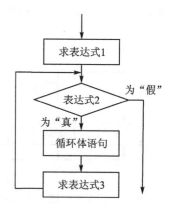

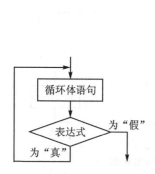

图 5.6   do-while 循环程序执行流程图　　图 5.7   for 循环程序执行流程图

5.5   51 系列单片机的 C 程序设计

通常用 C 语言编写的程序都能在普通的 C 编译器上编译,所生成的可执行程序也都能在 PC 机上运行,但不一定能在单片机上执行。用在单片机上的 C 程序在编程时应注意以下几个问题。

① C 语言在调用标准库函数时,总是在程序开头用文件包含命令♯include,由于不同的编译器所用的头文件可能不同,因此应注意头文件的名称,程序中使用的名称要与编译器规定的名称相符合。

② 在单片机中,一个变量可以放在片内存储单元,也可以放在片外存储单元,而且片内存储单元还要区分是否可位寻址,或者放在间接寻址区。因此在单片机用 C 语言编程时,除了要定义变量的数据类型外,还要定义它的存储类型。例如:

```
int data x,y;        //表示整型变量指定在片内数据存储区
char xdata m,n;      //表示字符变量指定在片外数据存储区
```

在单片机 C 语言编程中,存储类型与 51 系列存储空间的对应关系如表 5.3 所列。

③ 51 系列单片机有 21 个特殊功能寄存器(SFR),对它的操作只能采用直接寻址方式。在 C51 编译器中专门提供了一种定义方式,采用 sfr 和 sbit,其中 sbit 可以访问可位寻址对象。例如:

```
sfr TMOD＝0x89;
```

sfr PSW＝0xD0；

sbit CY＝PSW⁀7；

sfr 之后的寄存器名称一般采用大写,定义之后可直接对这些寄存器赋值。

表 5.3　C51 存储类型与 51 系列存储空间的对应关系

存储类型标识符	与存储空间的对应关系
data	直接寻址片内数据存储区,共 128 字节,00H～7FH
bdata	可位寻址的片内数据存储区,共 16 字节,20H～2FH
idata	间接寻址片内数据存储区,共 128 字节,80H～FFH
pdata	分页寻址片外数据存储区,共 256 字节,00H～FFH
xdata	片外数据存储区,共 64 KB,0000H～FFFFH
code	代码存储区,共 64 KB,0000H～FFFFH

对于片外扩充的接口,可以根据硬件地址用♯define 语句进行定义。例如：

♯define PORT XBYTE [0xffc0]

④ 用 C51 编译器编译源程序时,数据类型和存储类型都是可以预先定义的,但数据具体放在哪一个单元则由编译器决定,不必由用户指定。

⑤ 单片机 C 语言中断程序与汇编语言不同,在单片机 C 语言编程中,中断过程通过使用 interrupt 关键字和中断号(0～31)来实现。中断号告诉编译器中断程序的入口地址并对应 IE 寄存器中的使能位;换句话说,IE 寄存器中的 0 位对应外部中断 0,相应的外部中断 0 的中断号是 0。表 5.4 为 C 语言中断程序中的中断号与单片机中断源的对应关系。

中断程序没有返回值,编程者不

表 5.4　C 语言中断程序中的中断号与单片机中断源的对应关系

C 语言中断程序中的中断号	对应单片机中的中断源
0	外部中断 0
1	定时器 0 溢出中断
2	外部中断 1
3	定时器 1 溢出中断
4	串行口中断
5	定时器 2 溢出中断

需要担心寄存器组参数的使用和对累加器、状态寄存器、B 寄存器、数据指针及默认的寄存器的保护,只要它们在中断程序中被用到,编译的时候会把它们入栈,在中断程序结束时将它们恢复。中断程序的入口地址被编译器放在中断向量中,C51 支持所有 6 个 8052(8051) 标准中断,从 0～5 和其他 8051 系列中多达 27 个中断源。例如一个定时器 0 的溢出中断程序编写格式如下：

```
void timer0(void) interrupt 1     //timer0(void)为中断函数名
{
TR0＝0;                           //关定时器 0
```

```
TH0＝RELOADVALH；              //重装初值
TL0＝RELOADVALL；
TR0＝1；                       //启动 T0
tick_count＋＋；               //中断次数计数器加 1
}
```

5.6　KEIL μVISION2 软件使用起步

首先运行 KEIL μVISION2 软件,其主界面如图 5.8 所示。

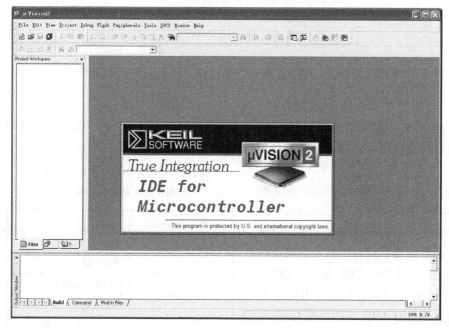

图 5.8　KEIL μVISION2 软件主界面

接着按下面的步骤建立用户的第 1 个项目:

① 在 Project 菜单中选择 New Project 菜单项,如图 5.9 所示。接着弹出一个对话框,如图 5.10 所示,在"文件名"中输入用户的第 1 个 C 程序项目名称,只要符合 Windows 文件规则的文件名都行。"保存"后的文件扩展名为 ＊.uv2,这是 KEIL μVISON2 项目文件扩展名,以后就可以直接单击此文件,以打开先前做的项目。

② 选择所要的单片机,比如选择常用的 Atmel 公司的 AT89C51,如图 5.11 所示。

③ 然后在项目中创建新的程序文件或加入旧程序文件。如果没有现成的程序,那么就要新建一个程序文件。单击图 5.12 中的"新建文件"图标按钮,出现一个新的文字编辑窗口,光标出现在该文本编辑窗口中,可以输入程序。

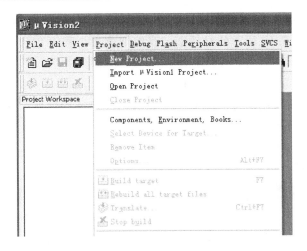

图 5.9   New Project 菜单项

图 5.10   Create New Project 对话框

图 5.11   选取芯片

④ 单击图 5.12 中的"保存"图标按钮,保存新建的程序。因为是新文件,所以保存时会弹出类似图 5.10 所示的对话框。我们把第 1 个程序命名为 test1.c,保存在项目所在的目录中,这时就会发现程序语句有了不同的颜色,说明 KEIL 的 C 语法检查生效了。如图 5.13 所示,在窗口左边的 Source Group 1 文件夹图标上右击,弹出下拉式菜单,在这里可以对项目进行增加或减少文件等操作。这里选"Add Files to Group 'Source Group 1"选项,在弹出的对话框中选择刚刚保存的文件,单击 ADD 按钮,关闭对话框,这样程序文件就加到项目中了。这时,在 Source Group 1 文件夹图标左边出现一个小"+"号,说明文件组中有了文件,单击它可以展开查看。

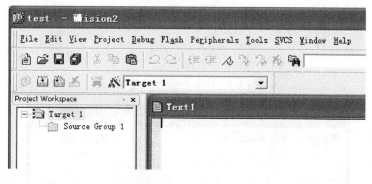

图 5.12　新建程序文件

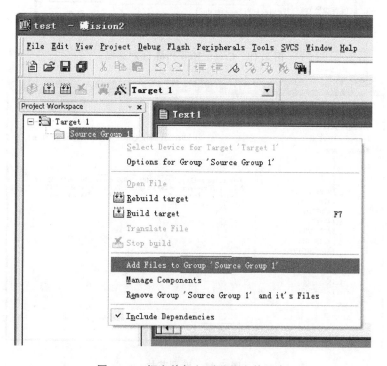

图 5.13　把文件加入到项目文件组中

⑤ 在编译之前先设置项目输出 HEX 目标文件,单击图 5.13 中的"目标选项"图标按钮,弹出图 5.14 所示的对话框,勾选 Create HEX File 复选框,然后单击"确定"按钮,再单击图 5.15 中圆圈内所示的编译按钮,即可完成编译链接。

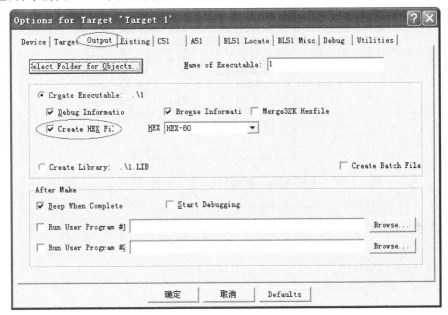

图 5.14　设置输出 HEX 文件

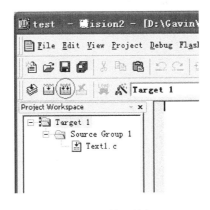

图 5.15　编译按钮

【例 5 - 1】　设计一个闪烁小灯控制用 C 程序,可使小灯轮流点亮、逐点点亮、间隔闪亮。闪烁小灯电路原理图如图 5.16 所示。

以下是闪烁 LED 小灯控制用 C 程序清单:

```
//*********************************//
//        闪烁 LED 小灯控制用 C 程序        //
```

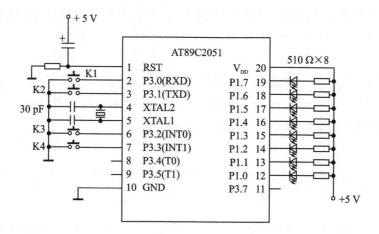

图 5.16　闪烁小灯电路原理图

```
// ******************************//
// 使用 AT89C2051 单片机,P1 口接发光二极管
// P3 口接 3 个按键
#include"reg51.h"                      //头文件
#define uchar unsigned char
uchar key,keytmp;                       //扫描键值
//
// **********按键扫描函数***********//
void scan()
  {
  key=(~P3)&0x0f;                       //读入键值
  if(key!=0)
   {
   while(((~P3)&0x0f)!=0);              //等待按键释放
   keytmp=key;                          //键值存放
   }
  }
//
// ***********延时函数************//
void delay(int t)
{
int k,j;
for(k=0;k<t;k++)
for(j=0;j<100;j++)
scan();
```

```
}
//
//**********功能函数：逐点闪亮**********//
fun0()
    {
    int i,s;
    s=0xfe;
    for(i=0;i<8;i++)
        {
        P1=s;
        delay(100);
        s=s<<1;
        s=s|0x01;
        }
    }
//
//**********功能函数：依次点亮**********//
fun1()
{
    int i,s;
    s=0xfe;
    for(i=0;i<8;i++)
        {
        P1=s;
        delay(100);
        s=s<<1;
        }
}
//
//**********功能函数：交叉闪亮**********//
fun2()
{
    int i,s;
    s=0x55;
    for(i=0;i<2;i++)
        {
        P1=s;
        delay(100);
```

```
        s=~s;
      }
}
//
// * * * * * * * * * * * * * * * * * * * * * * * * * * * * * * * *//
//                     主函数                      //
// * * * * * * * * * * * * * * * * * * * * * * * * * * * * * * * *//
main()
{
keytmp=1;                        //上电自动演示功能(逐点闪亮)
P3=0xff;                         //初始值,读入状态
while(1)
 {
  switch(keytmp)
   {
    case 1:{fun0();break;}
    case 2:{fun1();break;}
    case 4:{fun2();break;}
    case 8:{scan();P1=0xff;break;}     //暂停
    default:{break;}
   }
 }
}
//
// * * * * * * * * * * * * * *结束* * * * * * * * * * * * * * * * * *//
```

思考与练习

1. 试用 C 语言编写一个延时子程序。
2. 试用 C 语言编写一个能输出方波信号的单片机程序。
3. 试用 C 语言编写一个"三按钮"的查键子程序。

第6章　单片机基本单元结构与操作原理

6.1　定时器/计数器的基本结构与操作方式

6.1.1　定时器/计数器的基本组成

89C51 中有两个 16 位的加计数定时器/计数器 T0、T1,其组成如图 6.1 所示。

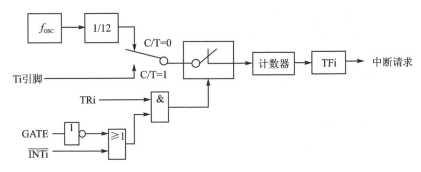

图 6.1　89C51 中定时器/计数器的基本组成

说明:

① 计数器由两个 8 位的加计数器 TLi 和 THi 组成,在不同的方式下,其组成结构不同。

② 计数输入可选择振荡器的 12 分频计数,也可从端口 Ti 对外部脉冲计数。

③ 控制逻辑:当 GATE=0 时,由 TRi 控制计数器的启/停;当 GATE=1,且 TRi=1 时,计数器由外部引脚$\overline{\text{INTi}}$控制启/停(高电平开启)。

④ 计数器的溢出管理:当计数器溢出时,溢出中断请求标志位 TFi 置 1,并请求中断,中断响应后 TFi 自动清 0。

6.1.2　定时器/计数器的 SFR

参与定时器/计数器管理的 SFR 有方式寄存器 TMOD 和控制寄存器 TCON。

1. TMOD 方式寄存器

TMOD 方式寄存器的格式如下:

GATE	C/T	M1	M0	GATE	C/T	M1	M0
高 4 位 T1 控制用				低 4 位 T0 控制用			

说明：

TMOD 为不可位寻址 SFR,地址为 89H,其低 4 位控制 T0,高 4 位控制 T1,各位的意义如下：

M1、M0　方式控制。00 为方式 0,为 13 位计数器方式；01 为方式 1,为 16 位计数器方式；10 为方式 2,为 8 位自动重装初值方式；11 为方式 3,为两个 8 位计数器与波特率发生器工作方式。

C/T　　计数/定时方式选择。C/T＝1 时,对外部计数；C/T＝0 时,对内部振荡器 12 分频计数。

GATE　控制方式选择。当 GATE＝0 时,计数器由内部 TRi 控制启/停；当 GATE＝1 时,计数器由 TRi 和外部引脚$\overline{\text{INTi}}$一起控制。

2. TCON 控制寄存器

TCON 控制寄存器的格式如下：

TF1	TR1	TF0	TR0	IE1	IT1	IE0	IT0
用于定时器				用于外中断			

说明：

① TCON 是一个可位寻址的寄存器,字节地址为 88H。

② 高 4 位用于定时器控制,低 4 位用于外中断控制。

③ 各位的意义如下：

TF1　定时器/计数器 T1 溢出标志。溢出时自动置 1,中断响应后自动复位,也可用软件复位。

TR1　定时器/计数器 T1 运行控制位。TR1＝0 时停止；TR1＝1 时开启。

TF0　定时器/计数器 T0 溢出标志。溢出时自动置 1,中断响应后自动复位,也可用软件复位。

TR0　定时器/计数器 T0 运行控制位。TR0＝0 时停止；TR0＝1 时开启。

IE1　外中断 1 中断请求标志位。CPU 响应中断后自动复位。

IT1　外中断 1 触发类型选择位。IT1＝0 时为电平触发；IT1＝1 时为下降沿边沿触发。

IE0　外中断 0 中断请求标志位。CPU 响应中断后自动复位。

IT0　外中断 0 触发类型选择位。IT0＝0 时为电平触发；IT0＝1 时为下降沿边沿触发。

④ 定时器/计数器 T0、T1 的数据寄存器为 TH0、TL0 和 TH1、TL1。T0 和 T1 各有一个 16 位的寄存器,由高 8 位和低 8 位组成,可以进行读/写操作,复位时这 4 个寄存器全部清 0。

6.1.3　定时器/计数器的工作方式

定时器/计数器的工作方式有以下 4 种：

1. 方式 0

当 TMOD 中的 M0＝0，M1＝0 时，为 13 位计数或定时方式，其中 TLi 使用低 5 位，其结构如图 6.2 所示。

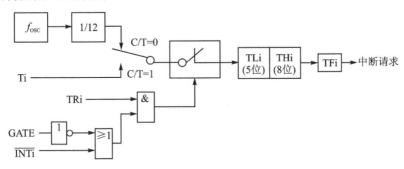

图 6.2　方式 0 时 T0、T1 的结构图

2. 方式 1

当 TMOD 中的 M0＝1，M1＝0 时，为 16 位计数或定时方式，其结构如图 6.3 所示。

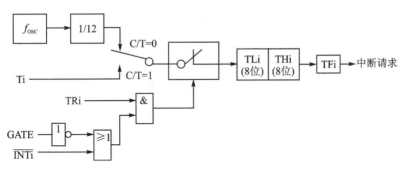

图 6.3　方式 1 时 T0、T1 的结构图

3. 方式 2

当 TMOD 中的 M0＝0，M1＝1 时，为 8 位自动重装初值计数或定时方式，其结构如图 6.4 所示。

在方式 2 时，将 16 位计数器分成两个 8 位的计数器，THi 用来存放初值。当计数器溢出时，一方面将 TFi 置 1，申请中断；而另一方面自动将 THi 的值装入 TLi。

4. 方式 3

T0 为方式 3 时，T1 作为波特率发生器，其 TF1、TR1 资源出借给 T0 使用，而 T0 可以构成两个独立的结构，其中 TL0 构成一个完整的 8 位定时器/计数器，而 TH0 则是一个仅能对晶振频率 12 分频的定时器，其结构如图 6.5 所示。T1 作波特

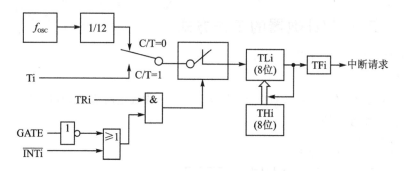

图 6.4　方式 2 时 T0、T1 的结构图

率发生器时,可以设置成方式 0、1 或 2,用在任何不需要中断控制的场合。一般 T1 作波特率发生器时,常设置成方式 2 的自动重装模式,其结构如图 6.6 所示。

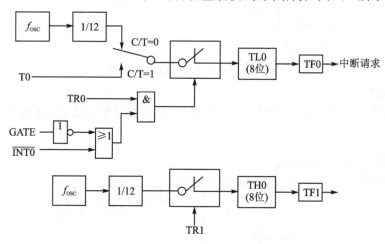

图 6.5　方式 3 时 T0 的结构图

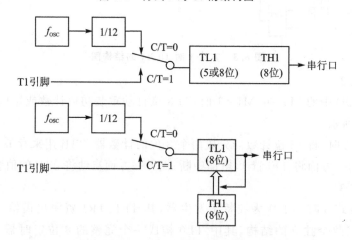

图 6.6　T0 为方式 3 时,T1 为波特率发生器时的 T1 结构图

6.1.4　定时器/计数器的编程和使用

1. 定时器/计数器溢出率的计算

由公式 $t = T_c \times (2^L - TC)$，先求出 t，然后再求溢出率。

式中：t 为定时时间(μs)；

T_c 为机器周期，$T_c = 12 \div f_{osc}$；

L 为计数器位数，13 位时 $2^L = 8\,192$，16 位时 $2^L = 65\,536$，8 位时 $2^L = 256$；

TC 为定时器/计数器初值。

定时时间的倒数即为溢出率 $= 1/t$。

例如：设晶振频率为 12 MHz，求定时器定时时间为 5 ms 时的初值。

① 采用 13 位计数器时：

TC $= 8\,192 - 5\,000 = 3\,192 = 0$C78H $= 0110001111000$B

汇编程序为

```
MOV    TH0, #63H
MOV    TL0, #18H
```

C 程序为

```
TH0=0x63；
TL0=0x18；
```

②采用 16 位计数器时：

TC $= 65\,536 - 5\,000 = 60\,536 = $ EC78H

汇编程序为

```
MOV    TH0, #0ECH
MOV    TL0, #78H
```

C 程序为

```
TH0=0xEC；
TL0=0x78；
```

③ 采用 8 位计数器时：

若时钟频率为 12 MHz，8 位计数器的最大定时时间为 256 μs，一次定时 5 ms 不能达到要求，在中断程序中可采用多次溢出累加法。

2. 定时器/计数器的编程

定时器/计数器的编程步骤如下：

① 设置 TMOD 方式值，只能用字节寻址，如：

汇编程序为

```
MOV        TMOD,#11H      ;两个 16 位定时器
MOV        TMOD,#22H      ;两个 8 位自动重装初值定时器
MOV        TMOD,#51H      ;T1 为 16 位计数器,T0 为 16 位定时器
```

C 程序为

```
TMOD=0x11;              // 两个 16 位定时器
TMOD=0x22;              // 两个 8 位自动重装初值定时器
TMOD=0x51;              // T1 为 16 位计数器,T0 为 16 位定时器
```

② 将定时时间常数和初值放入 TH 和 TL,只能字节寻址,如:
汇编程序为

```
MOV        TH0,#07H
MOV        TL0,#0FFH
MOV        TH1,#01H
MOV        TL1,#0F8H
```

C 程序为

```
TH0=0x07;
TL0=0xFF;
TH1=0x01;
TL1=0xF8;
```

③ 定时器中断的开放与禁止,一般用位寻址,如:
汇编程序为

```
SETB       EA
SETB       ET0
SETB       ET1
CLR        EA
CLR        ET0
CLR        ET1
```

C 程序为

```
EA=1;
ET0=1;
ET1=1;
EA=0;
ET0=0;
ET1=0;
```

④ 启动或关闭定时计数器,一般用位寻址,如:
汇编程序为

```
SETB       TR0
SETB       TR1
CLR        TR0
CLR        TR1
```

C 程序为

```
TR0=1;
TR1=1;
TR0=0;
TR1=0;
```

6.1.5　定时器/计数器的应用实例

【例 6-1】　试设定定时器/计数器 T0 为计数方式 2,当 T0 引脚出现负跳变时,向 CPU 申请中断。

解:当 T0 引脚出现负跳变时,申请中断,可设初值为 0FFH,当第 1 个低电平来时,即发生溢出中断申请。汇编程序如下:

```
          ORG    0000H         ;主程序入口地址
          LJMP   MAIN          ;跳至 MAIN 执行
          ORG    00BH          ;定时器 T0 溢出中断服务程序入口地址
          LJMP   INTT0         ;跳至中断服务程序 INTT0 执行
MAIN:     MOV    TMOD,#06H     ;T0 为 8 位自动重装初值计数器
          MOV    TL0,#0FFH     ;初值为 #0FF
          MOV    TH0,#0FFH;
          SETB   ET0           ;允许 T0 溢出中断
          SETB   EA            ;总中断允许开放
          SETB   TR0           ;开启定时器
          AJMP   $             ;等待
INTT0:    CLR    ET0           ;关定时器 T0 中断
          ⋮                    ;处理程序
          SETB   ET0           ;允许 T0 中断
          RETI
          END                  ;程序结束
```

【例 6-2】　如图 6.7 所示,利用 T0 在 P1.0 端口产生 500 Hz 的方波对称脉冲(12 MHz 晶振)。

解:设 T0 为 16 位定时器模式,利用查询法设计程序,溢出周期为 1 ms,则初值 TC=65 536−1 000=64 536=FC18H。

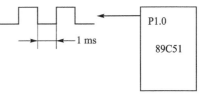

图 6.7　产生 500 Hz 的方波对称脉冲

汇编程序如下：

```
        ORG     0000H
        LJMP    MAIN
MAIN：MOV      TMOD,#01H      ;设 T0 为 16 位定时器模式
        MOV     TL0,#18H       ;赋初值
        MOV     TH0,#0FCH      ;赋初值
        SETB    TR0            ;开启定时器
LOOP：JBC      TF0,CPLP       ;TF0 为 1,转 CPLP 并将 TF0 清 0
        AJMP    LOOP           ;TF0 为 0,则转 LOOP 循环等待
CPLP：MOV      TL0,#18H       ;重装初值
        MOV     TH0,#0FCH
        CPL     P1.0           ;P1.0 端口状态取"反"
        AJMP    LOOP           ;转 LOOP 再循环等待
        END                    ;结束
```

C 程序如下：

```c
//***************开始***************//
#include "reg51.h"              //头文件
sbit fbout=P1^0;                //方波输出端口
//*********************************//
//              主函数             //
//*********************************//
main()
{
TMOD=0x01;                      //初始化
TL0=0x18;
TH0=0xFC;
TR0=1;
while(1)
{
while(TF0==0);
 {
  TL0=0x18;
  TH0=0xFC;
  fbout=!fbout;
  TF0=0;
 }
}
}
```

// ***************结束*******************//

【例 6 - 3】　如图 6.8 所示,如果要在例 6 - 2 中产生周期为 3 ms、占空比为 2∶1
的脉冲波,应该怎样修改程序?

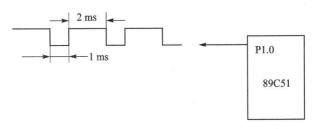

图 6.8　产生周期为 3 ms、占空比为 2∶1 的脉冲波

解:可在程序中加入 P1.0 端口的状态判断,当 P1.0 为高电平时,需溢出两次才
对端口取"反"。程序如下:

```
        ORG     0000H
        LJMP    MAIN
MAIN:   MOV     TMOD,#01H       ;T0 为 16 位定时模式
        MOV     TL0,#18H        ;定时器赋初值
        MOV     TH0,#0FCH       ;定时器赋初值
        MOV     R2,#02H         ;R2 赋初值
        SETB    TR0             ;开启定时器
LOOP:   JBC     TF0,CPLP        ;TF0 为 1(定时时间到),转 CPLP 并将 TF0 清 0
        AJMP    LOOP            ;TF0 为 0 则转 LOOP 循环等待
CPLP:   MOV     TL0,#18H        ;定时器重装初值
        MOV     TH0,#0FCH       ;定时器重装初值
        JB      P1.0,CPLP1      ;P1.0 口为 1 则转 CPLP1
        CPL     P1.0            ;P1.0 口为 0 则取"反"(变 1)
        MOV     R2,#02H         ;R2 重赋初值
        AJMP    LOOP            ;转 LOOP 等待定时时间到
CPLP1:  DJNZ    R2,LOOP         ;2 ms 未到转 LOOP
        CPL     P1.0            ;2 ms 到对 P1.0 口取"反"(变为 0)
        AJMP    LOOP            ;转 LOOP 等待定时时间到
        END                     ;程序结束
```

6.2　中断系统的基本原理与操作方式

89C51 中断系统有 5 个中断源,其中有 2 个外部中断源、2 个定时中断源和 1 个
串行中断源,每个中断源都可以选择 2 个优先级。

6.2.1 中断系统的基本组成

① 中断：程序执行过程中，允许外部或内部事件通过硬件打断程序的执行，使其转向处理事件的中断服务程序中去，完成后继续执行原来的程序，这样的过程叫中断过程。

② 中断源：能产生中断的外部事件和内部事件叫中断源。

③ 中断优先级：几个中断源同时申请中断时，CPU 必须区分哪个中断源更重要，从而确定优先处理哪个中断事件。89C51 中断优先级从高到低为 INT0、T0、INT1、T1、串口中断。

④ 中断请求标志：当中断事件发生时，相应的中断请求标志 IE0、IE1、TF0、TF1、TI/RI 被置 1。

⑤ 中断使能：有总中断使能 EA 和各中断源使能 EX0、ET0、EX1、ET1、ES，当被置 1 时开放中断。

⑥ 中断嵌套：中断程序可以被更高级的中断源中断。

图 6.9 为 89C51 中断系统结构示意图。

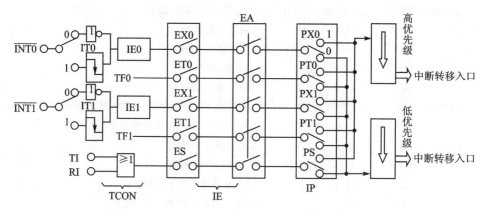

图 6.9　89C51 中断系统结构示意图

6.2.2 中断系统中的 SFR

与中断系统有关的 SFR 有 SCON、TCON、IE 和 IP。

1. 串行口控制寄存器 SCON

SCON 为可位寻址寄存器，直接地址为 98H，其各位如下：

SM0	SM1	SM2	REN	TB8	RB8	TI	RI

各位的意义如下：

TI　发送中断标志。当发送数据完毕时，TI＝1，表示帧发送完毕，请求中断，也可供查询。TI 只能由程序清 0。

RI　接收中断标志。当接收数据完毕时,TI=1,表示接收完一帧数据,请求中断,也可供查询。RI 只能由程序清 0。

2. TCON 控制寄存器

TCON 是一个可位寻址的寄存器,字节地址为 88H,高 4 位用于定时器控制,低 4 位用于外中断控制,其各位如下:

TF1	TR1	TF0	TR0	IE1	IT1	IE0	IT0
用于定时器				用于外中断			

各位的意义如下:

TF1　定时器/计数器 T1 溢出标志。溢出时自动置 1,中断响应后自动复位,也可用软件复位。

TF0　定时器/计数器 T0 溢出标志。溢出时自动置 1,中断响应后自动复位,也可用软件复位。

IE1　外中断 1 中断请求标志位。CPU 响应中断后自动复位。

IT1　外中断 1 触发类型选择位。IT1=0 时为电平触发;IT1=1 时为下降沿边沿触发。

IE0　外中断 0 中断请求标志位。CPU 响应中断后自动复位。

IT0　外中断 0 触发类型选择位。IT0=0 时为电平触发;IT0=1 时为下降沿边沿触发。

3. 中断允许寄存器 IE

IE 为可位寻址寄存器,直接地址为 A8H,用于中断的开放与关闭,其各位如下:

EA	—	—	ES	ET1	EX1	ET0	EX0

各位的意义如下:

EA　CPU 总中断使能控制。当 EA=1 时,CPU 开放中断。

EX1　EX1=1 时为使能外部中断 INT1 中断。

ET1　ET1=1 时为使能定时器 T1 溢出中断。

EX0　EX0=1 时为使能外部中断 INT0 中断。

ET0　ET0=1 时为使能定时器 T0 溢出中断。

ES　ES=1 时为使能串行口发送/接收中断。

4. 中断优先级管理寄存器 IP

IP 为可位寻址寄存器,直接地址为 B8H,用来设定优先级别。置 1 时为高优先级,清 0 时为低优先级,其各位如下:

—	—	—	PS	PT1	PX1	PT0	PX0

各位的意义如下：

PX0、PX1　　外部中断源 INT0、INT1 优先级选择位。

PT0、PT1　　定时器/计数器溢出中断优先级选择位。

PS　　　　　串行口发送/接收中断优先级选择位。

6.2.3　中断响应的自主操作过程

1. CPU 的中断查询

CPU 的中断查询各位如下：

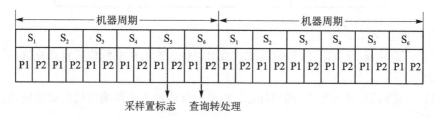

CPU 在每个机器周期的 S5P2 期间，各中断源被采样并设置相应的中断标志；在每个机器周期的 S6P2 状态中，按优先级顺序查询中断源的中断标志，并处理请求的中断源，且在下一个机器周期的 S1 状态中响应最高级的中断请求。但以下情况除外：

① CPU 正在处理相同或更高级的中断源。

② 多机器周期指令中，还没有执行到最后一个机器周期。

③ 正在执行中断系统的 SFR 操作，如 RETI 及访问 IE、IP 等的操作时，要延时一条指令。

2. 中断响应中的 CPU 自主操作

在中断响应中，CPU 要完成以下自主操作：

① 置位相应的优先级状态触发器，以标明响应所中断的优先级别。

② 中断源标志清 0(TI、RI 除外)。

③ 中断点地址装入堆栈保护(不保护 PSW)。

④ 中断入口地址装入 PC，以便使程序转到中断入口地址处。

3. 中断返回时 CPU 的自主操作

CPU 执行到 RETI 中断返回指令时，产生以下自主操作：

① 优先级触发器清 0。

② 断点地址装入 PC，以使程序返回到断点处。

6.2.4　应用实例

【例 6-4】　外部中断源的扩展方法。

外部中断源的扩展接口电路如图 6.10 所示。

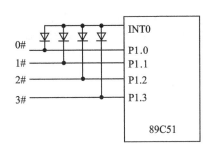

图 6.10　外部中断源的扩展接口电路

外部中断源的扩展程序如下：

```
            ORG      0003H                ;外中断 0 入口地址
            LJMP     INTEX0               ;跳到 INTEX0 执行
;
INTEX0:     PUSH     PSW                  ;PSW 入堆栈保护
            JNB      P1.0,INTFUN0         ;P1.0 为 0 转 INTFUN0
            JNB      P1.1,INTFUN1         ;P1.1 为 0 转 INTFUN1
            JNB      P1.2,INTFUN2         ;P1.2 为 0 转 INTFUN2
            JNB      P1.3,INTFUN3         ;P1.3 为 0 转 INTFUN3
INTOUT:     POP      PSW                  ;恢复 PSW
            RETI                          ;中断返回
INTFUN0:    ……                          ;0# 中断处理程序
            ……
            LJMP     INTOUT
INTFUN1:    ……                          ;1# 中断处理程序
            ……
            LJMP     INTOUT
INTFUN2:    ……                          ;2# 中断处理程序
            ……
            LJMP     INTOUT
INTFUN3:    ……                          ;3# 中断处理程序
            ……
            LJMP     INTOUT
            END                           ;程序结束
```

　　从程序可以看出，中断优先级是由查询的顺序决定的。

　　【例 6 - 5】　如图 6.11 所示，利用 T0 的溢出中断法，在 P1.0 端口产生 500 Hz 的方波对称脉冲。

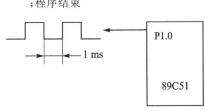

图 6.11　方波发生器接口电路

解：设 T0 为 16 位定时器模式,利用中断法设计程序,当溢出周期为 1 ms 时,初值为 TC=65 536－1 000=64 536=FC18H(晶振频率为 12 MHz)。

汇编程序如下：

```
            ORG     0000H           ;主程序执行入口地址
            LJMP    MAIN            ;跳至 MAIN 执行
            ORG     000BH           ;T0 溢出中断服务程序入口
            LJMP    INTT0           ;跳至 T0 溢出中断服务程序
MAIN：      MOV     TMOD,#01H       ;T0 为 16 位定时模式
            MOV     TL0,#18H        ;定时器装初值
            MOV     TH0,#0FCH       ;定时器装初值
            SETB    EA              ;开总中断允许
            SETB    ET0             ;开定时器 T0 中断使能
            SETB    TR0             ;开启定时器 T0
            SJMP    $               ;等待
INTT0：     CPL     P1.0            ;P1.0 取"反"
            MOV     TL0,#18H        ;重装初值
            MOV     TH0,#0FCH       ;重装初值
            RETI                    ;中断返回
            END                     ;结束
```

C 程序如下：

```c
//***************开始*******************//
//
#include "reg51.h"                    //头文件
sbit fbout=P1^0;                      //方波输出端口
//************************************//
//              主函数                  //
//************************************//
main()
{
TMOD=0x01;                            //初始化
TL0=0x18;
TH0=0xFC;
EA=1;
ET0=1;
TR0=1;
while(1);
}
```

```
//
/*************T0 中断程序************/
void time_intt0(void) interrupt 1
{
  TL0=0x18;TH0=0xFC;fbout=!fbout;
}
//************结束****************//
```

思　考

1. 例 6-4、例 6-5 中程序执行后能否退出？

2. 在例 6-4、例 6-5 程序中，CPU 有无空闲的时间？应怎样利用？

3. 为什么通常在中断入口处放一条转移指令？例 6-4、例 6-5 中能不能不用转移指令？

【例 6-6】　用定时器/计数器测量脉冲信号的频率。

解： 如图 6.12 所示，用 T1 作为计数器，T0 作 1 s 定时器，当 1 s 时间到时，将 T1 的计数值移入 70H、71H。T0 定时采用 50 ms，则初值为 65 536－50 000＝15 536＝3CB0H。

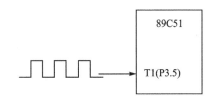

图 6.12　频率测量接口电路

汇编程序如下：

TESTF:	MOV	TMOD,#51H	;T0 为 16 位定时器,T1 为 16 位计数器
	MOV	R0,#14H	;T0 溢出 20 次为 1 s
	MOV	TL1,#00H	;清 T1 计数器
	MOV	TH1,#00H	;清 T1 计数器
	MOV	TL0,#0B0H	;T0 计数器赋初值
	MOV	TH0,#3CH	;T0 计数器赋初值
	SETB	P3.5	;P3.5 端口置输入状态
	SETB	EA	;开总中断使能
	SETB	ET0	;允许 T0 溢出中断
	CLR	F0	;清标志位 F0
LOOP:	JB	P3.5,LOOP	;等待 P3.5 口低电平脉冲输入
	SETB	TR0	;50 ms 定时启动
	SETB	TR1	;脉冲计数开始
WAIT:	JB	F0,TESTEND	;标志 F0 为 1 时测试结束
	SJMP	WAIT	;标志 F0 为 0 时等待
TESTEND:	RET		;测试结束
	ORG	000BH	;T0 溢出中断服务程序入口地址
	LJMP	INTT0	;T0 溢出中断服务程序入口
INTT0:	DJNZ	R0,INTOUT	;T0 溢出不到 20 次转 INTOUT
	CLR	TR1	;T0 溢出 20 次则关计数器 T1

```
        CLR     TR0             ;关定时器 T0
        CLR     EA              ;关总中断使能
        CLR     ET0             ;关 T0 中断使能
        MOV     70H,TH1         ;将脉冲个数计数值(高位)移入 70H 地址单元
        MOV     71H,TL1         ;将脉冲个数计数值(低位)移入 71H 地址单元
        SETB    F0              ;将标志位 F0 置 1
        RETI                    ;中断返回
INTOUT: MOV     TL0,#0B0H       ;T0 溢出不到 20 次重装初值
        MOV     TH0,#3CH        ;T0 溢出不到 20 次重装初值
        RETI                    ;中断返回
```

思　考

1. 例 6 - 6 中 50 ms 的定时时间有误差吗？怎样修正？

2. CPU 有空闲吗？怎样利用？

3. 例 6 - 6 中频率计的测量范围是多少？如何扩展？扩展的限制是什么？

6.3　串行口的基本结构与操作方式

89C51 有一个全双工的串行接口,既可以作为串行异步通信(UART)接口,也可以作为同步移位寄存器方式下的串行扩展接口。UART 具有多机通信功能。

6.3.1　串行口的基本组成

串行口由发送控制、接收控制、波特率管理和发送/接收缓冲器 SBUF 组成,其示意图如图 6.13 所示。

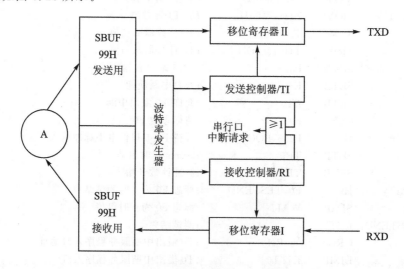

图 6.13　串行口的基本组成示意图

6.3.2 串行口的特殊功能寄存器

1. 发送/接收缓冲器 SBUF

89C51 中有两个各自独立的 SBUF 寄存器,直接地址都为 99H。SBUF 只能与 A 进行数据交换。

2. 控制寄存器 SCON

SCON 为可位寻址寄存器,直接地址为 98H,其各位如下:

SM0	SM1	SM2	REN	TB8	RB8	TI	RI

各位的意义如下:

SM0、SM1 方式选择位。用来选择串行口的 4 种工作方式,其功能如表 6.1 所列。

表 6.1 方式选择位及功能

方式位		方 式	功 能	波特率
SM0	SM1			
0	0	0	同步移位寄存器方式	$f_{OSC}/12$
0	1	1	8(10)位 UART 方式	须设置
1	0	2	9(11)位 UART 方式	$f_{OSC}/32$ 或 $f_{OSC}/64$
1	1	3	9(11)位 UART 方式	须设置

SM2 多机通信控制位。在方式 2、方式 3 中用于多机通信控制。在方式 2、方式 3 的接收状态中,若 SM2＝1,接收到的第 9 位(RB8)为 0 时,舍弃接收到的数据,RI 清 0;RB8 为 1 时,将接收到的数据送至 SBUF 中,并将 RI 置 1。当 SM2＝0 时,正常接收。

REN 使能接收位。REN＝1 使能接收,REN＝0 禁止接收。REN 由指令置位或清 0。

TB8 第 9 位发送数据。多机通信(方式 2、方式 3)中,TB8 表明发送的是数据还是地址,TB8＝1 是地址,TB8＝0 是数据。TB8 由指令置位或清 0。

RB8 多机通信(方式 2、方式 3)中用来存放接收到的第 9 位数据,用以表明接收数据的特征。

TI 发送中断标志。当发送数据完毕时,TI＝1,表示帧发送完毕,请求中断,也可供查询。TI 只能由程序清 0。

RI 接收中断标志。当接收数据完毕时,RI＝1,表示接收完一帧数据,请求中断,也可供查询。RI 只能由程序清 0。

3. 电源控制寄存器 PCON

串行口借用了电源控制寄存器 PCON 的最高位,PCON 为不可位寻址寄存器,直接地址为 87H,其各位如下:

SMOD	—	—	—	GF1	GF0	PD	IDL

各位的意义如下:

SMOD　　　波特率加倍位。当波特率由 T1 产生且 SMOD=1 时,在串行口的
　　　　　　波特率提高1倍。

GF1、GF0　通用标志位。

PD　　　　当 PD=1 时,进入掉电工作模式。PD 只能由硬件复位。

IDL　　　　当 IDL=1 时,进入空闲工作模式。

6.3.3　串行口的工作方式

串行口有 4 种工作方式,由 SCON 中的 SM0、SM1 两位选择决定。

1. 方式 0

(1) 特　点

① 用作串行口扩展,具有固定的波特率,为 $f_{osc}/12$。

② 同步发送/接收,由 TXD 提供移位脉冲,RXD 用作数据输入/输出通道。

③ 发送/接收 8 位数据,低位在先。

(2) 发送操作

当执行一条"MOV　SBUF,A"指令时,启动发送操作,由 TXD 输出移位脉冲,由 RXD 串行发送 SBUF 中的数据。发送完 8 位数据后自动置 TI=1,请求中断。要继续发送时,TI 必须由指令清 0。

(3) 接收操作

在 RI=0 条件下,置 REN=1,启动一帧数据的接收,由 TXD 输出移位脉冲,由 RXD 接收串行数据到 A 中。接收完一帧数据自动置位 RI,请求中断。要继续接收时,要用指令将 RI 清零。

2. 方式 1

(1) 特　点

① 8 位 UART 接口。

② 帧结构为 10 位,包括起始位(为 0),8 位数据位,1 位停止位。

③ 波特率由指令设定,由 T1 的溢出率决定。

(2) 发送操作

当执行一条"MOV　SBUF,A"指令时,启动发送操作,A 中的数据从 TXD 端实现异步发送。发送完一帧数据后自动置 TI=1,请求中断。要继续发送时,TI 必须由指令清 0。

（3）接收操作

当置 REN＝1 时，串行口采样 RXD，当采样到 1 至 0 的跳变时，确认串行数据帧的起始位，开始接收一帧数据，直到停止位到来时，把停止位送入 RB8 中。置位 RI 请求中断，CPU 取走数据后用指令将 RI 清零。

3. 方式 2 和方式 3

方式 2 和方式 3 具有多机通信功能，这两种方式除了波特率不同以外，其余完全相同。

（1）特　点

① 9 位 UART 接口。

② 帧结构为 11 位，包括起始位（为 0）、8 位数据位、1 位可编程位 TB8/RB8 和停止位（为 1）。

③ 波特率在方式 2 时为固定 $f_{osc}/32$ 或 $f_{osc}/64$，由 SMOD 位决定。当 SMOD＝1 时，波特率为 $f_{osc}/32$；当 SMOD＝0 时，波特率为 $f_{osc}/64$。方式 3 的溢出率由 T1 的溢出率决定。

（2）发送操作

发送数据之前，由指令设置 TB8（如作为奇偶校对位或地址/数据位），将要发送的数据由 A 写入 SBUF 中启动发送操作。在发送中，内部逻辑会把 TB8 装入发送移位寄存器的第 9 位位置，然后发送一帧完整的数据，发送完毕后置位 TI。TI 须由指令清 0。

（3）接收操作

当置位 SEN 位且 RI＝0 时，启动接收操作，帧结构上的第 9 位送入 RB8 中，对所接收的数据视 SM2 和 RB8 的状态决定是否会使 RI 置 1。

当 SM2＝0 时，RB8 不论什么状态 RI 都置 1，串行口都接收数据。

当 SM2＝1 时，为多机通信方式，接收到的 RB8 为地址/数据标识位。

当 RB8＝1 时，接收的信息为地址帧，此时使 RI 置 1，串行口接收发送来的数据。

当 RB8＝0 时，接收的信息为数据帧，若 SM2＝1，RI 不会置 1，此数据丢弃；若 SM2＝0，则 SBUF 接收发送来的数据。

6.3.4　应用实例

串行通信中波特率的计算。

波特率是串行通信中每秒传送的数据位数。方式 0 和方式 2 的波特率是不变的（$f_{osc}/12$、$f_{osc}/32$、$f_{osc}/64$）；方式 1 和方式 3 的波特率由 T1 的溢出率决定：

$$
\begin{aligned}
波特率 &= (2^{SMOD}/32) \times T1\ 溢出率 \\
&= (2^{SMOD}/32) \times f_{osc}/[12 \times (2^L - X)] \\
&= \frac{2^{SMOD} \times f_{osc}}{32 \times 12 \times (2^L - X)}
\end{aligned}
$$

式中：L 为计数位长；X 为初值。

定时器 T1 产生的常用波特率如表 6.2 所列。

表 6.2　定时器 T1 产生的常用波特率

波特率	振荡时钟频率/MHz	SMOD	T1 在方式 2 的初值
62.5K	12	1	FFH
19.2K	11.059 2	1	FDH
9.6K	11.059 2	0	FDH
4.8K	11.059 2	0	FAH
2.4K	11.059 2	0	F4H
1.2K	11.059 2	0	E8H

【例 6-7】　UART 方式 0 时发送 N 个字节汇编子程序。

```
UARTOUT:    MOV     R0,#MTD         ;发送数据首址入 R0
            MOV     R2,#N           ;发送字节个数入 R2
            MOV     SCON,#00H       ;设串口为方式 0
SOUT:       MOV     A,@R0           ;发送数据入 A
            CLR     TI              ;清发送标志 TI
            MOV     SBUF,A          ;启动发送
WAITOUT:    JNB     TI,WAITOUT      ;发送等待
            INC     R0              ;指向下一字节
            DJNZ    R2,SOUT         ;N 个字节未发完,转 SOUT
            RET                     ;N 个字节发完,结束
```

串行口方式 0 时发送 8 字节 C 程序：

```c
//***************开始*****************//
#include "reg51.h"                  //头文件
#define uchar unsigned char
uchar data   valdata[8]={0x00,0x01,0x02,0x03,0x04,0x05,0x06,0x07};
uchar i;
//***************主函数*****************//
main()
{
SCON=0x00;TI=0;
for(i=0;i<8;i++)
{
SBUF=valdata[i];while(TI==0);TI=0;
```

```
    }
while(1);
    }
// ＊＊＊＊＊＊＊＊＊＊＊＊＊＊结束＊＊＊＊＊＊＊＊＊＊＊＊＊＊＊＊//
```

【例 6 - 8】 串行口方式 0 时接收汇编子程序。

UARTIN：	MOV	R0,♯MTD	;接收数据存放首址入 R0
	MOV	R2,♯N	;接收字节数入 R2
SIN：	CLR	RI	;清接收标志
	MOV	SCON,♯10H	;置串口为方式 0,REN＝1
WAITIN：	JNB	RI,WAITIN	;接收等待
	MOV	A,SBUF	;接收缓冲器数据入 A
	MOV	@R0,A	;将数据移入内存单元
	INC	R0	;指向下一存储单元
	DJNZ	R2,SIN	;N 个数据接收未完,转 SIN
	RET		;N 个数据接收完,结束

串行口方式 0 时接收 8 字节 C 程序：

```
// ＊＊＊＊＊＊＊＊＊＊＊＊＊开始＊＊＊＊＊＊＊＊＊＊＊＊＊＊＊＊＊//
♯include "reg51.h"              //头文件
♯define uchar unsigned char
uchar data  valdata[8];
uchar i;
// ＊＊＊＊＊＊＊＊＊＊＊＊＊主函数＊＊＊＊＊＊＊＊＊＊＊＊＊＊＊＊//
main()
{
SCON＝0x10;RI＝0;
for(i＝0;i＜8;i＋＋)
{
while(RI＝＝0);valdata[i]＝SBUF;RI＝0;
}
while(1);
}
// ＊＊＊＊＊＊＊＊＊＊＊＊＊＊结束＊＊＊＊＊＊＊＊＊＊＊＊＊＊＊＊//
```

【例 6 - 9】 利用串口方式 1 实现一个数据块的发送,数据首址为 50H,发送数据长度为 10H,选定波特率为 1 200。

解：设 T1 为方式 2 自动重装初值模式,当时钟频率为 11.059 MHz 时,初值为 E8H,汇编程序如下：

```
TXD1:        MOV     TMOD,#20H        ;T1 为 8 位自动重装初值模式
             MOV     TL1,#0E8H        ;赋初值
             MOV     TH1,#0E8H        ;赋初值
             CLR     ET1              ;关 T1 中断
             SETB    TR1              ;开定时器 T1
             MOV     SCON,#40H        ;串口初始化成方式 1
             MOV     PCON,#00H        ;SMOD=0,不加倍模式
             MOV     R0,#50H          ;数据首址入 R0
             MOV     R2,#10H          ;数据长度入 R2
TSTART:      MOV     A,@R0            ;取数据
             MOV     SBUF,A           ;数据发送
WAIT:        JBC     TI,CONT          ;等待 TI 变 1 后转 CONT 并对 TI 清 0
             SJMP    WAIT
CONT:        INC     R0               ;指向下一字节
             DJNZ    R2,TSTART        ;数据未发完,转 TSTART
             RET                      ;数据发完,结束
```

【例 6 - 10】　利用串口方式 1 实现一个数据串的发送,选定波特率为 1 200。

解:设 T1 为方式 2 自动重装初值模式,当时钟频率为 12 MHz 时,初值为 E6H,C 程序如下:

```
// * * * * * * * * * * * * * * * 开始 * * * * * * * * * * * * * * * * * * * //
#include "reg51.h"                           //头文件
#define uchar unsigned char
uchar data    valdata[8]={"01234567"};
uchar i;
// * * * * * * * * * * * * * * 主函数 * * * * * * * * * * * * * * * * * * //
main()
{
TMOD=0X22;TL1=0XE8;TH1=0XE8;ET1=0;TR1=1;
SCON=0x40;TI=0;PCON=0x00;
for(i=0;i<8;i++)
{
SBUF=valdata[i];while(TI==0);TI=0;
}
while(1);
}
// * * * * * * * * * * * * * * * 结束 * * * * * * * * * * * * * * * * * * //
```

思考与练习

1. 在什么方式下需要设置串行口的波特率？如何设定？

2. 设计一个对应例 6 - 10 的接收程序。

3. SMOD 对波特率有什么影响？

4. 试编写一个用单片机控制的小灯程序，要求有 8 个小灯，接通电源后，小灯从左到右逐个点亮，然后再从右到左逐个点亮。之后按以上规律重复执行亮灯程序。

5. 在实验板上使用 2 个按键小开关（在 P3.6、P3.7）分别控制 2 个 LED 小灯（分别接在 P1.0、P1.1 口）的亮灭，试编写出完整的程序。

6. 使用定时器中断的方法设计一个小灯闪烁电路程序，要求小灯亮灭时间间隔为 1 s。

第 2 部分

51 系列单片机实验

第7章 实验 1 LED 小灯实验

7.1 实验内容与要求

实验名称：LED 小灯实验

实验学时：2 学时

实验属性：验证性实验

开出要求：必做

每组人数：1 人

1. 实验目的

① 学习用程序延时的方法进行 LED 小灯的亮灭控制。

② 学习掌握流水小灯的编程方法。

2. Proteus 仿真实验硬件电路

LED 小灯实验仿真硬件电路图如图 7.1 所示。

3. 实验任务

完成对接在 P1、P3 端口的发光二极管闪亮控制程序的设计和调试。具体要求如下：

① 用程序延时的方法让 P1 口的某 1 个 LED 小灯每隔 1 s 交替闪亮。

② 用程序延时的方法让 P1 口的 8 个 LED 发光二极管循环闪亮（每个亮 50 ms）。

③ 用程序延时的方法让 P1 口的 8 个 LED 小灯追逐闪亮（50 ms 间隔变化）。

④ 用程序延时的方法让 P1、P3 口的 16 个 LED 小灯循环闪亮（每个亮 50 ms）。

4. 实验预习要求

① 根据硬件电路原理图，分析二极管点亮的条件，复习延时子程序中延时时间的计算方法，会计算延时子程序的初值。

② 根据硬件电路原理图，画出实际接线图。

③ 根据实验任务设计出相应的调试程序。

④ 学习掌握 Wave、Madwin、Keil-51 等编译软件的使用方法。

⑤ 完成预习报告。

5. 实验设备

计算机（安装单片机汇编编译软件及 Proteus 软件）。

6. 实验报告要求

整理好实验任务①～④中经 Proteus 运行正确的程序。

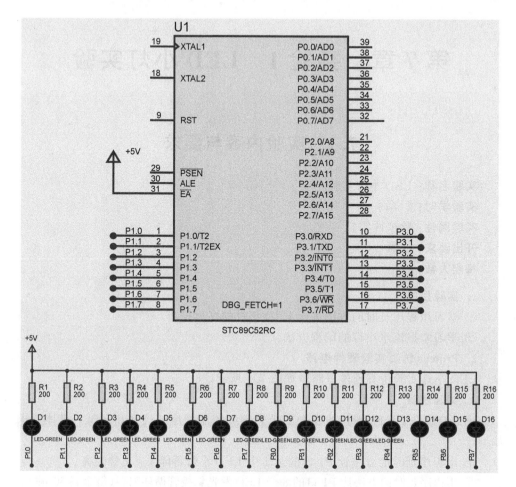

图 7.1　LED 小灯实验仿真硬件电路图

7.2　参考汇编程序

```
;*************************************************;
;                    实验程序 1.1                 ;
;用程序延时的方法让 P1 口的一个 LED 小灯每隔 1 s 交替闪亮  ;
;                    12 MHz 晶振                   ;
;*************************************************;
        ORG     0000H        ;程序执行开始地址
        LJMP    START        ;跳至 START 执行
;
        ORG     0030H        ;以下程序放在 0030H 地址后
```

```
START：    CPL       P1.0
           LCALL     DL1S
           AJMP      START
;
;约 0.5 ms 延时子程序,执行一次时间为 503 μs
DL503：    MOV       R2,#250
LOOP1：    DJNZ      R2,LOOP1
           RET
;
;约 10 ms 延时子程序(调用 20 次 0.5 ms 延时子程序)
DL10MS：   MOV       R3,#20
LOOP2：    LCALL     DL503
           DJNZ      R3,LOOP2
           RET
;
;约 1 s 延时子程序
DL1S：     MOV       R4,#100
LOOP3：    LCALL     DL10MS
           DJNZ      R4,LOOP3
           RET
;
END                 ;结束
```

实验程序 1.1 的 Proteus 仿真效果图如图 7.2 所示。

```
;********************************************;
;                    实验程序 1.2                          ;
;   用程序延时的方法让 P1 口的 8 个 LED 发光二极管循环闪亮(每个亮 50 ms)   ;
;                    12 MHz 晶振                           ;
;********************************************;
;
           ORG       0000H         ;程序执行开始地址
           LJMP      START         ;跳至 START 执行
;
           ORG       0030H         ;以下程序放在 0030H 地址后
START：    LCALL     FUN0
           AJMP      START
;
;循环闪亮功能子程序
FUN0：     MOV       A,#0FEH       ;累加器赋初值
FUN00：    MOV       P1,A          ;累加器值送至 P1 口
```

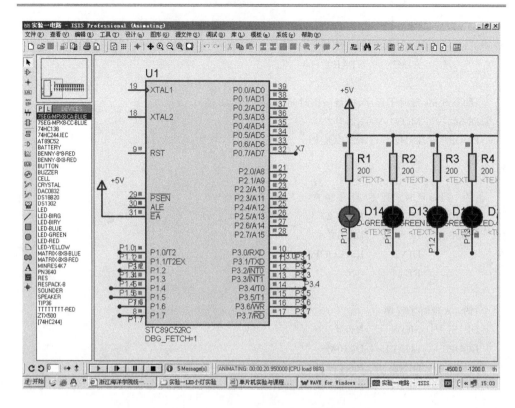

图 7.2　实验程序 1.1 的 Proteus 仿真效果图

	LCALL	DL50MS	;延时
	JNB	ACC.7,OUT	;累加器最高位为 0 时结束
	RL	A	;累加器 A 中数据循环左移 1 位
	AJMP	FUN00	;转 FUN00 循环
OUT:	RET		

;

;约 0.5 ms 延时子程序,执行一次时间为 503 μs

DL503:	MOV	R2,#250
LOOP1:	DJNZ	R2,LOOP1
	RET	

;

;约 50 ms 延时子程序(调用 100 次 0.5 ms 延时子程序)

DL50MS:	MOV	R3,#100
LOOP2:	LCALL	DL503
	DJNZ	R3,LOOP2
	RET	

;

END

实验程序 1.2 的 Proteus 仿真效果图如图 7.3 所示。

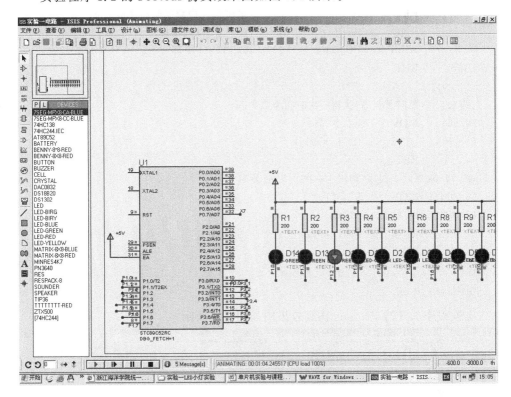

图 7.3　实验程序 1.2 的 Proteus 仿真效果图

```
;***************************************************;
;                    实验程序1.3                      ;
;用程序延时的方法让P1口的8个LED小灯追逐闪亮(50 ms间隔变化)  ;
;                   12 MHz晶振                         ;
;***************************************************;
;
        ORG     0000H           ;程序执行开始地址
        LJMP    START           ;跳至START执行
;
        ORG     0030H           ;以下程序放在0030H地址后
START： LCALL   FUN1
        AJMP    START
;
;追逐闪亮功能子程序
FUN1：  MOV     A,#0FEH         ;累加器赋初值
FUN11： MOV     P1,A            ;累加器值送至P1口
        LCALL   DL50MS          ;延时
```

```
          JZ        OUT                ;A 为 0 结束
          RL        A                  ;累加器 A 中数据循环左移 1 位
          ANL       A,P1               ;A 同 P1 口值相与
          AJMP      FUN11              ;转 FUN11 循环
OUT：     RET
;
;约 0.5 ms 延时子程序,执行一次时间为 503 μs
DL503：   MOV       R2,#250
LOOP1：   DJNZ      R2,LOOP1
          RET
;约 50 ms 延时子程序(调用 100 次 0.5 ms 延时子程序)
DL50MS：  MOV       R3,#100
LOOP2：   LCALL     DL503
          DJNZ      R3,LOOP2
          RET
;
          END
```

实验程序 1.3 的 Proteus 仿真效果图如图 7.4 所示。

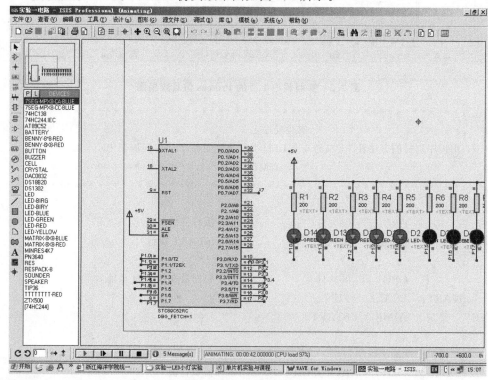

图 7.4　实验程序 1.3 的 Proteus 仿真效果图

```
;**********************************************;
;                    实验程序 1.4                    ;
;     用程序延时的方法让 P1、P3 口的 16 个 LED 小灯循环闪亮(每个亮 50 ms)     ;
;                    12 MHz 晶振                    ;
;**********************************************;
;
            ORG     0000H          ;程序执行开始地址
            LJMP    START          ;跳至 START 执行
;
            ORG     0030H          ;以下程序放在 0030H 地址后
START：     LCALL   FUNP1
            MOV     P1,#0FFH
            LCALL   FUNP3
            MOV     P3,#0FFH
            AJMP    START
;
;循环闪亮功能子程序
FUNP1：     MOV     A,#0FEH        ;累加器赋初值
FUN11：     MOV     P1,A           ;累加器值送至 P1 口
            LCALL   DL50MS         ;延时
            JNB     ACC.7,OUT      ;累加器最高位为 0 时结束
            RL      A              ;累加器 A 中数据循环左移 1 位
            AJMP    FUN11          ;转 FUN11 循环
OUT：       RET
FUNP3：     MOV     A,#0FEH        ;累加器赋初值
FUN33：     MOV     P3,A           ;累加器值送至 P3 口
            LCALL   DL50MS         ;延时
            JNB     ACC.7,OUT      ;累加器最高位为 0 时结束
            RL      A              ;累加器 A 中数据循环左移 1 位
            AJMP    FUN33          ;转 FUN33 循环
;
;约 0.5 ms 延时子程序,执行一次时间为 503 μs
DL503：     MOV     R2,#250
LOOP1：     DJNZ    R2,LOOP1
            RET
;
;约 50 ms 延时子程序(调用 100 次 0.5 ms 延时子程序)
DL50MS：    MOV     R3,#100
LOOP2：     LCALL   DL503
```

```
DJNZ        R3,LOOP2
RET
;
END
```

实验程序 1.4 的 Proteus 仿真效果图如图 7.5 所示。

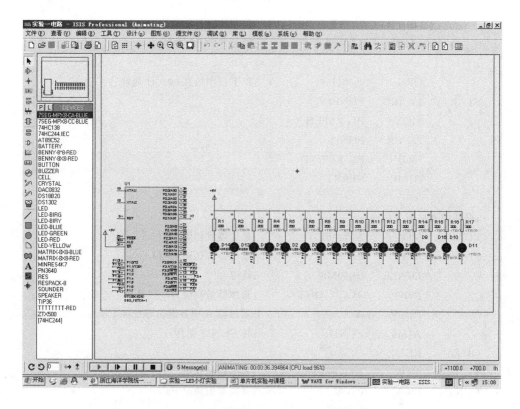

图 7.5 实验程序 1.4 的 Proteus 仿真效果图

7.3 参考 C 程序

```
/ * ---------------------------------------
LED progarm V1.1
MCU STC89C52RC   XAL 12MHz
Build by Gavin Hu, 2010.6.1
--------------------------------------- * /
#include <reg51.h>
sbit P11=P1^1;
void delay_ms(unsigned int);
```

```
/* ----------------------------------------
   main function
   ---------------------------------------*/
void main(void)
{
while(1)
    {
    P11=! P11;
    delay_ms(1000);
    }
}


/* ----------------------------------------
   Delay function
   Parameter: unsigned int dt
   Delay time=dt(ms)
   ---------------------------------------*/
void delay_ms(unsigned int dt)
{
register unsigned char bt,ct;
for (; dt; dt——)
    for (ct=2;ct;ct——)
        for (bt=250; ——bt; );
}


/* ----------------------------------------
LED progarm V1. 2
MCU STC89C52RC   XAL 12MHz
Build by Gavin Hu, 2010. 6. 1
   ---------------------------------------*/
#include <reg51. h>
void delay_ms(unsigned int);


/* ----------------------------------------
   main function
   ---------------------------------------*/
void main(void)
{
```

```
P1＝0xfe；
while(1)
    {
    P1＝(P1<<1)|(P1>>7)；
    delay_ms(50)；
    }
}


/* -------------------------------------
  Delay function
  Parameter：unsigned int dt
  Delay time＝dt(ms)
---------------------------------------*/
void delay_ms(unsigned int dt)
{
register unsigned char bt,ct；
for (；dt；dt——)
    for (ct＝2；ct；ct——)
        for (bt＝250；——bt；)；
}


/* -------------------------------------
LED progarm V1.3
MCU STC89C52RC   XAL 12MHz
Build by Gavin Hu，2010.6.1
---------------------------------------*/
#include <reg51.h>
void delay_ms(unsigned int)；


/* -------------------------------------
  main function
---------------------------------------*/
void main(void)
{
unsigned char i；
while(1)
    {
    P1＝0xff；
    for (i＝0；i<8；i++)
```

```
        {
        P1=P1<<1;
        delay_ms(50);
        }
    }
}


/* ---------------------------------
   Delay function
   Parameter: unsigned int dt
   Delay time=dt(ms)
   --------------------------------*/
void delay_ms(unsigned int dt)
{
register unsigned char bt,ct;
for (; dt; dt--)
    for (ct=2;ct;ct--)
        for (bt=250; --bt; );
}


/* ---------------------------------
LED progarm V1.4
MCU STC89C52RC  XAL 12MHz
Build by Gavin Hu, 2010.6.1
   --------------------------------*/
#include <reg51.h>
void delay_ms(unsigned int);


/* ---------------------------------
   main function
   --------------------------------*/
void main(void)
{
P1=0xfe;
P3=0xff;
while(1)
    {
    delay_ms(50);
    P1=(P1<<1)|(P3>>7);
```

```
    P3=(P3<<1)|(P1>>7);
    }
}


/* ------------------------------------
   Delay function
   Parameter: unsigned int dt
   Delay time=dt(ms)
------------------------------------*/
void delay_ms(unsigned int dt)
{
register unsigned char bt,ct;
for (; dt; dt——)
    for (ct=2;ct;ct——)
        for (bt=250; ——bt; );
}
```

第8章 实验2 定时器/计数器实验

8.1 实验内容与要求

实验名称：定时器/计数器实验

实验学时：2 学时

实验属性：验证性实验

开出要求：必做

每组人数：1 人

1. 实验目的

① 学习掌握定时器/计数器程序初始化的设计方法。

② 学习掌握定时器/计数器方式 1、方式 2 的使用编程方法。

2. Proteus 仿真实验硬件电路

定时器/计数器实验仿真硬件电路图如图 8.1 所示。

3. 实验任务

完成对接在 P1、P3 端口的发光二极管闪亮控制程序的设计和调试。具体要求如下：

① 选择定时器 T0 为工作方式 1，定时溢出时间为 50 ms，使 P1 口的 8 个发光二极管循环闪亮。

② 选择定时器 T0 为工作方式 1，定时溢出时间为 50 ms，使 P1.0 口的一个发光二极管每隔 1 s 交替闪亮。

③ 使用定时器 T0、T1 为工作方式 1，定时溢出时间为 50 ms，分别控制 P1、P3 口的小灯，使对应端口的 8 个发光二极管循环闪亮。

④ 将 T0 定时器设定为工作方式 2，使 P1.0 口的一个发光二极管每隔 50 ms 交替闪亮。

4. 实验预习要求

① 根据硬件电路原理图，分析 LED 发光二极管点亮的条件，画出实际接线图。

② 阅读教材中有关定时器/计数器的内容、熟悉定时器/计数器的基本结构和工作过程，计算 50 ms 定时器/计数器时间常数，根据实验任务设计出相应的调试程序。

③ 掌握 Wave、Madwin、Keil - 51 等编译软件的使用方法。

④ 完成预习报告。

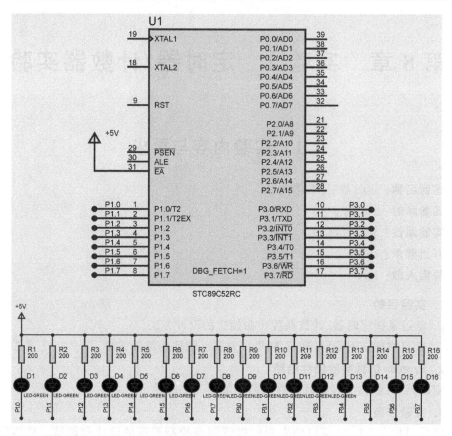

图 8.1　定时器/计数器实验仿真硬件电路图

5. 实验设备

计算机(安装单片机汇编编译软件及 Proteus 软件)。

6. 思考题

定时器工作于方式 1、方式 2 时,其一次溢出的最大定时时间是多少(设单片机的晶振为 12 MHz)?

7. 实验报告要求

① 整理好实验任务①~④中经 Proteus 运行正确的程序。

② 解答思考题。

8.2　参考汇编程序

```
;**************************************************************;
;                    实验程序 2.1                             ;
;选择定时器 T0 为工作方式 1,定时溢出时间为 50 ms              ;
;使 P1 口的 8 个发光二极管循环闪亮                             ;
;**************************************************************;
```

```
              ORG       0000H
              LJMP      MAIN
;
MAIN:         MOV       TMOD,＃11H         ;设 T0、T1 为 16 位定时器模式
              MOV       TL0,＃0B0H         ;赋 50 ms 初值
              MOV       TH0,＃03CH         ;赋 50 ms 初值
              MOV       P1,＃11111110B     ;预置 P1 口小灯控制初值
              SETB      TR0               ;开启定时器 T0
LOOP:         JBC       TF0,CPLP          ;TF0 为 1,转 CPLP 并将 TF0 清为 0
              AJMP      LOOP              ;TF0 为 0 则转 LOOP 循环等待
CPLP:         MOV       TL0,＃0B0H         ;T0 重装初值
              MOV       TH0,＃3CH          ;
              MOV       A,P1              ;将端口 P1 中值读入 A 中
              RL        A                 ;A 中二进制数循环左移
              MOV       P1,A              ;控制 P1 端口小灯状态
              AJMP      LOOP              ;转 LOOP 再循环等待 50 ms
;
              END                         ;结束
```

实验程序 2.1 的 Proteus 仿真效果图如图 8.2 所示。

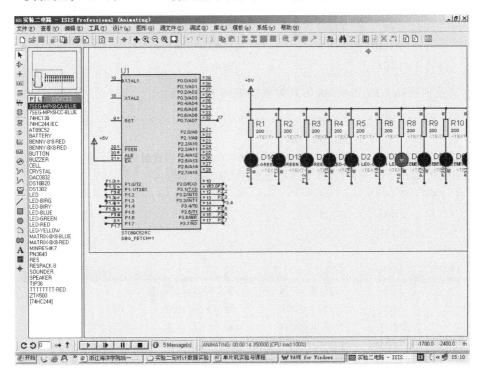

图 8.2　实验程序 2.1 的 Proteus 仿真效果图

```
;*******************************************************;
;                  实验程序 2.2                          ;
;定时器 T0 为工作方式 1,定时溢出时间为 50 ms               ;
;使 P1.0 口的一个发光二极管每隔 1 s 交替闪亮               ;
;*******************************************************;
          ORG     0000H
          LJMP    MAIN
;
MAIN:     MOV     TMOD,#01H      ;设 T0 为 16 位定时器模式
          MOV     TL0,#0B0H      ;赋 50 ms 初值
          MOV     TH0,#03CH      ;赋 50 ms 初值
          MOV     R0,#20         ;预置定时控制值(50 ms×20＝1 s)
          SETB    TR0            ;开启定时器 T0
LOOP:     JBC     TF0,CPLP       ;TF0 为 1,转 CPLP 并将 TF0 清为 0
          AJMP    LOOP           ;TF0 为 0 则转 LOOP 循环等待
CPLP:     MOV     TL0,#0B0H      ;重装初值
          MOV     TH0,#3CH       ;
          DJNZ    R0,LOOP        ;判断是否 20 次溢出时间到?
          MOV     R0,#20         ;重装预置定时控制值
          CPL     P1.0           ;改变 P1.0 小灯亮灭状态
          AJMP    LOOP           ;转 LOOP 再循环等待 50 ms
          END                    ;结束
```

实验程序 2.2 的 Proteus 仿真效果图如图 8.3 所示。

```
;*******************************************************;
;                  实验程序 2.3                          ;
;定时器 T0、T1 为工作方式 1,定时溢出时间为 50 ms,分别控制    ;
;P1、P3 口的小灯,使对应端口的 8 个发光二极管循环闪亮         ;
;*******************************************************;
          ORG     0000H
          LJMP    MAIN
;
MAIN:     MOV     TMOD,#11H      ;设 T0、T1 为 16 位定时器模式
          MOV     TL0,#0B0H      ;赋 50 ms 初值
          MOV     TH0,#03CH      ;赋 50 ms 初值
          MOV     TL1,#0B0H      ;赋 50 ms 初值
          MOV     TH1,#03CH      ;赋 50 ms 初值
          MOV     P1,#11111110B  ;预置 P1 口小灯控制初值
          MOV     P3,#01111111B  ;预置 P3 口小灯控制初值
          SETB    TR0            ;开启定时器 T0
```

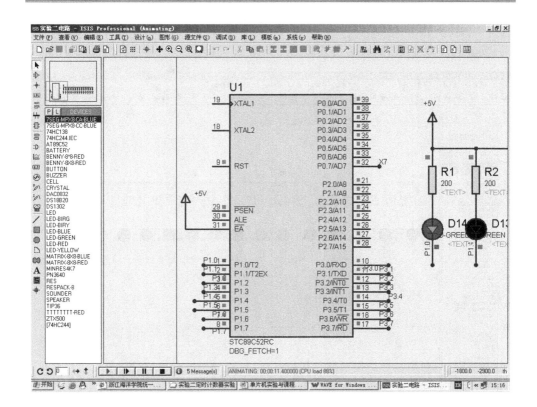

图 8.3　实验程序 2.2 的 Proteus 仿真效果图

	SETB	TR1	;开启定时器 T1
LOOP：	JBC	TF0,CPLP	;TF0 为 1,转 CPLP 并将 TF0 清为 0
	JBC	TF1,CPLP1	;TF1 为 1,转 CPLP1 并将 TF1 清为 0
	AJMP	LOOP	;转 LOOP 循环等待
CPLP：	MOV	TL0,#0B0H	;T0 重装初值
	MOV	TH0,#3CH	;
	MOV	A,P1	;将端口 P1 中值读入 A 中
	RL	A	;A 中二进制数循环左移
	MOV	P1,A	;控制 P1 端口小灯状态
	AJMP	LOOP	;转 LOOP 再循环等待 50 ms
;			
CPLP1：	MOV	TL1,#0B0H	;T1 重装初值
	MOV	TH1,#3CH	;
	MOV	A,P3	;将端口 P3 中值读入 A 中
	RR	A	;A 中二进制数循环右移
	MOV	P3,A	;控制 P3 端口小灯状态
	AJMP	LOOP	;转 LOOP 再循环等待 50 ms

```
        END                    ;结束
```

实验程序 2.3 的 Proteus 仿真效果图如图 8.4 所示。

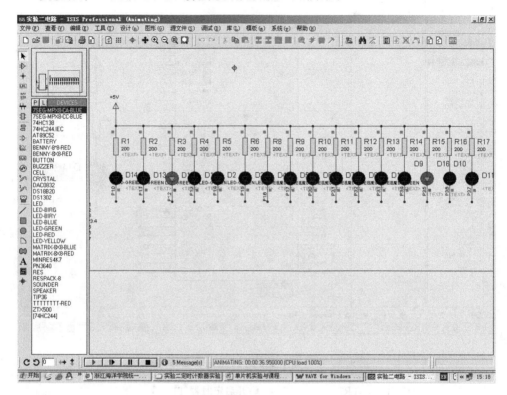

图 8.4　实验程序 2.3 的 Proteus 仿真效果图

```
;*******************************************************;
;                   实验程序 2.4                        ;
;定时器 T0 为工作方式 2                                   ;
;使 P1.0 口的一个发光二极管每隔 50 ms 交替闪亮              ;
;*******************************************************;
        ORG     0000H
        LJMP    MAIN
;
MAIN:   MOV     TMOD,#02H      ;设 T0 为 8 位自动重装定时器模式
        MOV     TL0,#06H       ;赋 250 μs 初值
        MOV     TH0,#06H       ;赋 250 μs 初值
        MOV     R0,#200        ;预置定时控制值(200×250 μs=50 ms)
        SETB    TR0            ;开启定时器 T0
LOOP:   JBC     TF0,CPLP       ;TF0 为 1,转 CPLP 并将 TF0 清为 0
        AJMP    LOOP           ;TF0 为 0,转 LOOP 循环等待
```

```
CPLP:    DJNZ      R0,LOOP          ;判断是否 200 次溢出时间到?
         MOV       R0,#200          ;重装预置定时控制值
         CPL       P1.0             ;改变 P1.0 小灯亮灭状态
         AJMP      LOOP             ;转 LOOP 再循环
         END                       ;结束
```

实验程序 2.4 的 Proteus 仿真效果图如图 8.5 所示。

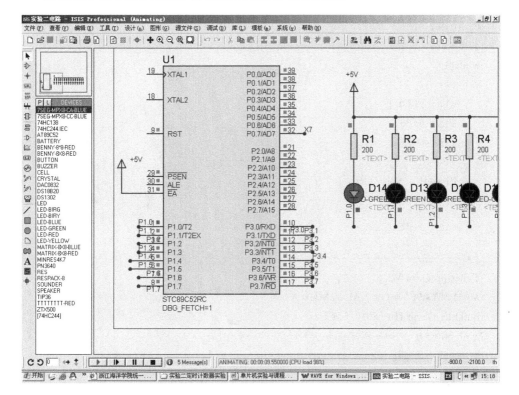

图 8.5　实验程序 2.4 的 Proteus 仿真效果图

8.3　参考 C 程序

```
/* ------------------------------------
Timer progarm V2.1
MCU STC89C52RC   XAL 12MHz
Build by Gavin Hu, 2010.6.1
------------------------------------ */

#include <reg51.h>

/* ------------------------------------
```

```
   main function
-----------------------------------* /
void main(void)
{
TMOD=0x01;
TH0=0x3C;
TL0=0xB0;
P1=0xfe;
TR0=1;
while(1)
    {
    while(!TF0);
    TL0=0xB0;
    TH0=0x3C;
    TF0=0;
    P1=(P1<<1)|(P1>>7);
    }
}


/ * -----------------------------------
Timer progarm V2.2
MCU STC89C52RC  XAL 12MHz
Build by Gavin Hu, 2010.6.1
-----------------------------------* /
#include <reg51.h>
sbit P10=P1^0;


/ * -----------------------------------
   main function
-----------------------------------* /
void main(void)
{
unsigned char i;
TMOD=0x01;
TH0=0x3C;
TL0=0xB0;
TR0=1;
while(1)
    {
```

```
    P10=!P10;
    for (i=0;i<20;i++)
        {
        while(!TF0);
        TL0=0xB0;
        TH0=0x3C;
        TF0=0;
        }
    }
}


/* -------------------------------------
Timer progarm V2.3
MCU STC89C52RC   XAL 12MHz
Build by Gavin Hu，2010.6.1
-------------------------------------*/
#include <reg51.h>


/* -------------------------------------
  main function
-------------------------------------*/
void main(void)
{
TMOD=0x11;
TH0=0x3C;
TL0=0xB0;
TH1=0x3C;
TL1=0xB0;
P1=0x7f;
P3=0xfe;
TR0=1;
TR1=1;
while(1)
    {
    if (TF0)
        {
        TL0=0xB0;
        TH0=0x3C;
        TF0=0;
```

```
    P1=(P1>>1)|(P1<<7);
    }
  if (TF1)
    {
    TL1=0xB0;
    TH1=0x3C;
    TF1=0;
    P3=(P3<<1)|(P3>>7);
    }
  }
}


/* ------------------------------------
Timer progarm V2.4
MCU STC89C52RC   XAL 12MHz
Build by Gavin Hu, 2010.6.1
------------------------------------*/
#include <reg51.h>
sbit P10=P1^0;


/* ------------------------------------
  main function
------------------------------------*/
void main(void)
{
unsigned char i;
TMOD=0x02;
TH0=0x06;
TL0=0x06;
TR0=1;
while(1)
  {
  P10=!P10;
  for (i=0;i<200;i++)
    {
    while(!TF0);
    TF0=0;
    }
  }
}
```

第9章 实验3 定时器中断实验

9.1 实验内容与要求

实验名称：定时器中断实验

实验学时：2学时

实验属性：验证性实验

开出要求：必做

每组人数：1人

1. 实验目的

① 学习掌握定时器中断程序初始化的设计方法。

② 学习掌握定时器中断程序的编程方法。

2. Proteus 仿真实验硬件电路

定时器中断实验仿真硬件电路图如图9.1所示。

3. 实验任务

在 P1 端口输出一定周期要求的方波信号或小灯亮灭控制信号。具体要求如下：

① 利用 T0 的定时中断法，在 P1.0 端口产生 500 Hz(周期 2 ms)的对称方波脉冲。

② 利用 T0、T1 定时中断，在 P1.0 端口与 P1.1 端口分别产生 500 Hz(周期 2 ms)、1 000 Hz(周期 1 ms)的对称方波脉冲。

4. 实验预习要求

① 根据硬件电路原理图，画出实际接线图。

② 阅读教材中有关定时器中断的内容，熟悉定时器中断的基本程序结构和工作过程，计算 500 Hz(周期 2 ms)、1 000 Hz(周期 1 ms)的对称方波脉冲所需定时器初值，根据实验任务设计出相应的调试程序。

③ 掌握 Wave、Madwin、Keil-51 等编译软件的使用方法。

④ 完成预习报告。

5. 实验设备

计算机(安装单片机汇编编译软件及 Proteus 软件)。

6. 思考题

怎样用定时器中断的方法实现 P1 口或 P3 口的 LED 小灯循环闪亮或追逐闪亮？

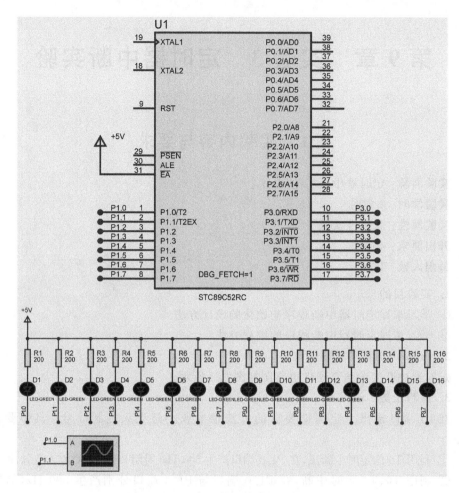

图 9.1 定时器中断实验仿真硬件电路图

7. 实验报告要求

① 整理好实验任务①~②中经 Proteus 运行正确的程序。

② 解答思考题并进行程序的汇编与仿真调试,整理好经 Proteus 运行正确的程序。

9.2 参考汇编程序

```
;******************************************;
;              实验程序 3.1               ;
;利用 T0 的定时中断法,在 P1.0 端口产生 500 Hz 的对称方波脉冲   ;
;                 12 MHz 晶振              ;
;******************************************;
```

```
;
            ORG     0000H          ;主程序执行入口地址
            LJMP    MAIN           ;跳至 MAIN 执行
            ORG     000BH          ;T0 溢出中断服务程序入口
            LJMP    INTT0          ;跳至 T0 溢出中断服务程序
MAIN：      MOV     TMOD,#01H      ;T0 为 16 位定时模式
            MOV     TL0,#18H       ;定时器装初值(溢出时间 1 ms)
            MOV     TH0,#0FCH      ;定时器装初值
            SETB    EA             ;开总中断允许
            SETB    ET0            ;开定时器 T0 中断允许
            SETB    TR0            ;开启定时器 T0
            SJMP    $              ;等待
INTT0：     CPL     P1.0           ;P1.0 取反
            MOV     TL0,#18H       ;重装初值
            MOV     TH0,#0FCH      ;重装初值
            RETI                   ;中断返回
            END                    ;结束
```

实验程序 3.1 的 Proteus 仿真效果图如图 9.2 所示。

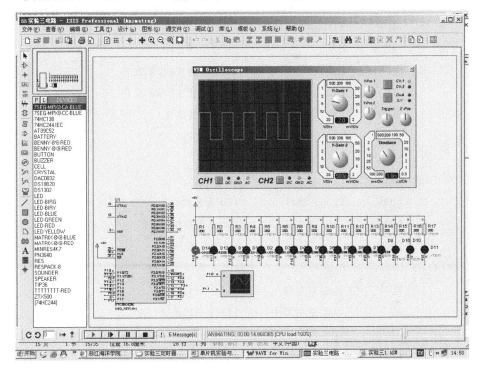

图 9.2　实验程序 3.1 的 Proteus 仿真效果图

```
;****************************************************;
;                    实验程序 3.2                    ;
;利用 T0、T1 定时中断,在 P1.0 端口与 P1.1 端口分别产       ;
;生 500 Hz(周期 2 ms)、1 000 Hz(周期 1 ms)的对称方波脉冲  ;
;                    12 MHz 晶振                      ;
;****************************************************;
;

          ORG    0000H        ;主程序执行入口地址
          LJMP   MAIN         ;跳至 MAIN 执行
          ORG    000BH        ;T0 溢出中断服务程序入口
          LJMP   INTT0        ;跳至 T0 溢出中断服务程序
          ORG    001BH        ;T1 溢出中断服务程序入口
          LJMP   INTT1        ;跳至 T1 溢出中断服务程序
MAIN:     MOV    TMOD,#11H     ;T0、T1 为 16 位定时模式
          MOV    TL0,#18H      ;定时器装初值(溢出时间 1 ms)
          MOV    TH0,#0FCH     ;定时器装初值
          MOV    TL1,#0CH      ;定时器装初值(溢出时间 0.5 ms)
          MOV    TH1,#0FEH     ;定时器装初值
          SETB   EA           ;开总中断允许
          SETB   ET0          ;开定时器 T0 中断允许
          SETB   ET1          ;开定时器 T1 中断允许
          SETB   TR0          ;开启定时器 T0
          SETB   TR1          ;开启定时器 T1
          SJMP   $            ;等待
INTT0:    CPL    P1.0         ;P1.0 取反
          MOV    TL0,#18H      ;T0 重装初值
          MOV    TH0,#0FCH     ;T0 重装初值
          RETI                ;中断返回
INTT1:    CPL    P1.1         ;P1.1 取反
          MOV    TL1,#0CH      ;T1 重装初值
          MOV    TH1,#0FEH     ;T1 重装初值
          RETI                ;中断返回
          END                 ;结束
```

实验程序 3.2 的 Proteus 仿真效果图如图 9.3 所示。

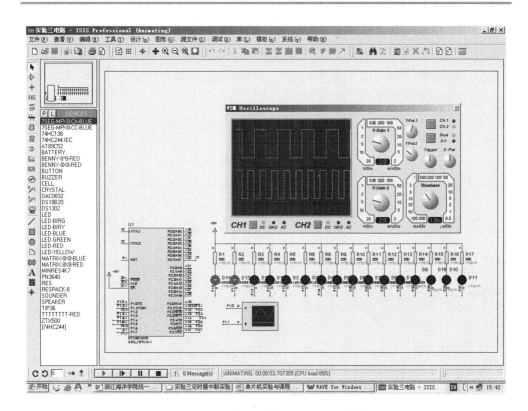

图 9.3 实验程序 3.2 的 Proteus 仿真效果图

9.3 参考 C 程序

```
/* -------------------------------------
Timer interrupt progarm V3.1
MCU STC89C52RC   XAL 12MHz
Build by Gavin Hu，2010.6.1
------------------------------------- */
# include <reg51.h>
sbit P10=P1^0;

/* -------------------------------------
    main function
------------------------------------- */
void main(void)
{
TMOD=0x01;
```

```
TH0＝0xFC；
TL0＝0x18；
TR0＝1；
IE＝0x82；
while(1)；
}


/* -------------------------------------------
    T0 interrupt function
   ---------------------------------------- */
void intt0(void) interrupt 1
{
TL0＝0x18；
TH0＝0xFC；
P10＝!P10；
}


/* -------------------------------------------
Timer interrupt progarm V3.2
MCU STC89C52RC   XAL 12MHz
Build by Gavin Hu，2010.6.9
   ---------------------------------------- */
#include <reg51.h>
sbit P10＝P1^0；
sbit P11＝P1^1；


/* -------------------------------------------
   main function
   ---------------------------------------- */
void main(void)
{
TMOD＝0x11；
TH0＝0xFC；
TL0＝0x18；
TH1＝0xFE；
TL1＝0x0C；
TR0＝1；
TR1＝1；
IE＝0x8A；
```

```
while(1);
}


/* - - - - - - - - - - - - - - - - - - - - - - - - - - - - - - - - -
   T0 interrupt function
- - - - - - - - - - - - - - - - - - - - - - - - - - - - - - - - */
void intt0(void) interrupt 1
{
TL0=0x18;
TH0=0xFC;
P10=!P10;
}


/* - - - - - - - - - - - - - - - - - - - - - - - - - - - - - - - - -
   T1 interrupt function
- - - - - - - - - - - - - - - - - - - - - - - - - - - - - - - - */
void intt1(void) interrupt 3
{
TL1=0x0C;
TH1=0xFE;
P11=!P11;
}
```

第 10 章 实验 4 串行口通信实验

10.1 实验内容与要求

实验名称：串行口通信实验

实验学时：2 学时

实验属性：验证性实验

开出要求：必做

每组人数：1 人

1. 实验目的

① 学习掌握串行口方式 0 及方式 1 工作模式下程序初始化的方法。

② 学习掌握串行口数据发送及接收程序的编程方法。

2. Proteus 仿真实验硬件电路

串行口方式 0 移位模式下实验仿真硬件电路图如图 10.1 所示，串行口方式 1 模式下双机通信实验仿真硬件电路图如图 10.2 所示。

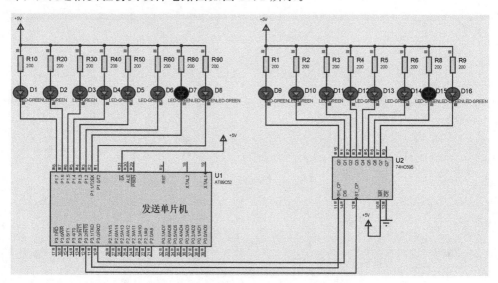

图 10.1　串行口方式 0 移位模式下实验仿真硬件电路图

3. 实验任务

① 在串行口方式 0 下将数据 1、2、3、4、5、6、7、8 依次从单片机串行口通过同步

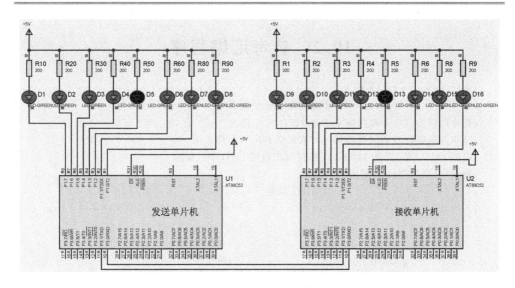

图 10.2　串行口方式 1 模式下双机通信实验仿真硬件电路图

移位方式发送到串入并出集成电路 74HC595,并在 74HC595 数据输出口用 LED 小灯显示数据(灯亮为逻辑 0,灯灭为逻辑 1)。

② 在串行口方式 1(波特率为 1 200)下将数据 1、2、3、4、5、6、7、8 分别从一单片机发送到另一单片机,接收单片机在 P1 口输出接收到的数据,并用端口的 LED 小灯显示数据(灯亮为逻辑 0,灯灭为逻辑 1)。

4. 实验预习要求

① 阅读教材中有关串行口基本结构及操作方式的内容,熟悉串行口在不同模式下的寄存器设置及程序的编写,查阅 74HC595 使用资料,掌握电路使用时的接法。

② 计算波特率为 1 200 时的定时器初值。

③ 根据硬件电路原理图,画出实际接线图。

④ 掌握 Wave、Madwin、Keil - 51 等编译软件的使用方法。

⑤ 根据实验任务设计出相应的调试程序。

⑥ 完成预习报告。

5. 实验设备

计算机(安装单片机汇编编译软件及 Proteus 软件)。

6. 思考题

怎样用串行通信实现用一单片机控制另一单片机 P1 端口的 LED 小灯循环闪亮?

7. 实验报告要求

① 整理好实验任务①～②中经 Proteus 运行正确的程序。

② 解答思考题并进行程序的汇编与仿真调试,整理好经 Proteus 运行正确的程序。

10.2　参考汇编程序

```
;*******************************************************;
;                    实验程序 4.1 发送程序              ;
;在串行口方式 0 下将数据 1、2、3、4、5、6、7、8 依次       ;
;从单片机串行口通过同步移位方式发送到串入并出集成        ;
;电路 74HC595,并在 74HC595 数据输出口用 LED 小灯显示    ;
;数据(灯亮为逻辑 0,灯灭为逻辑 1)                         ;
;                    12 MHz 晶振                        ;
;*******************************************************;
;
            ORG     0000H           ;主程序执行入口地址
            LJMP    MAIN            ;跳至 MAIN 执行
;
MAIN:       MOV     30H,#01H        ;在 30H～37H 分别放数据 1～8
            MOV     31H,#02H
            MOV     32H,#03H
            MOV     33H,#04H
            MOV     34H,#05H
            MOV     35H,#06H
            MOV     36H,#07H
            MOV     37H,#08H
            MOV     SCON,#00H       ;设串口为方式 0
            CLR     P3.2            ;74HC595 输出锁存
LOOP:       LCALL   UARTOUT         ;调用发送子程序
            AJMP    LOOP
;
UARTOUT:    MOV     R0,#30H         ;发送数据首址入 R0
            MOV     R2,#8           ;发送字节个数入 R2
SOUT:       MOV     A,@R0           ;发送数据入 A
            MOV     P1,A            ;放在 P1 口显示
            CLR     TI              ;清发送标志 TI
            MOV     SBUF,A          ;启动发送
WAITOUT:    JNB     TI,WAITOUT      ;发送等待
            SETB    P3.2            ;74HC595 将数据输出至端口 Q0～Q7
            CLR     P3.2
            LCALL   DL1S            ;延时 1 s
            INC     R0              ;指向下一字节
            DJNZ    R2,SOUT         ;8 字节未发完,转 SOUT
            RET                     ;8 字节发完,结束
;
;延时程序(约 0.5 ms)
```

DL503：	MOV	R7,＃250
LOOP1：	DJNZ	R7,LOOP1
	RET	

;

;延时程序(约 10 ms)

DL10MS：	MOV	R6,＃20
LOOP2：	LCALL	DL503
	DJNZ	R6,LOOP2
	RET	

;

;延时程序(约 1 s)

DL1S：	MOV	R5,＃100
LOOP3：	LCALL	DL10MS
	DJNZ	R5,LOOP3
	RET	
	END	;结束

实验程序 4.1 的 Proteus 仿真效果图如图 10.3 所示。

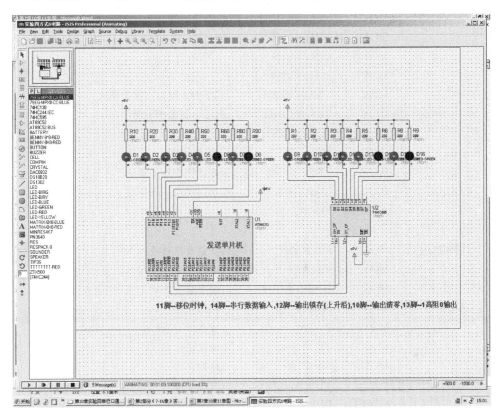

图 10.3　实验程序 4.1 的 Proteus 仿真效果图

```
;**************************************************;
;                   实验程序 4.2 发送程序                ;
;在串行口方式 1 下将数据 1、2、3、4、5、6、7、8 分别                ;
;从一单片机发送到另一单片机,接收单片机在 P1 口输出              ;
;接收到的数据,并用端口的 LED 小灯显示                       ;
;数据(灯亮为逻辑 0,灯灭为逻辑 1,波特率 1 200)               ;
;                   12 MHz 晶振                      ;
;**************************************************;
;
            ORG     0000H           ;主程序执行入口地址
            LJMP    MAIN            ;跳至 MAIN 执行
;
MAIN:       MOV     30H,#01H        ;在 30H~37H 分别放数据 1~8
            MOV     31H,#02H
            MOV     32H,#03H
            MOV     33H,#04H
            MOV     34H,#05H
            MOV     35H,#06H
            MOV     36H,#07H
            MOV     37H,#08H
            MOV     TMOD,#20H       ;T1 为 8 位自动重装模式
            MOV     TL1,#0E6H       ;1 200 波特率初值
            MOV     TH1,#0E6H
            CLR     ET1             ;关 T1 中断
            SETB    TR1             ;开波特率发生器
LOOP:       LCALL   UARTOUT         ;调用发送子程序
            AJMP    LOOP
;
UARTOUT:    MOV     R0,#30H         ;发送数据首址入 R0
            MOV     R2,#8           ;发送字节个数入 R2
            MOV     SCON,#40H       ;设串口为方式 1
SOUT:       MOV     A,@R0           ;发送数据入 A
            MOV     P1,A            ;放在 P1 口显示
            CLR     TI              ;清发送标志 TI
            MOV     SBUF,A          ;启动发送
WAITOUT:    JNB     TI,WAITOUT      ;发送等待
            LCALL   DL1S            ;延时 1 s
            INC     R0              ;指向下一字节
            DJNZ    R2,SOUT         ;N 个字节未发完,转 SOUT
```

```
            RET                         ;N 个字节发完,结束
;
;延时程序(约 0.5 ms)
DL503:      MOV     R7,#250
LOOP1:      DJNZ    R7,LOOP1
            RET
;
;延时程序(约 10 ms)
DL10MS:     MOV     R6,#20
LOOP2:      LCALL   DL503
            DJNZ    R6,LOOP2
            RET
;
;延时程序(约 1 s)
DL1S:       MOV     R5,#100
LOOP3:      LCALL   DL10MS
            DJNZ    R5,LOOP3
            RET
            END                         ;结束
;****************************************************;
;           实验程序 4.2 接收程序                    ;
;在串行口方式 1 下将数据 1、2、3、4、5、6、7、8 分别     ;
;从一单片机发送到另一单片机,接收单片机在 P1 口输出     ;
;接收到的数据,并用端口的 LED 小灯显示                 ;
;数据(灯亮为逻辑 0,灯灭为逻辑 1,波特率为 1 200)       ;
;           12 MHz 晶振                              ;
;****************************************************;
;
            ORG     0000H               ;主程序执行入口地址
            LJMP    MAIN                ;跳至 MAIN 执行
;
MAIN:       MOV     TMOD,#20H           ;T1 为 8 位自动重装模式
            MOV     TL1,#0E6H           ;1 200 波特率初值
            MOV     TH1,#0E6H           ;
            MOV     SCON,#50H           ;置串口为方式 1,REN=1
            CLR     ET1                 ;关 T1 中断
            SETB    TR1                 ;开启波特率发生器
WAITIN:     JNB     RI,WAITIN           ;接收等待
            MOV     A,SBUF              ;接收缓冲器数据入 A
```

```
MOV     P1,A              ;将接收数据放在 P1 口显示
CLR     RI                ;清接收标志
AJMP    WAITIN            ;转接收等待
;

END                       ;结束
```

实验程序 4.2 的 Proteus 仿真效果图如图 10.4 所示。

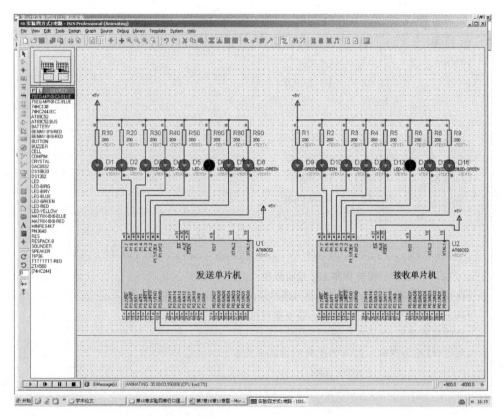

图 10.4　实验程序 4.2 的 Proteus 仿真效果图

10.3　参考 C 程序

```
/* ----------------------------------------

Communication progarm V4.1
MCU STC89C52RC   XAL 12MHz
Build by Gavin Hu,2010.6.9
---------------------------------------- */
#include <reg51.h>
```

```
sbit HC595_ST=P3^2;
sbit HC595_SH=P3^1;
sbit HC595_DS=P3^0;
void delay_ms(unsigned int);

/* ------------------------------------
   main function
   -----------------------------------*/
void main(void)
{
unsigned char i;
SCON=0x00;
HC595_ST=0;
while(1)
    {
    for (i=1;i<=8;i++)
        {
        P1=i;
        TI=0;
        SBUF=i;
        while (!TI);
        HC595_ST=1;
        HC595_ST=0;
        delay_ms(1000);
        }
    }
}


/* ------------------------------------
   Delay function
   Parameter: unsigned int dt
   Delay time=dt(ms)
   -----------------------------------*/
void delay_ms(unsigned int dt)
{
register unsigned char bt,ct;
for (; dt; dt--)
    for (ct=2;ct;ct--)
        for (bt=250; --bt; );
```

```
}


/ * ------------------------------------
Communication progarm V4. 2－R
MCU STC89C52RC　XAL 12MHz
Build by Gavin Hu，2010. 6. 9
------------------------------------ * /
# include ＜reg51. h＞


/ * ------------------------------------
    main function
------------------------------------ * /
void main(void)
{
TMOD＝0x20；
TH1＝0xE6；
TR1＝1；
SCON＝0x50；
while(1)
    {
    while（! RI）；
    RI＝0；
    P1＝SBUF；
    }
}




/ * ------------------------------------
Communication progarm V4. 2－T
MCU STC89C52RC　XAL 12MHz
Build by Gavin Hu，2010. 6. 9
------------------------------------ * /
# include ＜reg51. h＞
void delay_ms(unsigned int)；


/ * ------------------------------------
    main function
------------------------------------ * /
```

```
void main(void)
{
unsigned char i;
TMOD=0x20;
TH1=0xE6;
TR1=1;
SCON=0x40;
while(1)
    {
    for (i=1;i<=8;i++)
        {
        P1=i;
        TI=0;
        SBUF=i;
        while (!TI);
        delay_ms(1000);
        }
    }
}
```

第 11 章 实验 5 按键接口实验

11.1 实验内容与要求

实验名称：按键接口实验

实验学时：2 学时

实验属性：验证性实验

开出要求：必做

每组人数：1 人

1. 实验目的

① 熟悉单片机简单按键及行列式按键的接口方法。

② 掌握按键扫描及处理程序的编程方法和调试方法。

2. Proteus 仿真实验硬件电路

简单端口按键查询实验仿真硬件电路图如图 11.1 所示,行列式按键查询实验仿真硬件电路图如图 11.2 所示。

3. 实验任务

① 用单片机 P2.0～P2.2 端口的 3 个按键分别控制 P1.0～P1.3 端口的 3 个 LED 小灯的亮与灭。

② 用单片机 P2.0～P2.7 端口的 16 个行列式按键分别对应控制 P1 与 P3 端口的 16 个 LED 小灯的亮与灭。

4. 实验预习要求

① 根据硬件电路原理图,画出实际接线图。

② 阅读教材中有关简单按键查询及行列式按键查询程序,了解程序设计方法,写出 4×4 行列式查询时用的与键号对应的键值表,根据实验任务设计相应的调试程序。

③ 阅读掌握 Wave、Madwin、Keil‐51 等编译软件的使用方法。

④ 完成预习报告。

5. 实验设备

计算机(安装单片机汇编编译软件及 Proteus 软件)。

6. 实验报告要求

整理好实验任务①～②中经 Proteus 运行正确的程序。

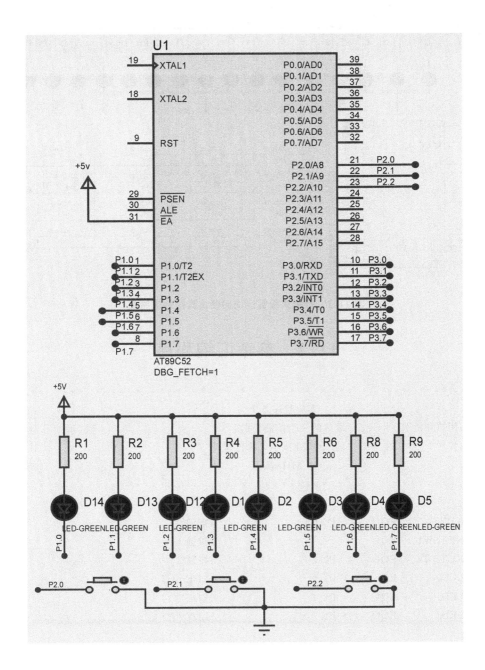

图 11.1 简单端口按键查询实验仿真硬件电路图

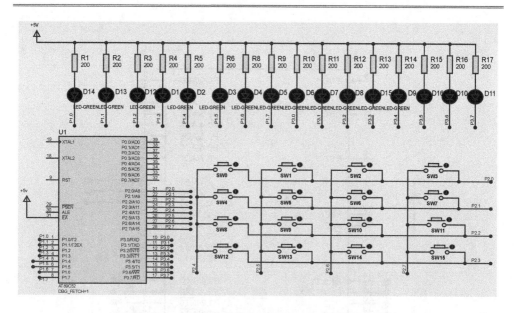

图 11.2　行列式按键查询实验仿真硬件电路图

11.2　参考汇编程序

```
;***********************************************************;
;                   实验程序 5.1                            ;
;用单片机 P2.0～P2.2 端口的三个按键分别                      ;
;控制 P1.0～P1.3 端口的三个 LED 小灯的亮与灭                ;
;                   12 MHz 晶振                             ;
;***********************************************************;
;
KEYSW0      EQU       P2.0            ;按键 0
KEYSW1      EQU       P2.1            ;按键 1
KEYSW2      EQU       P2.2            ;按键 2
LED0        EQU       P1.0            ;LDE 小灯 0
LED1        EQU       P1.1            ;LDE 小灯 1
LED2        EQU       P1.2            ;LDE 小灯 2
;
;***********;
;主程序入口      ;
;***********;
;
            ORG       0000H           ;程序执行开始地址
            LJMP      START           ;跳至 START 执行
```

```
;
;*************;
;主 程 序        ;
;*************;
;
START:     MOV      P2,#0FFH          ;置 P2 口为输入状态
KLOOP:     JNB      KEYSW0,KEY0       ;读 KEYSW0 口,若为 0 转 KEY0
           JNB      KEYSW1,KEY1       ;读 KEYSW1 口,若为 0 转 KEY1
           JNB      KEYSW2,KEY2       ;读 KEYSW2 口,若为 0 转 KEY2
           AJMP     KLOOP             ;子程序返回
;
;0 键处理程序
KEY0:      LCALL    DL10MS            ;延时 10 ms 消抖
           JB       KEYSW0,KLOOP      ;KEYSW0 为 1,程序返回(干扰)
           CPL      LED0              ;开 LED0 灯
WAIT0:     JNB      KEYSW0,WAIT0      ;等待键释放
           LCALL    DL10MS            ;延时消抖
           JNB      KEYSW0,WAIT0      ;
           AJMP     KLOOP             ;返回主程序
;
;1 键处理程序
KEY1:      LCALL    DL10MS            ;延时 10 ms 消抖
           JB       KEYSW1,KLOOP      ;KEYSW1 为 1,程序返回(干扰)
           CPL      LED1              ;开 LED1 灯
WAIT1:     JNB      KEYSW1,WAIT1      ;等待键释放
           LCALL    DL10MS            ;延时消抖
           JNB      KEYSW1,WAIT1      ;
           AJMP     KLOOP             ;返回主程序
;
;2 键处理程序
KEY2:      LCALL    DL10MS            ;延时 10 ms 消抖
           JB       KEYSW2,KLOOP      ;KEYSW2 为 1,程序返回(干扰)
           CPL      LED2              ;开 LED2 灯
WAIT2:     JNB      KEYSW2,WAIT2      ;等待键释放
           LCALL    DL10MS            ;延时消抖
           JNB      KEYSW2,WAIT2      ;
           AJMP     KLOOP             ;返回主程序
;
;*************;
```

```
;延时程序            ;
;＊＊＊＊＊＊＊＊＊＊＊＊;
;约 0.5 ms 延时子程序,执行一次时间为 513 μs
DL512:     MOV      R2,＃0FFH
LOOP1:     DJNZ     R2,LOOP1
           RET
;
;约 10 ms 延时子程序(调用 20 次 0.5 ms 延时子程序)
DL10MS:    MOV      R3,＃14H
LOOP2:     LCALL    DL512
           DJNZ     R3,LOOP2
           RET

           END                        ;程序结束
```

实验程序 5.1 的 Proteus 仿真效果图如图 11.3 所示。

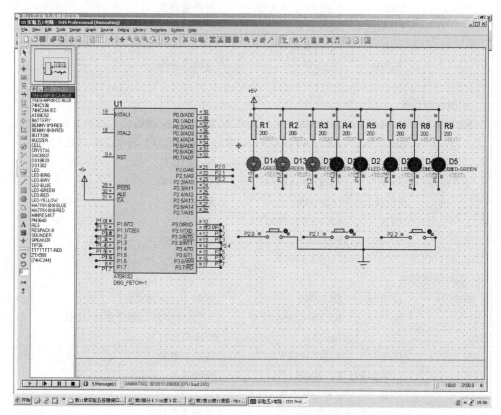

图 11.3　实验程序 5.1 的 Proteus 仿真效果图

```
;******************************************************;
;                    实验程序 5.2                      ;
;用单片机 P2.0～P2.7 端口的十六个行列式按键分别          ;
;控制 P1 与 P3 端口的十六个 LED 小灯的亮与灭             ;
;                    12 MHz 晶振                        ;
;******************************************************;
;
;按键口及小灯口的定义
        KEY        EQU    P2          ;定义 P2 口为行列式按键口
        LED0       EQU    P1.0        ;定义小灯名
        LED1       EQU    P1.1        ;定义小灯名
        LED2       EQU    P1.2        ;定义小灯名
        LED3       EQU    P1.3        ;定义小灯名
        LED4       EQU    P1.4        ;定义小灯名
        LED5       EQU    P1.5        ;定义小灯名
        LED6       EQU    P1.6        ;定义小灯名
        LED7       EQU    P1.7        ;定义小灯名
        LED8       EQU    P3.0        ;定义小灯名
        LED9       EQU    P3.1        ;定义小灯名
        LED10      EQU    P3.2        ;定义小灯名
        LED11      EQU    P3.3        ;定义小灯名
        LED12      EQU    P3.4        ;定义小灯名
        LED13      EQU    P3.5        ;定义小灯名
        LED14      EQU    P3.6        ;定义小灯名
        LED15      EQU    P3.7        ;定义小灯名
        KEYWORD    EQU    23H         ;键值寄放单元
;程序入口地址定位
        ORG    0000H                  ;程序开始地址
        LJMP   MAIN                   ;转 MAIN 执行
;
;主程序
MAIN:       LCALL  KEYWORK            ;调查键子程序
            AJMP   MAIN               ;转 MAIN 循环
;
;4*4 行列式扫描查键及功能子程序
KEYWORK:    MOV    KEY,#0FFH          ;置 KEY 口为输入状态
            CLR    KEY.0              ;扫描第一行(第一行为 0)
            MOV    A,KEY              ;读入 KEY 口值
            ANL    A,#0F0H            ;低四位为 0
```

```
            CJNE    A,#0F0H,KEYCON      ;(有键按下转 KEYCOON
            SETB    KEY.0               ;扫描第二行(第二行为 0)
            CLR     KEY.1               ;
            MOV     A,KEY               ;读入 KEY 口值
            ANL     A,#0F0H             ;低四位为 0
            CJNE    A,#0F0H,KEYCON      ;有键按下转 KEYCOON
            SETB    KEY.1               ;扫描第三行(第三行为 0)
            CLR     KEY.2               ;
            MOV     A,KEY               ;读入 KEY 口值
            ANL     A,#0F0H             ;低四位为 0
            CJNE    A,#0F0H,KEYCON      ;有键按下转 KEYCOON
            SETB    KEY.2               ;扫描第四行(第四行为 0)
            CLR     KEY.3               ;
            MOV     A,KEY               ;读入 KEY 口值
            ANL     A,#0F0H             ;低四位为 0
            CJNE    A,#0F0H,KEYCON      ;有键按下转 KEYCOON
            SETB    KEY.3               ;结束行扫描
            RET                         ;子程序返回
KEYCON:     LCALL   DL10MS              ;消抖处理
            MOV     A,KEY               ;再读入 KEY 口值
            ANL     A,#0F0H             ;低四位为 0
            CJNE    A,#0F0H,KEYCHE      ;确认键按下,转 KEYCHE
KEYOUT:     RET                         ;干扰,子程序返回
KEYCHE:     MOV     A,KEY               ;读 KEY 口值
            MOV     KEYWORD,A           ;键值暂存
CJLOOP:
            MOV     A,KEY               ;读 KEY 口值
            ANL     A,#0F0H             ;低四位为 0
            CJNE    A,#0F0H,CJLOOP      ;键还按着,转 CJLOOP 等待释放
            MOV     R7,#00H             ;键释放,置 R7 初值为#00H(查表
                                        ;次数)
            MOV     DPTR,#KEYTAB        ;取键值表首址
CHEKEYLOOP: MOV     A,R7                ;查表次数入 A
            MOVC    A,@A+DPTR           ;查表
            XRL     A,KEYWORD           ;查表值与 KEY 口读入值比较
            JZ      KEYOK               ;为 0(相等)转 KEYOK
            INC     R7                  ;不等,查表次数加 1
            CJNE    R7,#10H,CHEKEYLOOP  ;查表次数不超过 16 次转
                                        ;CHEKEYLOOP 再查
```

	RET	;16 次到,退出	
;			
KEYOK:	MOV	A,R7	;查表次数入 A(即键号值)
	MOV	B,A	;放入 B
	RL	A	;左移
	ADD	A,B	;相加(键号乘以 3 处理 JMP 3 字节 ;指令)
	MOV	DPTR,♯KEYFUNTAB	;取键功能散转表首址
	JMP	@A+DPTR	;查表
KEYFUNTAB:	LJMP	KEYFUN00	;键功能散转表。跳至 0 号键功能 ;程序
	LJMP	KEYFUN01	;跳至 01 号键功能程序
	LJMP	KEYFUN02	;跳至 02 号键功能程序
	LJMP	KEYFUN03	
	LJMP	KEYFUN04	
	LJMP	KEYFUN05	
	LJMP	KEYFUN06	
	LJMP	KEYFUN07	
	LJMP	KEYFUN08	
	LJMP	KEYFUN09	
	LJMP	KEYFUN10	
	LJMP	KEYFUN11	
	LJMP	KEYFUN12	
	LJMP	KEYFUN13	
	LJMP	KEYFUN14	
	LJMP	KEYFUN15	;跳至 15 号键功能程序
	RET		;散转出错返回
;			

;键号对应 KEY 口数值表(同时按下两键为无效操作)

KEYTAB:	DB	0EEH,0DEH,0BEH,7EH,0EDH,0DDH,0BDH,7DH
	DB	0EBH,0DBH,0BBH,7BH,0E7H,0D7H,0B7H,77H,0FFH,0FFH

;

;0 号键功能程序

KEYFUN00:	CPL	LED0	;开关小灯
	RET		;返回

;01 号键功能程序

KEYFUN01:	CPL	LED1	;开关小灯
	RET		;返回

;02 号键功能程序

```
KEYFUN02：      CPL    LED2              ;开关小灯
                RET                      ;返回
;03 号键功能程序
KEYFUN03：      CPL    LED3              ;开关小灯
                RET                      ;返回
;04 号键功能程序
KEYFUN04：      CPL    LED4              ;开关小灯
                RET                      ;返回
;05 号键功能程序
KEYFUN05：      CPL    LED5              ;开关小灯
                RET                      ;返回
;06 号键功能程序
KEYFUN06：      CPL    LED6              ;开关小灯
                RET                      ;返回
;07 号键功能程序
KEYFUN07：      CPL    LED7              ;开关小灯
                RET                      ;返回
;08 号键功能程序
KEYFUN08：      CPL    LED8              ;开关小灯
                RET                      ;返回
;09 号键功能程序
KEYFUN09：      CPL    LED9              ;开关小灯
                RET                      ;返回
;10 号键功能程序
KEYFUN10：      CPL    LED10             ;开关小灯
                RET                      ;返回
;11 号键功能程序
KEYFUN11：      CPL    LED11             ;开关小灯
                RET                      ;返回
;12 号键功能程序
KEYFUN12：      CPL    LED12             ;开关小灯
                RET                      ;返回
;13 号键功能程序
KEYFUN13：      CPL    LED13             ;开关小灯
                RET                      ;返回
;14 号键功能程序
KEYFUN14：      CPL    LED14             ;开关小灯
                RET                      ;返回
;15 号键功能程序
```

KEYFUN15:	CPL	LED15	;开关小灯
	RET		;返回

;

;513 μs 延时子程序

DL513:	MOV	R3,#0FFH	
DL513LOOP:	DJNZ	R3,DL513LOOP	
	RET		

;

;10 ms 延时子程序(消抖动用)

DL10MS:	MOV	R6,#20	
DL10MSLOOP:	LCALL	DL513	
	DJNZ	R6,DL10MSLOOP	
	RET		

;

	END		;程序结束

实验程序 5.2 的 Proteus 仿真效果图如图 11.4 所示。

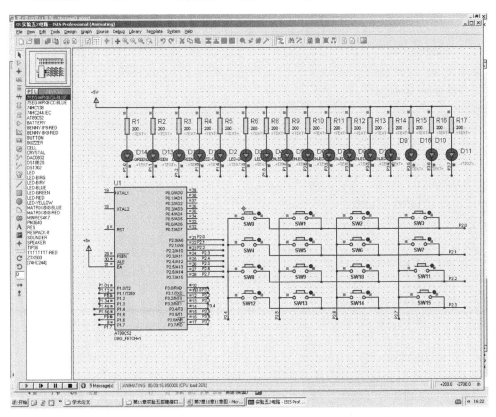

图 11.4 实验程序 5.2 的 Proteus 仿真效果图

11.3 参考 C 程序

```
/* ---------------------------------------
Key progarm V5. 1
MCU STC89C52RC   XAL 12 MHz
Build by Gavin Hu，2010. 6. 9
----------------------------------------*/
#include <reg51. h>
sbit KEY1=P2^0；
sbit KEY2=P2^1；
sbit KEY3=P2^2；
sbit LED1=P1^0；
sbit LED2=P1^1；
sbit LED3=P1^2；
void delay_ms(unsigned int)；


/* ---------------------------------------
   main function
----------------------------------------*/
void main(void)
{
while(1)
    {
    if (KEY1==0)
        {
        LED1=!LED1；
        delay_ms(500)；
        }
    if (KEY2==0)
        {
        LED2=! LED2；
        delay_ms(500)；
        }
    if (KEY3==0)
        {
        LED3=! LED3；
        delay_ms(500)；
        }
```

```
        }
    }


/* - - - - - - - - - - - - - - - - - - - - - - - - - - - - - - - -
    Delay function
    Parameter: unsigned int dt
    Delay time = dt(ms)
- - - - - - - - - - - - - - - - - - - - - - - - - - - - - - - - - */
void delay_ms(unsigned int dt)
{
register unsigned char bt,ct;
for (; dt; dt--)
    for (ct=2;ct;ct--)
        for (bt=250; --bt; );
}



/* - - - - - - - - - - - - - - - - - - - - - - - - - - - - - - - -
Key progarm V5.2
MCU STC89C52RC   XAL 12 MHz
Build by Gavin Hu, 2010.6.9
- - - - - - - - - - - - - - - - - - - - - - - - - - - - - - - - - */
#include <reg51.h>
sbit LED1 = P1^0;
sbit LED2 = P1^1;
sbit LED3 = P1^2;
sbit LED4 = P1^3;
sbit LED5 = P1^4;
sbit LED6 = P1^5;
sbit LED7 = P1^6;
sbit LED8 = P1^7;
sbit LED9 = P3^0;
sbit LED10 = P3^1;
sbit LED11 = P3^2;
sbit LED12 = P3^3;
sbit LED13 = P3^4;
sbit LED14 = P3^5;
sbit LED15 = P3^6;
sbit LED16 = P3^7;
```

```
sbit P24＝P2^4;
sbit P25＝P2^5;
sbit P26＝P2^6;
sbit P27＝P2^7;
void delay_ms(unsigned int);

/* ------------------------------------
   main function
   ------------------------------------*/
void main(void)
{
while(1)
    {
    P2＝0xfe;
    if (P24＝＝0) {LED1＝!LED1; delay_ms(500);}
        else if (P25＝＝0) {LED2＝!LED2; delay_ms(500);}
        else if (P26＝＝0) {LED3＝!LED3; delay_ms(500);}
        else if (P27＝＝0) {LED4＝!LED4; delay_ms(500);}
    P2＝0xfd;
    if (P24＝＝0) {LED5＝!LED5; delay_ms(500);}
        else if (P25＝＝0) {LED6＝!LED6; delay_ms(500);}
        else if (P26＝＝0) {LED7＝!LED7; delay_ms(500);}
        else if (P27＝＝0) {LED8＝!LED8; delay_ms(500);}
    P2＝0xfb;
    if (P24＝＝0) {LED9＝!LED9; delay_ms(500);}
        else if (P25＝＝0) {LED10＝!LED10; delay_ms

(500);}
        else if (P26＝＝0) {LED11＝!LED11; delay_ms

(500);}
        else if (P27＝＝0) {LED12＝!LED12; delay_ms

(500);}
    P2＝0xf7;
    if (P24＝＝0) {LED13＝!LED13; delay_ms(500);}
        else if (P25＝＝0) {LED14＝!LED14; delay_ms

(500);}
```

```
        else if (P26==0) {LED15=!LED15; delay_ms

(500);}
        else if (P27==0) {LED16=!LED16; delay_ms

(500);}
    }
}


/* ------------------------------------
  Delay function
  Parameter: unsigned int dt
  Delay time=dt(ms)
------------------------------------*/
void delay_ms(unsigned int dt)
{
register unsigned char bt,ct;
for (; dt; dt--)
    for (ct=2;ct;ct--)
        for (bt=250; --bt; );
}
```

第 12 章　实验 6　八位共阳 LED 数码管实验

12.1　实验内容与要求

实验名称：八位共阳 LED 数码管实验

实验学时：2 学时

实验属性：验证性实验

开出要求：必做

每组人数：1 人

1. 实验目的

① 学习用动态扫描法实现八位 LED 共阳数码管的数字显示。

② 学习掌握七段共阳数码管的小数点显示方法。

2. Proteus 仿真实验硬件电路

八位共阳 LED 数码管实验仿真硬件电路图如图 12.1 所示。

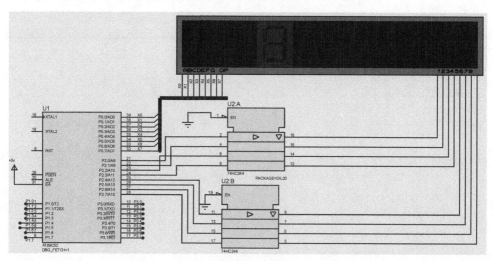

图 12.1　八位共阳 LED 数码管实验仿真硬件电路图

3. 实验任务

① 将 8 个内存单元中的数（1~8）用 8 个 LED 共阳数码管显示出来。

② 在显示数的百位及万位位置显示两个小数点。

③ 让某个内存中的数闪烁显示。

4. 实验预习要求

① 学习掌握 LED 段码显示器动态扫描显示原理,了解七段 LED 显示器中小数点的显示方法,分析显示数字 0~9 及个别英文字母(如 A、C、E、F、H 等)时对应的显示段码数据。

② 根据硬件电路原理图,画出实际仿真接线图。

③ 根据实验任务设计出相应的调试程序。

④ 完成预习报告。

5. 实验设备

计算机(安装单片机汇编编译软件及 Proteus 软件)。

6. 思考题

让某个内存中的数闪烁显示,除你使用的方法外还有什么方法,各有什么优缺点?

7. 实验报告要求

整理好实验任务①~③中经 Proteus 运行正确的程序,解答思考题。

12.2　参考汇编程序

```
;************************************************;
;                   实验程序 6.1                  ;
;将 8 个内存单元中的数(1~8)用 8 个 LED 共阳数码管显示出来      ;
;                  12 MHz 晶振                    ;
;************************************************;
;显示首地址定义
        DISPFIRST   EQU    30H          ;显示首址存放单元
;
;主程序入口地址定义
        ORG         0000H               ;程序执行开始地址
        LJMP        START               ;跳到标号 START 执行
;
;以下主程序开始
;
START:  MOV         DISPFIRST,#70H      ;显示单元为 70H~77H
        MOV         70H,#8
        MOV         71H,#7
        MOV         72H,#6
        MOV         73H,#5
        MOV         74H,#4
        MOV         75H,#3
```

```
              MOV      76H,#2
              MOV      77H,#1
;以下主程序循环
START1:  LCALL    DISPLAY              ;调用显示子程序
              AJMP     START1               ;
;
;*****************************************************;
;          八位共阳 LED 显示程序                         ;
;*****************************************************;
;显示数据在 70H~77H 单元内,用 8 位 LED 共阳数码管显示,P0 口输出
;段码数据,P2 口作扫描控制,每个 LED 数码管亮 1 ms 时间再逐位循环
DISPLAY:  MOV      R1,DISPFIRST        ;指向显示数据首址
              MOV      R5,#80H             ;扫描控制字初值
PLAY:       MOV      A,R5                ;扫描字放入 A
              MOV      P2,A                ;从 P2 口输出
              MOV      A,@R1               ;取显示数据到 A
              MOV      DPTR,#TAB           ;取段码表地址
              MOVC     A,@A+DPTR           ;查显示数据对应段码
              MOV      P0,A                ;段码放入 P0 口
              LCALL    DL1MS               ;显示 1 ms
              INC      R1                  ;指向下一地址
              MOV      A,R5                ;扫描控制字放入 A
              JB       ACC.0,ENDOUT        ;ACC.0=1 时一次显示结束
              RR       A                   ;A 中数据循环右移
              MOV      R5,A                ;放回 R5 内
              MOV      P0,#0FFH            ;
              AJMP     PLAY                ;跳回 PLAY 循环
ENDOUT:   MOV      P2,#00H             ;一次显示结束,P2 口复位
              MOV      P0,#0FFH            ;P0 口复位
              RET                          ;子程序返回
TAB: DB 0C0H,0F9H,0A4H,0B0H,99H,92H,82H,0F8H,80H,90H,0FFH,88H,0BFH
;共阳段码表 "0""1""2""3""4""5""6""7""8""9""不亮""A""—"
;*****************************************************;
;          延时程序                                     ;
;*****************************************************;
;
;1 ms 延时程序,LED 显示程序用
DL1MS:   MOV      R6,#14H
DL1:        MOV      R7,#19H
```

```
DL2:          DJNZ          R7,DL2
              DJNZ          R6,DL1
              RET
;
              END                              ;程序结束
```

;＊＊＊＊＊＊＊＊＊＊＊＊＊＊＊＊＊＊＊＊＊＊＊＊＊＊＊＊＊＊＊＊＊＊＊＊

实验程序 6.1 的 Proteus 仿真效果图如图 12.2 所示。

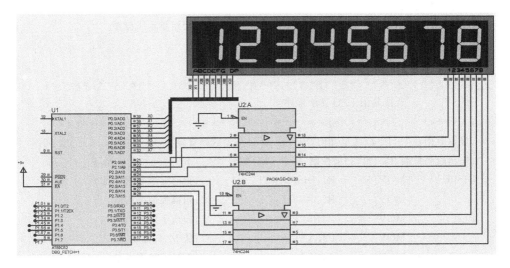

图 12.2　实验程序 6.1 的 Proteus 仿真效果图

```
;＊＊＊＊＊＊＊＊＊＊＊＊＊＊＊＊＊＊＊＊＊＊＊＊＊＊＊＊＊＊＊＊＊＊＊＊＊;
;                       实验程序 6.2                             ;
;将 8 个内存单元中的数(1～8)用 8 个 LED 共阳数码管显示出来          ;
;在显示数的百位及万位位置显示两个小数点                            ;
;                       12 MHz 晶振                              ;
;＊＊＊＊＊＊＊＊＊＊＊＊＊＊＊＊＊＊＊＊＊＊＊＊＊＊＊＊＊＊＊＊＊＊＊＊＊;
;显示首地址定义
              DISPFIRST   EQU   30H             ;显示首址存放单元
;
;主程序入口地址定义
              ORG         0000H                 ;程序执行开始地址
              LJMP        START                 ;跳到标号 START 执行
;
;以下主程序开始
;
START:        MOV         DISPFIRST,#70H        ;显示单元为 70H～77H
              MOV         70H,#2
```

```
          MOV       71H,#3
          MOV       72H,#4
          MOV       73H,#5
          MOV       74H,#6
          MOV       75H,#7
          MOV       76H,#8
          MOV       77H,#9
;以下主程序循环
START1：  LCALL     DISPLAY              ;调用显示子程序
          AJMP      START1              ;
;
;**********************************************************;
;              八位共阳 LED 显示程序                        ;
;**********************************************************;
;显示数据在 70H～77H 单元内,用八位 LED 共阳数码管显示,P0 口
;输出段码数据,P2 口作扫描控制,每个 LED 数码管亮 1 ms 时间再逐位循环
DISPLAY：  MOV      R1,DISPFIRST         ;指向显示数据首址
           MOV      R5,#80H              ;扫描控制字初值
PLAY：     MOV      A,R5                 ;扫描字放入 A
           MOV      P2,A                 ;从 P2 口输出
           MOV      A,@R1                ;取显示数据到 A
           MOV      DPTR,#TAB            ;取段码表地址
           MOVC     A,@A+DPTR            ;查显示数据对应段码
           MOV      P0,A                 ;段码放入 P0 口
           MOV      A,R5                 ;
           JNB      ACC.5,LOOP5          ;小数点处理
           CLR      P0.7                 ;
LOOP5：    JNB      ACC.3,LOOP6          ;小数点处理
           CLR      P0.7                 ;
LOOP6：    LCALL    DL1MS                ;显示 1 ms
           INC      R1                   ;指向下一地址
           MOV      A,R5                 ;扫描控制字放入 A
           JB       ACC.0,ENDOUT         ;ACC.0＝1 时一次显示结束
           RR       A                    ;A 中数据循环右移
           MOV      R5,A                 ;放回 R5 内
           MOV      P0,#0FFH             ;
           AJMP     PLAY                 ;跳回 PLAY 循环
ENDOUT：   MOV      P2,#00H              ;一次显示结束,P2 口复位
           MOV      P0,#0FFH             ;P0 口复位
```

```
            RET            ;子程序返回
TAB: DB 0C0H,0F9H,0A4H,0B0H,99H,92H,82H,0F8H,80H,90H,0FFH,88H,0BFH
;共阳段码表    "0""1""2""3""4""5""6""7""8""9""不亮""A""一"
;
;******************************************************;
;            延时程序                                  ;
;******************************************************;
;
;1 ms 延时程序,LED 显示程序用
DL1MS:     MOV         R6,#14H
DL1:       MOV         R7,#19H
DL2:       DJNZ        R7,DL2
           DJNZ        R6,DL1
           RET
           END                              ;程序结束
;***********************************************************
```

实验程序 6.2 的 Proteus 仿真效果图如图 12.3 所示。

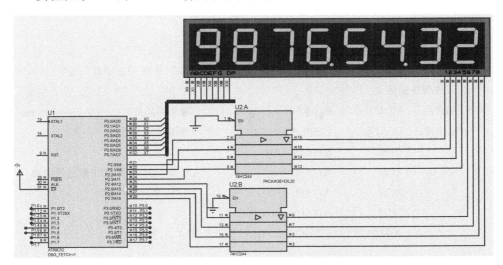

图 12.3　实验程序 6.2 的 Proteus 仿真效果图

```
;*****************************************************;
;                   实验程序 6.3                       ;
;将 8 个内存单元中的数(1~8)用 8 个 LED 共阳数码管显示出来    ;
;在显示数的百位及万位位置显示两个小数点,                   ;
;让某个内存中的数闪烁显示                                ;
;                   12 MHz 晶振                        ;
```

```
;*************************************************;
;显示首地址定义
        DISPFIRST   EQU   30H              ;显示首址存放单元
;
;主程序入口地址定义
        ORG         0000H                 ;程序执行开始地址
        LJMP        START                 ;跳到标号 START 执行
;
;以下主程序开始
;
START:  MOV         DISPFIRST,#70H        ;显示单元为 70H～77H
        MOV         70H,#2
        MOV         71H,#3
        MOV         72H,#4
        MOV         73H,#5
        MOV         74H,#6
        MOV         75H,#7
        MOV         76H,#8
        MOV         77H,#9
        MOV         78H,#10               ;内存为 10 时显示段码为"不显示"
;以下主程序循环
START1: MOV         R4,#50                ;闪烁间隔控制:50 * 8 ms＝400 ms
DISLOOP:LCALL       DISPLAY               ;调用显示子程序
        DJNZ        R4,DISLOOP            ;
        XCH         A,78H                 ;以下 78H 与 76H 中数进行交换
        XCH         A,76H                 ;76H 单元的数闪烁
        XCH         A,78H
        AJMP        START1                ;
;
;*************************************************;
;            八位共阳 LED 显示程序                 ;
;*************************************************;
;显示数据在 70H～77H 单元内,用八位 LED 共阳数码管显示,P0 口输出段码数据,P2 口作
;扫描控制,每个 LED 数码管亮 1 ms 时间再逐位循环。
DISPLAY:MOV         R1,DISPFIRST          ;指向显示数据首址
        MOV         R5,#80H               ;扫描控制字初值
PLAY:   MOV         A,R5                  ;扫描字放入 A
```

```
          MOV     P2,A                  ;从 P2 口输出
          MOV     A,@R1                 ;取显示数据到 A
          MOV     DPTR,#TAB             ;取段码表地址
          MOVC    A,@A+DPTR             ;查显示数据对应段码
          MOV     P0,A                  ;段码放入 P0 口
          MOV     A,R5                  ;
          JNB     ACC.5,LOOP5           ;小数点处理
          CLR     P0.7                  ;
LOOP5：   JNB     ACC.3,LOOP6           ;小数点处理
          CLR     P0.7                  ;
LOOP6：   LCALL   DL1MS                 ;显示 1 ms
          INC     R1                    ;指向下一地址
          MOV     A,R5                  ;扫描控制字放入 A
          JB      ACC.0,ENDOUT          ;ACC.0=1 时一次显示结束
          RR      A                     ;A 中数据循环右移
          MOV     R5,A                  ;放回 R5 内
          MOV     P0,#0FFH
          AJMP    PLAY                  ;跳回 PLAY 循环
ENDOUT：  MOV     P2,#00H               ;一次显示结束,P2 口复位
          MOV     P0,#0FFH              ;P0 口复位
          RET                           ;子程序返回
TAB: DB 0C0H,0F9H,0A4H,0B0H,99H,92H,82H,0F8H,80H,90H,0FFH,88H,0BFH
;共阳段码表   "0""1""2""3""4""5""6""7""8""9""不亮""A""—"
;
;*******************************************************;
;          延时程序                                      ;
;*******************************************************;
;1 ms 延时程序,LED 显示程序用
DL1MS：   MOV     R6,#14H
DL1：     MOV     R7,#19H
DL2：     DJNZ    R7,DL2
          DJNZ    R6,DL1
          RET
;
          END                           ;程序结束
;*******************************************************
```

实验程序 6.3 的 Proteus 仿真效果图如图 12.4 所示。

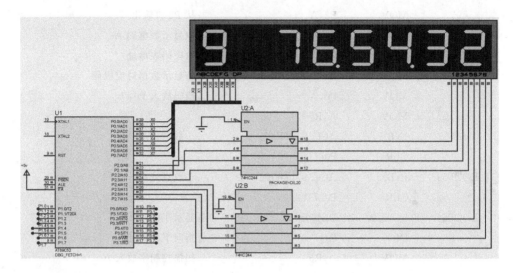

图 12.4　实验程序 6.3 的 Proteus 仿真效果图

12.3　参考 C 程序

```
/ * -------------------------------------
Digit LED display rogram V6.1
MCU STC89C52RC   XAL 12MHz
Build by Gavin Hu, 2010.6.9
----------------------------------------- * /
# include <reg51.h>
void delay_ms(unsigned int);
void display(char * );


/ * -------------------------------------
   main function
----------------------------------------- * /
void main(void)
{
char display_ram[]={1,2,3,4,5,6,7,8};
while(1)
    {
    display(display_ram);
    }
}
```

```
/* ------------------------------------
   Display function
   8 digit LED tubes
   Parameter: sting point to display
   ------------------------------------*/
void display(char * disp_ram)
{
unsigned char I;
unsigned char code table[]=

{0xc0,0xf9,0xa4,0xb0,0x99,0x92,0x82,0xf8,0x80,0x90,0x88,

0x83,0xc6,0xa1,0x86,0x8e,0xbf,0xff};
for (i=0;i<8;i++)
    {
    P0 =table[disp_ram[i]];
    P2 =0x01<<i;
    delay_ms(1);
    P0 =0xff;
    P2 =0;
    }
}


/* ------------------------------------
   Delay function
   Parameter: unsigned int dt
   Delay time=dt(ms)
   ------------------------------------*/
void delay_ms(unsigned int dt)
{
register unsigned char bt,ct;
for (; dt; dt--)
    for (ct=2;ct;ct--)
        for (bt=250; --bt; );
}


/* ------------------------------------
Digit LED display rogram V6.2
MCU STC89C52RC  XAL 12MHz
Build by Gavin Hu, 2010.6.9
```

```
---------------------------------*/
#include <reg51.h>
void delay_ms(unsigned int);
void display(char *);


/*---------------------------------
  main function
---------------------------------*/
void main(void)
{
char display_ram[]={1,2,3,4,5,6,7,8};
while(1)
    {
    display(display_ram);
    }
}


/*---------------------------------
  Display function
  8 digit LED tubes
  Parameter: sting point to display
---------------------------------*/
void display(char * disp_ram)
{
unsigned char I;
unsigned char code table[]=

{0xc0,0xf9,0xa4,0xb0,0x99,0x92,0x82,0xf8,0x80,0x90,0x88,

0x83,0xc6,0xa1,0x86,0x8e,0xbf,0xff};
for (i=0;i<8;i++)
    {
    P0 =table[disp_ram[i]];
    if ((i==3)||(i==5)) P0 &=0x7F;
    P2 =0x01<<I;
    delay_ms(1);
    P0 =0xff;
    P2 =0;
    }
}
```

```
/* --------------------------------------
   Delay function
   Parameter: unsigned int dt
   Delay time=dt(ms)
   --------------------------------------*/
void delay_ms(unsigned int dt)
{
register unsigned char bt,ct;
for (; dt; dt--)
    for (ct=2;ct;ct--)
        for (bt=250; --bt; );
}




/* --------------------------------------
Digit LED display rogram V6.3
MCU STC89C52RC   XAL 12MHz
Build by Gavin Hu, 2010.6.9
--------------------------------------*/
#include <reg51.h>
void delay_ms(unsigned int);
void display(char *);


/* --------------------------------------
   main function
--------------------------------------*/
void main(void)
{
char display_ram[]={1,2,3,4,5,6,7,8};
display_ram[7] |=0x80;
while(1)
    {
    display(display_ram);
    }
}


/* --------------------------------------
   Display function
   8 digit LED tubes
```

```
    Parameter: sting point to display
    Bit-7 of display data set means Twinkling
- - - - - - - - - - - - - - - - - - - - - - - - - - - - - - - - - - - */

void display(char * disp_ram)
{
static unsigned char disp_count;
unsigned char I;
unsigned char code table[]=

{0xc0,0xf9,0xa4,0xb0,0x99,0x92,0x82,0xf8,0x80,0x90,0x88,

0x83,0xc6,0xa1,0x86,0x8e,0xbf,0xff};
disp_count=(disp_count+1)&0x7f;
for (i=0;i<8;i++)
    {
    if (disp_ram[i]&0x80) P0 =(disp_count>32)? table

[disp_ram[i]&0x7f]:0xff;
        else P0 =table[disp_ram[i]];
    P2 =0x01<<i;
    delay_ms(1);
    P0 =0xff;
    P2 =0;
    }
}


/* - - - - - - - - - - - - - - - - - - - - - - - - - - - - - - - - -
    Delay function
    Parameter: unsigned int dt
    Delay time=dt(ms)
- - - - - - - - - - - - - - - - - - - - - - - - - - - - - - - - - */
void delay_ms(unsigned int dt)
{
register unsigned char bt,ct;
for (; dt; dt--)
    for (ct=2;ct;ct--)
        for (bt=250; --bt; );
}
```

第 13 章 实验 7 LCD 液晶显示器实验

13.1 实验内容与要求

实验名称：LCD 液晶显示器实验

实验学时：2 学时

实验属性：验证性实验

开出要求：必做

每组人数：1 人

1. 实验目的

学习 AMPIRE128×64 LCD 液晶显示器的字符显示方法。

2. Proteus 仿真实验硬件电路

AMPIRE128×64 LCD 液晶显示器实验硬件仿真电路图如图 13.1 所示。

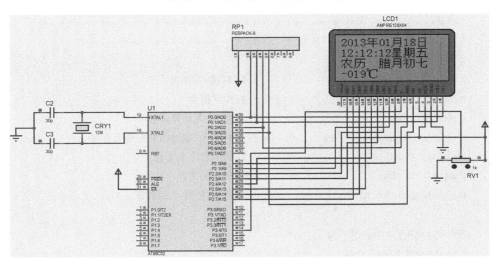

图 13.1 AMPIRE128×64 LCD 液晶显示器实验硬件仿真电路图

3. 实验任务

① 显示四行汉字与数字。第一行为中文姓名、学号；第二、三行为自拟中文文字；第四行为数字或英文。

② 让数据有动态的变化，或让某个文字闪烁显示。

4. 实验预习要求

① 学习掌握 AMPIRE128×64 LCD 液晶显示器的线路连接原理,阅读并理解读/写函数。

② 学习掌握汉字的 16×16 点阵及数字,英文字母的 16×8 字模数据产生原理,会用字模软件获取汉字以及数字、英文字母的字模数据。

③ 根据图 13.1 硬件仿真电路图,独立画出 Proteus 仿真接线图。

④ 根据实验任务设计编写相应的调试程序。

⑤ 完成预习报告。

5. 实验设备

计算机(安装单片机汇编、C 语言编译软件及 Proteus 软件)。

6. 实验报告要求

整理好实验任务①~②中经 Proteus 仿真运行正确的程序。

13.2　参考 C 程序

```
/**********************************************/
/*            LCD128×64 液晶显示演示 C 程序              */
/*                2013 年 1 月 15 日                    */
/**********************************************/
//***************预处理********************
# include "REG52. H"
# include "lcd12864. h"              //LCD 读/写函数
# include "zimo. h"                  //点阵字模表
# include "rili. h"                  //星期、农历计算函数
# include <stdio. h>                 //基本输入/输出函数库头文件
# include <math. h>                  //数学函数库头文件
# include <stdlib. h>                //标准库头文件
# include <intrins. h>               //左移/右移等 C 函数库
//
# define uchar unsigned char
# define uint unsigned int
//
//***************定义********************
int temp_val;                       //用于存储数据
uchar CurrentTime_Year=13,CurrentTime_Month=1,CurrentTime_Day=18;
//2013 年 1 月 18 日
uchar CurrentTime_Hour=12,CurrentTime_Minute=12,CurrentTime_Second=12;
//12 时 12 分 12 秒
```

```
//
// *****************函数声明*******************
void Delay1ms(unsigned int);              //1 ms 延时函数
void display_temp();                      //第四行温度显示函数
void show();                              //一到三行显示函数
//
/* ******************************************************* */
/*                      主函数                            */
/* ******************************************************* */
void main()
{
    temp_val=-55;
    iniLCD();                             //初始化 LCD;
 while(1)
   {
     show();                              //显示年、月、日,时、分、秒,星期,阴历
     display_temp();                      //显示温度
     Delay1ms(500);
     temp_val++;if(temp_val>125)temp_val=-55;
   }
}
//
/* ******************************************************* */
/*                   延时 1 ms 函数                        */
/* ******************************************************* */
void Delay1ms(unsigned int count)
{
    unsigned int i,j;
    for(i=0;i<count;i++)
    for(j=0;j<120;j++);
}
//
/* ******************************************************* */
/*          年月日,时分秒,星期,阴历显示函数                */
/* ******************************************************* */
void show()
{                                         //第一行
    ChangeToLCD(0xb8,0x40,20);            //表示为 20XX 年,写 20
    ChangeToLCD(0xb8,0x50,CurrentTime_Year); //显示年数
```

```
    display_HZ(0xb8,0x60,nianli[0]);                    //显示"年"字
    ChangeToLCD(0xb8,0x70,CurrentTime_Month);           //显示月数
    display_HZ(0xb8,0x80,nianli[1]);                    //显示"月"字
    ChangeToLCD(0xb8,0x90,CurrentTime_Day);             //显示日数
    display_HZ(0xb8,0xa0,nianli[2]);                    //显示"日"字
    //第二行
    ChangeToLCD(0xba,0x40,CurrentTime_Hour);            //显示时数
    display_FH(0xba,0x50,FH[0]);                        //显示:
    ChangeToLCD(0xba,0x58,CurrentTime_Minute);          //显示分数
    display_FH(0xba,0x68,FH[0]);                        //显示:
    ChangeToLCD(0xba,0x70,CurrentTime_Second);          //显示秒数
    display_HZ(0xba,0x80,WEEK[7]);                      //显示"星"字
    display_HZ(0xba,0x90,WEEK[8]);                      //显示"期"字
    GetWeek(CurrentTime_Year,CurrentTime_Month,CurrentTime_Day);//显示星期几
    //第三行
    display_HZ(0xbc,0x40,yinli[0]);                     //显示"农"字
    display_HZ(0xbc,0x50,yinli[1]);                     //显示"历"
    Conversion(CurrentTime_Year,CurrentTime_Month,CurrentTime_Day);
                                                        //显示阴历
}
//
/***************************************************/
/*              温度显示函数(在第四行)               */
/***************************************************/
void   display_temp()
{
        if(temp_val<0)                                 //处理温度正负
        {
                display_FH(0xbe,0x40,FH[6]);           //显示温度负
                showtemp(0xbe,0x48,-temp_val);         //显示温度
        }
        else
        {
                display_FH(0xbe,0x40,FH[5]);           //显示温度正
                showtemp(0xbe,0x48,temp_val);          //显示温度
        }
        display_HZ(0xbe,0x60,sheshidu[0]);             //摄氏度标志"℃"
}
//*****************C程序结束*****************//
```

　　以下为程序中用到的头文件,分别是液晶驱动头文件(LCD12864.h)、日历头文件(rili.h)、字模头文件(zimo.h)。

　　下面为液晶驱动头文件(LCD12864.h)。

```
//*****************************************************//
//                                                     //
//                  LCD128×64 头文件                    //
//                  2012 年 1 月 15 日                   //
//*****************************************************//
//LCD12864 驱动程序//
//
#ifndef __LCD12864_H__
#define __LCD12864_H__
//******************** 预处理 ********************//
#include <intrins.h>
#include"zimo.h"
#define uchar unsigned char
//******************端口定义 ********************//
sbit E=P3^4;
sbit RW=P0^2;                    //读/写控制
sbit RS=P0^3;                    //数据 指令选择
sbit L=P0^1;                     //左屏
sbit R=P0^0;                     //右屏
sbit Busy=P2^7;
uchar i,j;
//******************* 函数声明 ********************//
void iniLCD(void);
void chkbusy(void);
void wcode(uchar);
void wdata(uchar);
void display_HZ(uchar,uchar,uchar * );
void SetOnOff(uchar onoff);
//******************* 延时函数 ********************//
void delay(uchar a)
    {
    uchar i;
    while(a——)
    for(i=100;i>0;i——);
    }
//******************LCD 写命令 ****************** //
```

```
void SendCommand(uchar command)
  {
      chkbusy();
      E=1;
      RW=0;
      RS=0;
      P2=command;
      E=0;
  }
```

// * * * * * * * * * * * * * * * * * * * LCD 显示控制 * //

```
void SetOnOff(uchar onoff)              //1:开显示,0:关
  {
      if(onoff ==1)
      {chkbusy();E=1;RW=0;RS=0;P2=0x3f;E=0;}
      else
      P2=0x3e;
  }
```

// * * * * * * * * * * * * * * * * * * * LCD 行设定 * //

```
void SetLine(uchar line)                //line -> 0 : 7
  {
  line=line & 0x07;
  line=line | 0xb8;                      //1011 1xxx
  SendCommand(line);
  }
```

// * * * * * * * * * * * * * * * * * * * LCD 色设定 * //

```
void SetColum(uchar colum)              //colum -> 0 :63
  {
  colum=colum & 0x3f;
  colum=colum | 0x40;                   //01xx xxxx
  SendCommand(colum);
  }
```

// *LCD 屏控制 *//

```
void SelectScreen(uchar screen)         //0:左屏,1:右屏,2:全
{
    switch(screen)
      {
          case 0 :
          L=0;
          delay(2);
```

```
            R=1;
            delay(2);
            break;
            case 1 :
            L=1;
            delay(2);
            R=0;
            delay(2);
            break;
            case 2 :
            L=0;
            delay(2);
            R=0;
            delay(2);
            break;
        }
}
```

// *LCD 清屏 *//

```
void ClearScreen(uchar screen)
{
    uchar i,j;
    SelectScreen(screen);
    for(i=0;i < 8;i ++)
    {
        SetLine(i);
        SetColum(0);
        for(j=0;j < 64; j ++)
        wdata(0x00);
    }
}
```

// *LCD 初始化 *//

```
void iniLCD(void)
{
    wcode(0x3f);                    //开显示
    wcode(0xc0);                    //显示起始行为第一行
    wcode(0xb8);                    //页面地址
    wcode(0x40);                    //列地址设为 0
    L=1;R=1;
    SetOnOff(1);                    //开显示
```

```
    ClearScreen(2);                      //清屏,点亮背光
}
// * * * * * * * * * * * * * * * * * * * LCD 忙检测 * * * * * * * * * * * * * * * * * * * * * //
void chkbusy(void)
{
    E=1;                                 //LCD 使能
    RS=0;                                //读/写指令
    RW=1;                                //读状态
    P2=0xff;                             //P2 输入状态
    while(!Busy);                        //忙等待
}
// * * * * * * * * * * * * * * * * * * * LCD 写指令 * * * * * * * * * * * * * * * * * * * * * //
void wcode(uchar cd)
{
    chkbusy();                           //等待空闲
    E=1;                                 //设置 LCD 写指令状态
    RW=0;
    RS=0;
    P2=cd;                               //写指令
    E=1;
    E=0;                                 //产生下降沿
}
// * * * * * * * * * * * * * * * * * * * LCD 写数据 * * * * * * * * * * * * * * * * * * * * * //
void wdata(uchar dat)
{
    chkbusy();                           //等待空闲
    E=1;                                 //设置 LCD 写数据状态
    RW=0;
    RS=1;
    P2=dat;                              //写数据
    E=1;
    E=0;
}
// * * * * * * * * * * * * * * * * * LCD 显示 16 * 16 汉字程序 * * * * * * * * * * * * * * * * //
//
void display_HZ(uchar page,uchar col,uchar * temp)
{
    L=1;R=0;                             //从左半屏开始 若列数超过 128 改右
    if(col>=0x80)
```

```
    {
        R=1;L=0;
        col-=0x40;
    }
    wcode(page);                     //按要求写入页地址
    wcode(col);                      //按要求从相应列开始写数据
    for(j=0;j<16;j++)                //写入一个汉字的上半部分,共 16 字节
    {
        wdata(temp[j]);
    }
    wcode(page+1);
                      //从下一页开始显示汉字的下半部分,要求从相应的列开始写数据
    wcode(col);
    for(j=16;j<32;j++)
    {
        wdata(temp[j]);
    }
}
// ***************LCD 显示 16×8 英文与数字程序 ***************//
//
void display_FH(uchar page,uchar col,uchar * temp)          //显示 16×8 字符子程序
{
    L=1;R=0;                         //从左半屏开始 若列数超过 128 改右
    if(col>=0x80)
    {
        R=1;L=0;
        col-=0x40;
    }
    wcode(page);                     //按要求写入页地址
    wcode(col);                      //按要求从相应列开始写数据
    for(j=0;j<8;j++)
    {
        wdata(temp[j]);
    }
    wcode(page+1);
    wcode(col);
    for(j=8;j<16;j++)
    {
        wdata(temp[j]);
```

```
            }
    }
// ****************** 数据(0～255)显示程序 ******************//
void ChangeToLCD(uchar line,uchar column,uchar dat)
{
    int D_ge,D_shi;

    D_ge＝dat%10;                    //取个位
    D_shi＝dat%100/10;               //取十位

    switch(D_ge)
    {
        case 0:{display_FH(line,column+8,SZ[0]);break;}
        case 1:{display_FH(line,column+8,SZ[1]);break;}
        case 2:{display_FH(line,column+8,SZ[2]);break;}
        case 3:{display_FH(line,column+8,SZ[3]);break;}
        case 4:{display_FH(line,column+8,SZ[4]);break;}
        case 5:{display_FH(line,column+8,SZ[5]);break;}
        case 6:{display_FH(line,column+8,SZ[6]);break;}
        case 7:{display_FH(line,column+8,SZ[7]);break;}
        case 8:{display_FH(line,column+8,SZ[8]);break;}
        case 9:{display_FH(line,column+8,SZ[9]);break;}
    }
    switch(D_shi)
    {
        case 0:{display_FH(line,column,SZ[0]);break;}
        case 1:{display_FH(line,column,SZ[1]);break;}
        case 2:{display_FH(line,column,SZ[2]);break;}
        case 3:{display_FH(line,column,SZ[3]);break;}
        case 4:{display_FH(line,column,SZ[4]);break;}
        case 5:{display_FH(line,column,SZ[5]);break;}
        case 6:{display_FH(line,column,SZ[6]);break;}
        case 7:{display_FH(line,column,SZ[7]);break;}
        case 8:{display_FH(line,column,SZ[8]);break;}
        case 9:{display_FH(line,column,SZ[9]);break;}
    }
}
// ****************** LCD 显示温度(三位)程序 ******************//
void showtemp(uchar line,uchar column,uchar dat)
```

```
{
    int D_ge,D_shi,D_bai;

    D_ge=dat%10;                            //取个位
    D_shi=dat%100/10;                       //取十位
    D_bai=dat/100;
    switch(D_ge)
    {
        case 0:{display_FH(line,column+16,SZ[0]);break;}
        case 1:{display_FH(line,column+16,SZ[1]);break;}
        case 2:{display_FH(line,column+16,SZ[2]);break;}
        case 3:{display_FH(line,column+16,SZ[3]);break;}
        case 4:{display_FH(line,column+16,SZ[4]);break;}
        case 5:{display_FH(line,column+16,SZ[5]);break;}
        case 6:{display_FH(line,column+16,SZ[6]);break;}
        case 7:{display_FH(line,column+16,SZ[7]);break;}
        case 8:{display_FH(line,column+16,SZ[8]);break;}
        case 9:{display_FH(line,column+16,SZ[9]);break;}
    }

    switch(D_shi)
    {
        case 0:{display_FH(line,column+8,SZ[0]);break;}
        case 1:{display_FH(line,column+8,SZ[1]);break;}
        case 2:{display_FH(line,column+8,SZ[2]);break;}
        case 3:{display_FH(line,column+8,SZ[3]);break;}
        case 4:{display_FH(line,column+8,SZ[4]);break;}
        case 5:{display_FH(line,column+8,SZ[5]);break;}
        case 6:{display_FH(line,column+8,SZ[6]);break;}
        case 7:{display_FH(line,column+8,SZ[7]);break;}
        case 8:{display_FH(line,column+8,SZ[8]);break;}
        case 9:{display_FH(line,column+8,SZ[9]);break;}
    }
    switch(D_bai)
    {
        case 0:{display_FH(line,column,SZ[0]);break;}
        case 1:{display_FH(line,column,SZ[1]);break;}
        case 2:{display_FH(line,column,SZ[2]);break;}
        case 3:{display_FH(line,column,SZ[3]);break;}
        case 4:{display_FH(line,column,SZ[4]);break;}
```

```
            case 5:{display_FH(line,column,SZ[5]);break;}
            case 6:{display_FH(line,column,SZ[6]);break;}
            case 7:{display_FH(line,column,SZ[7]);break;}
            case 8:{display_FH(line,column,SZ[8]);break;}
            case 9:{display_FH(line,column,SZ[9]);break;}
        }
}
//**************LCD 显示星期(一到日)程序 ****************//
void ChangeToLCD4(uchar line,uchar column,uchar  dat)
{
    switch(dat)
        {
            case 1:{display_HZ(line,column,WEEK[6]);break;}
            case 2:{display_HZ(line,column,WEEK[0]);break;}
            case 3:{display_HZ(line,column,WEEK[1]);break;}
            case 4:{display_HZ(line,column,WEEK[2]);break;}
            case 5:{display_HZ(line,column,WEEK[3]);break;}
            case 6:{display_HZ(line,column,WEEK[4]);break;}
            case 7:{display_HZ(line,column,WEEK[5]);break;}
        }
}
//*************LCD 显示阴历程序 **********************//
void ChangeToLCD5(uchar line,uchar column,uchar  dat)
{
    switch(dat)
        {
            case 0:{display_HZ(line,column,yinli[2]);break;}
            case 1:{display_HZ(line,column,yinli[3]);break;}
            case 2:{display_HZ(line,column,yinli[4]);break;}
            case 3:{display_HZ(line,column,yinli[5]);break;}
            case 4:{display_HZ(line,column,yinli[6]);break;}
            case 5:{display_HZ(line,column,yinli[7]);break;}
            case 6:{display_HZ(line,column,yinli[8]);break;}
            case 7:{display_HZ(line,column,yinli[9]);break;}
            case 8:{display_HZ(line,column,yinli[10]);break;}
            case 9:{display_HZ(line,column,yinli[11]);break;}
            case 10:{display_HZ(line,column,yinli[12]);break;}
        }
}
```

```
#endif
//
/************************LCD12864 头文件结束 ***************/
```

下面为日历头文件(rili.h)。

```
//*****************************************************//
//                                                     //
//                     日历头文件                        //
//                   2012 年 1 月 15 日                  //
//*****************************************************//
//以下日历计算程序
//
#ifndef __RILI_H__
#define __RILI_H__
//*********************预处理 *********************//
#define uchar unsigned char
#define uint unsigned int
//
data uchar year_moon,month_moon,day_moon;
bit c_moon;
bit c=0;
uchar table_week[12]={0,3,3,6,1,4,6,2,5,0,3,5};
//
//*********************计算星期程序 *********************//
//
void GetWeek(unsigned int year,unsigned char month,unsigned char day)
{
    unsigned char xingqi;
    unsigned int temp2;
    unsigned char yearH,yearL;

    yearH=year/100;    yearL=year%100;

    // 如果为 21 世纪,年份数加 100
    if(yearH>19)        yearL+=100;
    // 所过闰年数只算 1900 年之后的
    temp2=yearL+yearL/4;
    temp2=temp2%7;
    temp2=temp2+day+table_week[month-1];
    if(yearL%4==0&&month<3)    temp2--;  //根据年份计算星期
```

```
      xingqi=(temp2%7+1);
      ChangeToLCD4(0xba,0xa0,xingqi);
}


//
// ***************** 计算农历月的大月或小月 *****************//
//如果该月为大返回 1,为小返回 0
//
bit get_moon_day(uchar month_p,uint table_addr)
{
uchar temp;
switch (month_p)
{
case 1:{temp=year_code[table_addr]&0x08;
if (temp==0)return(0);else return(1);}
case 2:{temp=year_code[table_addr]&0x04;
if (temp==0)return(0);else return(1);}
case 3:{temp=year_code[table_addr]&0x02;
if (temp==0)return(0);else return(1);}
case 4:{temp=year_code[table_addr]&0x01;
if (temp==0)return(0);else return(1);}
case 5:{temp=year_code[table_addr+1]&0x80;
if (temp==0) return(0);else return(1);}
case 6:{temp=year_code[table_addr+1]&0x40;
if (temp==0)return(0);else return(1);}
case 7:{temp=year_code[table_addr+1]&0x20;
if (temp==0)return(0);else return(1);}
case 8:{temp=year_code[table_addr+1]&0x10;
if (temp==0)return(0);else return(1);}
case 9:{temp=year_code[table_addr+1]&0x08;
if (temp==0)return(0);else return(1);}
case 10:{temp=year_code[table_addr+1]&0x04;
if (temp==0)return(0);else return(1);}
case 11:{temp=year_code[table_addr+1]&0x02;
if (temp==0)return(0);else return(1);}
case 12:{temp=year_code[table_addr+1]&0x01;
if (temp==0)return(0);else return(1);}
case 13:{temp=year_code[table_addr+2]&0x80;
if (temp==0)return(0);else return(1);}
```

```
}
}
//
```

// ＊＊＊＊＊＊＊＊＊＊＊＊＊＊＊＊＊计算农历年月日程序＊＊＊＊＊＊＊＊＊＊＊＊＊＊＊＊＊//

/＊ 函数功能：输入 BCD 阳历数据，输出 BCD 阴历数据（只算 2000—2099 年）

如：计算 2012 年 1 月 16 日为　　　Conversion(0,0x12,0x01,0x16)；

调用函数后，原有数据不变，读 c_moon，year_moon，month_moon，day_moon

得出阴历 BCD 数据 ＊/

```
//
void Conversion(uchar year,uchar month,uchar day)
{
uchar temp1,temp2,temp3,month_p；
uint temp4,table_addr；
bit flag2,flag_y；
table_addr＝(year＋0x64−1)＊0x3；
//
```

//定位数据表地址完成

//取当年春节所在的公历月份

```
temp1＝year_code[table_addr＋2]&0x60；
temp1＝_cror_(temp1,5)；
```

//取当年春节所在的公历月份完成

//取当年春节所在的公历日

```
temp2＝year_code[table_addr＋2]&0x1f；
```

//取当年春节所在的公历日完成

//计算当年春节离当年元旦的天数，春节只会在公历 1 月或 2 月

```
if(temp1＝＝0x1)
{
temp3＝temp2−1；
}
else
{
temp3＝temp2＋0x1f−1；
}
```

//计算当年春节离当年元旦的天数完成

//计算公历日离当年元旦的天数，为了减少运算，用了两个表

//day_code1[9]，day_code2[3]

//如果公历月在九月或之前，天数会少于 0xff，用表 day_code1[9]，

//在九月后，天数大于 0xff，用表 day_code2[3]

//如输入公历为 8 月 10 日，则公历日离元旦天数为 day_code1[8−1]＋10−1

```
//如输入公历日为 11 月 10 日,则公历日离元旦天数为 day_code2[11－10]＋10－1
if（month＜10）
{
temp4＝day_code1[month－1]＋day－1;
}
else
{
temp4＝day_code2[month－10]＋day－1;
}
if（（month＞0x2）&&（year%0x4＝＝0））
{ //如果公历月大于 2 月并且该年的 2 月为闰月,天数加 1
temp4＋＝1;
}
//计算公历日离当年元旦的天数完成
//判断公历日在春节前还是春节后
if（temp4＞＝temp3）
{ //公历日在春节后或就是春节当日使用下面代码进行运算
temp4－＝temp3;
month＝0x1;
month_p＝0x1; //month_p 为月份指向,公历日在春节前或就是春节当日 month_p 指向首月
flag2＝get_moon_day（month_p,table_addr）;
//检查该农历月为大月还是小月,大月返回 1,小月返回 0
flag_y＝0;
if（flag2＝＝0）temp1＝0x1d;          //小月 29 天
else temp1＝0x1e;          //大月 30 天
temp2＝year_code[table_addr]&0xf0;
temp2＝_cror_（temp2,4）;          //从数据表中取该年的闰月月份,如为 0 则该年无闰月
while（temp4＞＝temp1）
{
temp4－＝temp1;
month_p＋＝1;
if（month＝＝temp2）
{
flag_y＝~flag_y;
if（flag_y＝＝0）
month＋＝1;
}
else month＋＝1;
flag2＝get_moon_day（month_p,table_addr）;
```

```
if(flag2==0)temp1=0x1d;
else temp1=0x1e;
}
day=temp4+1;
}
else
{ //公历日在春节前使用下面代码进行运算
temp3-=temp4;
if (year==0x0)
{
year=0x63;c=1;
}
else year-=1;
table_addr-=0x3;
month=0xc;
temp2=year_code[table_addr]&0xf0;
temp2=_cror_(temp2,4);
if (temp2==0)
month_p=0xc;
else
month_p=0xd; //
/* month_p 为月份指向,如果当年有闰月,则一年有十三个月,月指向13,无闰月指向12 */
flag_y=0;
flag2=get_moon_day(month_p,table_addr);
if(flag2==0)temp1=0x1d;
else temp1=0x1e;
    while(temp3>temp1)
    {
        temp3-=temp1;
        month_p-=1;
        if(flag_y==0)month-=1;
        if(month==temp2)flag_y=~flag_y;
        flag2=get_moon_day(month_p,table_addr);
        if(flag2==0)temp1=0x1d;
        else temp1=0x1e;
    }
day=temp1-temp3+1;
}
```

```
/*显示阴历的月份*/
    switch(month)
    {
        case 1:{display_HZ(0xbc,0x60,hei[0]);display_HZ(0xbc,0x70,yinli[13]);
            break;}
        case 2:
        case 3:
        case 4:
        case 5:
        case 6:
        case 7:
        case 8:
        case 9:{display_HZ(0xbc,0x60,hei[0]);ChangeToLCD5(0xbc,0x70,month);
            break;}
//      case 10:{display_HZ(0xbc,0x60,hei[0]);display_HZ(0xbc,0x80,yinli[12]);
            break; }
        case 10:{display_HZ(0xbc,0x60,hei[0]);display_HZ(0xbc,0x70,yinli[12]);
            break; };
        case 11:{display_HZ(0xbc,0x60,yinli[12]);display_HZ(0xbc,0x70,yinli
            [3]);break;}
        case 12:{display_HZ(0xbc,0x60,hei[0]);display_HZ(0xbc,0x70,yinli[14]);
            break;}
        break;
    }
    display_HZ(0xbc,0x80,nianli[1]);
/*显示阴历的日子*/
    temp1=day/10;
    temp2=day%10;
        switch(day)
    {
        case 1:
        case 2:
        case 3:
        case 4:
        case 5:
        case 6:
        case 7:
        case 8:
        case 9:
```

```
        case 10:{display_HZ(0xbc,0x90,yinli[2]);ChangeToLCD5(0xbc,0xa0,day);
                break;}
    case 11:
    case 12:
    case 13:
    case 14:
    case 15:
    case 16:
    case 17:
    case 18:
    case 19:
                {display_HZ(0xbc,0x90,yinli[12]);
                ChangeToLCD5(0xbc,0xa0,temp2);break;}
    case 20:{display_HZ(0xbc,0x90,yinli[4]);display_HZ(0xbc,0xa0,yinli[12]);
                break;}
    case 21:
    case 22:
    case 23:
    case 24:
    case 25:
    case 26:
    case 27:
    case 28:
    case 29:{display_HZ(0xbc,0x90,yinli[16]);ChangeToLCD5(0xbc,0xa0,temp2);
                break;}
    case 30:{display_HZ(0xbc,0x90,yinli[5]);display_HZ(0xbc,0xa0,yinli[12]);
                break;}
        }
}
#endif
//
/******************* 日历头文件结束 ********************/
```

下面为字模头文件(zimo.h)。

```
/*********************************************/
/*        LCD128×64 液晶显示用中西文字模表        */
/*              2013 年 1 月 15 日               */
/*********************************************/
#ifndef __ZIMO_H__
#define __ZIMO_H__
```

```
//
#define uchar unsigned char
#define uint unsigned int
/************************************************************
公历年对应的农历数据,每年三字节,
格式第一字节 BIT7~4 位表示闰月月份,值为 0 为无闰月,BIT3~0 对应农历第 1~4 月的大小
第二字节 BIT7~0 对应农历第 5~12 月的大小,第三字节 BIT7 表示农历第 13 个月的大小
月份对应的位为 1 表示本农历月大(30 天),为 0 表示小(29 天)
第三字节 BIT6~5 表示春节的公历月份,BIT4~0 表示春节的公历日期
************************************************************/
code uchar year_code[597]={
0x04,0xAe,0x53,        //1901
0x0A,0x57,0x48,        //1902
0x55,0x26,0xBd,        //1903
0x0d,0x26,0x50,        //1904
0x0d,0x95,0x44,        //1905
0x46,0xAA,0xB9,        //1906
0x05,0x6A,0x4d,        //1907
0x09,0xAd,0x42,        //1908
0x24,0xAe,0xB6,        //1909
0x04,0xAe,0x4A,        //1910
0x6A,0x4d,0xBe,        //1911
0x0A,0x4d,0x52,        //1912
0x0d,0x25,0x46,        //1913
0x5d,0x52,0xBA,        //1914
0x0B,0x54,0x4e,        //1915
0x0d,0x6A,0x43,        //1916
0x29,0x6d,0x37,        //1917
0x09,0x5B,0x4B,        //1918
0x74,0x9B,0xC1,        //1919
0x04,0x97,0x54,        //1920
0x0A,0x4B,0x48,        //1921
0x5B,0x25,0xBC,        //1922
0x06,0xA5,0x50,        //1923
0x06,0xd4,0x45,        //1924
0x4A,0xdA,0xB8,        //1925
0x02,0xB6,0x4d,        //1926
0x09,0x57,0x42,        //1927
0x24,0x97,0xB7,        //1928
```

```
0x04,0x97,0x4A,        //1929
0x66,0x4B,0x3e,        //1930
0x0d,0x4A,0x51,        //1931
0x0e,0xA5,0x46,        //1932
0x56,0xd4,0xBA,        //1933
0x05,0xAd,0x4e,        //1934
0x02,0xB6,0x44,        //1935
0x39,0x37,0x38,        //1936
0x09,0x2e,0x4B,        //1937
0x7C,0x96,0xBf,        //1938
0x0C,0x95,0x53,        //1939
0x0d,0x4A,0x48,        //1940
0x6d,0xA5,0x3B,        //1941
0x0B,0x55,0x4f,        //1942
0x05,0x6A,0x45,        //1943
0x4A,0xAd,0xB9,        //1944
0x02,0x5d,0x4d,        //1945
0x09,0x2d,0x42,        //1946
0x2C,0x95,0xB6,        //1947
0x0A,0x95,0x4A,        //1948
0x7B,0x4A,0xBd,        //1949
0x06,0xCA,0x51,        //1950
0x0B,0x55,0x46,        //1951
0x55,0x5A,0xBB,        //1952
0x04,0xdA,0x4e,        //1953
0x0A,0x5B,0x43,        //1954
0x35,0x2B,0xB8,        //1955
0x05,0x2B,0x4C,        //1956
0x8A,0x95,0x3f,        //1957
0x0e,0x95,0x52,        //1958
0x06,0xAA,0x48,        //1959
0x7A,0xd5,0x3C,        //1960
0x0A,0xB5,0x4f,        //1961
0x04,0xB6,0x45,        //1962
0x4A,0x57,0x39,        //1963
0x0A,0x57,0x4d,        //1964
0x05,0x26,0x42,        //1965
0x3e,0x93,0x35,        //1966
0x0d,0x95,0x49,        //1967
```

```
0x75,0xAA,0xBe,        //1968
0x05,0x6A,0x51,        //1969
0x09,0x6d,0x46,        //1970
0x54,0xAe,0xBB,        //1971
0x04,0xAd,0x4f,        //1972
0x0A,0x4d,0x43,        //1973
0x4d,0x26,0xB7,        //1974
0x0d,0x25,0x4B,        //1975
0x8d,0x52,0xBf,        //1976
0x0B,0x54,0x52,        //1977
0x0B,0x6A,0x47,        //1978
0x69,0x6d,0x3C,        //1979
0x09,0x5B,0x50,        //1980
0x04,0x9B,0x45,        //1981
0x4A,0x4B,0xB9,        //1982
0x0A,0x4B,0x4d,        //1983
0xAB,0x25,0xC2,        //1984
0x06,0xA5,0x54,        //1985
0x06,0xd4,0x49,        //1986
0x6A,0xdA,0x3d,        //1987
0x0A,0xB6,0x51,        //1988
0x09,0x37,0x46,        //1989
0x54,0x97,0xBB,        //1990
0x04,0x97,0x4f,        //1991
0x06,0x4B,0x44,        //1992
0x36,0xA5,0x37,        //1993
0x0e,0xA5,0x4A,        //1994
0x86,0xB2,0xBf,        //1995
0x05,0xAC,0x53,        //1996
0x0A,0xB6,0x47,        //1997
0x59,0x36,0xBC,        //1998
0x09,0x2e,0x50,        //1999
0x0C,0x96,0x45,        //2000
0x4d,0x4A,0xB8,        //2001
0x0d,0x4A,0x4C,        //2002
0x0d,0xA5,0x41,        //2003
0x25,0xAA,0xB6,        //2004
0x05,0x6A,0x49,        //2005
0x7A,0xAd,0xBd,        //2006
```

```
0x02,0x5d,0x52,        //2007
0x09,0x2d,0x47,        //2008
0x5C,0x95,0xBA,        //2009
0x0A,0x95,0x4e,        //2010
0x0B,0x4A,0x43,        //2011
0x4B,0x55,0x37,        //2012
0x0A,0xd5,0x4A,        //2013
0x95,0x5A,0xBf,        //2014
0x04,0xBA,0x53,        //2015
0x0A,0x5B,0x48,        //2016
0x65,0x2B,0xBC,        //2017
0x05,0x2B,0x50,        //2018
0x0A,0x93,0x45,        //2019
0x47,0x4A,0xB9,        //2020
0x06,0xAA,0x4C,        //2021
0x0A,0xd5,0x41,        //2022
0x24,0xdA,0xB6,        //2023
0x04,0xB6,0x4A,        //2024
0x69,0x57,0x3d,        //2025
0x0A,0x4e,0x51,        //2026
0x0d,0x26,0x46,        //2027
0x5e,0x93,0x3A,        //2028
0x0d,0x53,0x4d,        //2029
0x05,0xAA,0x43,        //2030
0x36,0xB5,0x37,        //2031
0x09,0x6d,0x4B,        //2032
0xB4,0xAe,0xBf,        //2033
0x04,0xAd,0x53,        //2034
0x0A,0x4d,0x48,        //2035
0x6d,0x25,0xBC,        //2036
0x0d,0x25,0x4f,        //2037
0x0d,0x52,0x44,        //2038
0x5d,0xAA,0x38,        //2039
0x0B,0x5A,0x4C,        //2040
0x05,0x6d,0x41,        //2041
0x24,0xAd,0xB6,        //2042
0x04,0x9B,0x4A,        //2043
0x7A,0x4B,0xBe,        //2044
0x0A,0x4B,0x51,        //2045
```

```
0x0A,0xA5,0x46,        //2046
0x5B,0x52,0xBA,        //2047
0x06,0xd2,0x4e,        //2048
0x0A,0xdA,0x42,        //2049
0x35,0x5B,0x37,        //2050
0x09,0x37,0x4B,        //2051
0x84,0x97,0xC1,        //2052
0x04,0x97,0x53,        //2053
0x06,0x4B,0x48,        //2054
0x66,0xA5,0x3C,        //2055
0x0e,0xA5,0x4f,        //2056
0x06,0xB2,0x44,        //2057
0x4A,0xB6,0x38,        //2058
0x0A,0xAe,0x4C,        //2059
0x09,0x2e,0x42,        //2060
0x3C,0x97,0x35,        //2061
0x0C,0x96,0x49,        //2062
0x7d,0x4A,0xBd,        //2063
0x0d,0x4A,0x51,        //2064
0x0d,0xA5,0x45,        //2065
0x55,0xAA,0xBA,        //2066
0x05,0x6A,0x4e,        //2067
0x0A,0x6d,0x43,        //2068
0x45,0x2e,0xB7,        //2069
0x05,0x2d,0x4B,        //2070
0x8A,0x95,0xBf,        //2071
0x0A,0x95,0x53,        //2072
0x0B,0x4A,0x47,        //2073
0x6B,0x55,0x3B,        //2074
0x0A,0xd5,0x4f,        //2075
0x05,0x5A,0x45,        //2076
0x4A,0x5d,0x38,        //2077
0x0A,0x5B,0x4C,        //2078
0x05,0x2B,0x42,        //2079
0x3A,0x93,0xB6,        //2080
0x06,0x93,0x49,        //2081
0x77,0x29,0xBd,        //2082
0x06,0xAA,0x51,        //2083
0x0A,0xd5,0x46,        //2084
```

```
0x54,0xdA,0xBA,          //2085
0x04,0xB6,0x4e,          //2086
0x0A,0x57,0x43,          //2087
0x45,0x27,0x38,          //2088
0x0d,0x26,0x4A,          //2089
0x8e,0x93,0x3e,          //2090
0x0d,0x52,0x52,          //2091
0x0d,0xAA,0x47,          //2092
0x66,0xB5,0x3B,          //2093
0x05,0x6d,0x4f,          //2094
0x04,0xAe,0x45,          //2095
0x4A,0x4e,0xB9,          //2096
0x0A,0x4d,0x4C,          //2097
0x0d,0x15,0x41,          //2098
0x2d,0x92,0xB5,          //2099
};
//＊＊＊＊＊＊＊＊＊＊＊＊＊＊月份数据表＊＊＊＊＊＊＊＊＊＊＊＊＊＊＊＊＊＊＊＊＊＊＊＊＊＊
code uchar day_code1[9]={0x0,0x1f,0x3b,0x5a,0x78,0x97,0xb5,0xd4,0xf3};
code uint day_code2[3]={0x111,0x130,0x14e};
//＊＊＊＊＊＊＊＊＊＊＊＊＊＊＊符号数据表＊＊＊＊＊＊＊＊＊＊＊＊＊＊＊＊＊＊＊＊＊＊＊＊
/*--    此字体下对应的点阵为:宽×高＝8×16     --*/
   const uchar code FH[][16]={                          //符号

      0x00,0x00,0x00,0xC0,0xC0,0x00,0x00,0x00,  //:
      0x00,0x00,0x00,0x30,0x30,0x00,0x00,0x00,

      0x00,0x00,0x00,0x00,0x00,0x00,0x00,0x00,  //.
      0x00,0x30,0x30,0x00,0x00,0x00,0x00,0x00,

      0x08,0xF8,0x00,0x00,0x80,0x80,0x80,0x00,  //k
      0x20,0x3F,0x24,0x02,0x2D,0x30,0x20,0x00,

      0x80,0x80,0x80,0x80,0x80,0x80,0x80,0x00,  //m
      0x20,0x3F,0x20,0x00,0x3F,0x20,0x00,0x3F,

      0x00,0x80,0x80,0x80,0x80,0x80,0x80,0x00,
      0x00,0x00,0x00,0x00,0x00,0x00,0x00,0x00,  //—

      0x00,0x80,0x80,0xE0,0xE0,0x80,0x80,0x00,
```

```
    0x00,0x00,0x00,0x03,0x03,0x00,0x00,0x00,    //   +


    0x00,0x80,0x80,0x80,0x80,0x80,0x80,0x00,
    0x00,0x00,0x00,0x00,0x00,0x00,0x00,0x00,    //   -


                        };
//*****************0~9数字字模表 ************************
/*--     此字体下对应的点阵为:宽×高=8×16     --*/
const uchar code SZ[][16]={                     //数字;
    0x00,0xE0,0x10,0x08,0x08,0x10,0xE0,0x00,    //0
    0x00,0x0F,0x10,0x20,0x20,0x10,0x0F,0x00,


    0x00,0x10,0x10,0xF8,0x00,0x00,0x00,0x00,    //1
    0x00,0x20,0x20,0x3F,0x20,0x20,0x00,0x00,


    0x00,0x70,0x08,0x08,0x08,0x88,0x70,0x00,    //2
    0x00,0x30,0x28,0x24,0x22,0x21,0x30,0x00,


    0x00,0x30,0x08,0x88,0x88,0x48,0x30,0x00,    //3
    0x00,0x18,0x20,0x20,0x20,0x11,0x0E,0x00,


    0x00,0x00,0xC0,0x20,0x10,0xF8,0x00,0x00,    //4
    0x00,0x07,0x04,0x24,0x24,0x3F,0x24,0x00,


    0x00,0xF8,0x08,0x88,0x88,0x08,0x08,0x00,    //5
    0x00,0x19,0x21,0x20,0x20,0x11,0x0E,0x00,


    0x00,0xE0,0x10,0x88,0x88,0x18,0x00,0x00,    //6
    0x00,0x0F,0x11,0x20,0x20,0x11,0x0E,0x00,


    0x00,0x38,0x08,0x08,0xC8,0x38,0x08,0x00,    //7
    0x00,0x00,0x00,0x3F,0x00,0x00,0x00,0x00,


    0x00,0x70,0x88,0x08,0x08,0x88,0x70,0x00,    //8
    0x00,0x1C,0x22,0x21,0x21,0x22,0x1C,0x00,


    0x00,0xE0,0x10,0x08,0x08,0x10,0xE0,0x00,    //9
    0x00,0x00,0x31,0x22,0x22,0x11,0x0F,0x00,
```

```
                        };
// * * * * * * * * * * * * * * * * * * * * * * * * * * * * * * * * * * * * * * * * *
    const uchar code hei[] [32] =
    {
        0x00,0x00,0x00,0x00,0x00,0x00,0x00,0x00,0x00,0x00,0x00,0x00, 0x00,0x00,
0x00,0x00,
        0x00,0x00,0x00,0x00,0x00,0x00,0x00,0x00,0x00,0x00,0x00,0x00, 0x00,0x00,
0x00,0x00,
    };
// * * * * * * * * * * * * * * *中文字符数据表 * * * * * * * * * * * * * * * * * * * * * * * *
    const uchar code DAXIE[][32]={

/ *-- 文字：　零　 -- * /
/ *-- Fixedsys12;此字体下对应的点阵为:宽×高＝16×16　 -- * /
0x10,0x0C, 0x05, 0x55, 0x55, 0x55, 0x85, 0x7F, 0x85, 0x55, 0x55, 0x55, 0x05, 0x14,
0x0C,0x00,
    0x04,0x04, 0x02, 0x0A, 0x09, 0x29, 0x2A, 0x4C, 0x48, 0xA9, 0x19, 0x02, 0x02, 0x04,
0x04,0x00,

/ *-- 文字：　一　 -- * /
/ *-- Fixedsys12;此字体下对应的点阵为:宽×高＝16×16　 -- * /
0x80, 0x80, 0x80, 0x80, 0x80, 0x80, 0x80, 0x80, 0x80, 0x80, 0x80, 0x80, 0x80, 0x80,
0x80,0x00,
    0x00, 0x00, 0x00, 0x00, 0x00, 0x00, 0x00, 0x00, 0x00, 0x00, 0x00, 0x00, 0x00, 0x00,
0x00,0x00,

/ *-- 文字：　二　 -- * /
/ *-- Fixedsys12;此字体下对应的点阵为:宽×高＝16×16　 -- * /
0x00, 0x00, 0x08, 0x08, 0x08, 0x08, 0x08, 0x08, 0x08, 0x08, 0x08, 0x08, 0x08, 0x00,
0x00,0x00,
    0x10, 0x10, 0x10, 0x10, 0x10, 0x10, 0x10, 0x10, 0x10, 0x10, 0x10, 0x10, 0x10, 0x10,
0x10,0x00,

/ *-- 文字：　三　 -- * /
/ *-- Fixedsys12;此字体下对应的点阵为:宽×高＝16×16　 -- * /
0x00, 0x04, 0x84, 0x84, 0x84, 0x84, 0x84, 0x84, 0x84, 0x84, 0x84, 0x84, 0x84, 0x04,
0x00,0x00,
    0x20, 0x20, 0x20, 0x20, 0x20, 0x20, 0x20, 0x20, 0x20, 0x20, 0x20, 0x20, 0x20, 0x20,
0x20,0x00,
```

/ * -- 文字： 四 -- * /
/ * -- Fixedsys12;此字体下对应的点阵为:宽×高＝16×16 -- * /
0x00,0xFC, 0x04, 0x04, 0x04, 0xFC, 0x04, 0x04, 0x04, 0xFC, 0x04, 0x04, 0x04, 0xFC,
0x00,0x00,
0x00, 0x7F, 0x28, 0x24, 0x23, 0x20, 0x20, 0x20, 0x20, 0x21, 0x22, 0x22, 0x22, 0x7F,
0x00,0x00,

/ * -- 文字： 五 -- * /
/ * -- Fixedsys12;此字体下对应的点阵为:宽×高＝16×16 -- * /
0x00,0x02, 0x42, 0x42, 0x42, 0xC2, 0x7E, 0x42, 0x42, 0x42, 0x42, 0xC2, 0x02, 0x02,
0x00,0x00,
0x40, 0x40, 0x40, 0x40, 0x78, 0x47, 0x40, 0x40, 0x40, 0x40, 0x40, 0x7F, 0x40, 0x40,
0x40,0x00,

/ * -- 文字： 六 -- * /
/ * -- Fixedsys12;此字体下对应的点阵为:宽×高＝16×16 -- * /
0x20,0x20, 0x20, 0x20, 0x20, 0x20, 0x21, 0x22, 0x2C, 0x20, 0x20, 0x20, 0x20, 0x20,
0x20,0x00,
0x00, 0x40, 0x20, 0x10, 0x0C, 0x03, 0x00, 0x00, 0x00, 0x01, 0x02, 0x04, 0x18, 0x60,
0x00,0x00,

/ * -- 文字： 七 -- * /
/ * -- Fixedsys12;此字体下对应的点阵为:宽×高＝16×16 -- * /
0x80,0x80, 0x80, 0x80, 0x80, 0x40, 0xFF, 0x40, 0x40, 0x40, 0x20, 0x20, 0x20, 0x20,
0x00,0x00,
0x00, 0x00, 0x00, 0x00, 0x00, 0x00, 0x3F, 0x40, 0x40, 0x40, 0x40, 0x40, 0x40, 0x78,
0x00,0x00,

/ * -- 文字： 八 -- * /
/ * -- Fixedsys12;此字体下对应的点阵为:宽×高＝16×16 -- * /
0x00, 0x00, 0x00, 0x00, 0x00, 0xFC, 0x00, 0x00, 0x00, 0x7E, 0x80, 0x00, 0x00, 0x00,
0x00,0x00,
0x00, 0x80, 0x60, 0x18, 0x07, 0x00, 0x00, 0x00, 0x00, 0x00, 0x03, 0x0C, 0x30, 0x40,
0x80,0x00,

/ * -- 文字： 九 -- * /
/ * -- Fixedsys12;此字体下对应的点阵为:宽×高＝16×16 -- * /
0x00,0x10, 0x10, 0x10, 0x10, 0xFF, 0x10, 0x10, 0x10, 0x10, 0xF0, 0x00, 0x00, 0x00,
0x00,0x00,

```
0x80, 0x40, 0x20, 0x18, 0x07, 0x00, 0x00, 0x00, 0x00, 0x00, 0x3F, 0x40, 0x40, 0x40,
0x78,0x00,
};
//****************星期数据表 *****************************
const uchar code WEEK[][32] =
{

/*-- 文字：　日　--*/
/*-- Fixedsys12;此字体下对应的点阵为:宽×高＝16×16　--*/
0x00, 0x00, 0x00, 0xFE, 0x82, 0x82, 0x82, 0x82, 0x82, 0x82, 0x82, 0xFE, 0x00, 0x00,
0x00,0x00,
0x00, 0x00, 0x00, 0xFF, 0x40, 0x40, 0x40, 0x40, 0x40, 0x40, 0x40, 0xFF, 0x00, 0x00,
0x00,0x00,

/*-- 文字：　一　--*/
/*-- Fixedsys12;此字体下对应的点阵为:宽×高＝16×16　　--*/
0x80, 0x80, 0x80, 0x80, 0x80, 0x80, 0x80, 0x80, 0x80, 0x80, 0x80, 0x80, 0x80, 0x80,
0x80,0x00,
0x00, 0x00, 0x00, 0x00, 0x00, 0x00, 0x00, 0x00, 0x00, 0x00, 0x00, 0x00, 0x00, 0x00,
0x00,0x00,

/*-- 文字：　二　--*/
/*-- Fixedsys12;此字体下对应的点阵为:宽×高＝16×16　　--*/
0x00, 0x00, 0x08, 0x08, 0x08, 0x08, 0x08, 0x08, 0x08, 0x08, 0x08, 0x08, 0x00,
0x00,0x00,
0x10, 0x10, 0x10, 0x10, 0x10, 0x10, 0x10, 0x10, 0x10, 0x10, 0x10, 0x10, 0x10, 0x10,
0x10,0x00,

/*-- 文字：　三　--*/
/*-- Fixedsys12;此字体下对应的点阵为:宽×高＝16×16　　--*/
0x00, 0x04, 0x84, 0x84, 0x84, 0x84, 0x84, 0x84, 0x84, 0x84, 0x84, 0x84, 0x04,
0x00,0x00,
0x20, 0x20, 0x20, 0x20, 0x20, 0x20, 0x20, 0x20, 0x20, 0x20, 0x20, 0x20, 0x20, 0x20,
0x20,0x00,

/*-- 文字：　四　--*/
/*-- Fixedsys12;此字体下对应的点阵为:宽×高＝16×16　　--*/
0x00, 0xFC, 0x04, 0x04, 0x04, 0xFC, 0x04, 0x04, 0x04, 0xFC, 0x04, 0x04, 0x04, 0xFC,
0x00,0x00,
```

0x00,0x7F, 0x28, 0x24, 0x23, 0x20, 0x20, 0x20, 0x20, 0x21, 0x22, 0x22, 0x22, 0x7F,
0x00,0x00,

```
/*-- 文字：  五  --*/
/*-- Fixedsys12;此字体下对应的点阵为:宽×高＝16×16     --*/
```
0x00,0x02, 0x42, 0x42, 0x42, 0xC2, 0x7E, 0x42, 0x42, 0x42, 0x42, 0xC2, 0x02, 0x02,
0x00,0x00,

0x40,0x40, 0x40, 0x40, 0x78, 0x47, 0x40, 0x40, 0x40, 0x40, 0x40, 0x7F, 0x40, 0x40,
0x40,0x00,

```
/*-- 文字：  六  --*/
/*-- Fixedsys12;此字体下对应的点阵为:宽×高＝16×16     --*/
```
0x20,0x20, 0x20, 0x20, 0x20, 0x20, 0x21, 0x22, 0x2C, 0x20, 0x20, 0x20, 0x20, 0x20,
0x20,0x00,

0x00,0x40, 0x20, 0x10, 0x0C, 0x03, 0x00, 0x00, 0x00, 0x01, 0x02, 0x04, 0x18, 0x60,
0x00,0x00,

```
/*-- 文字：  星  --*/
/*-- Fixedsys12;此字体下对应的点阵为:宽×高＝16×16     --*/
```
0x00,0x00, 0x00, 0xBE, 0x2A, 0x2A, 0x2A, 0xEA, 0x2A, 0x2A, 0x2A, 0x3E, 0x00, 0x00,
0x00,0x00,

0x00,0x44, 0x42, 0x49, 0x49, 0x49, 0x49, 0x7F, 0x49, 0x49, 0x49, 0x49, 0x41, 0x40,
0x00,0x00,

```
/*-- 文字：  期  --*/
/*-- Fixedsys12;此字体下对应的点阵为:宽×高＝16×16     --*/
```
0x00,0x04, 0xFF, 0x24, 0x24, 0x24, 0xFF, 0x04, 0x00, 0xFE, 0x22, 0x22, 0x22, 0xFE,
0x00,0x00,

0x88,0x48, 0x2F, 0x09, 0x09, 0x19, 0xAF, 0x48, 0x30, 0x0F, 0x02, 0x42, 0x82, 0x7F,
0x00,0x00,

```
};
//***************年月日数据表 ***************************
const uchar code nianli[][32]＝
{
  /*-- 文字：  年  --*/
  /*-- Fixedsys12;此字体下对应的点阵为:宽×高＝16×16     --*/
```
0x00,0x20, 0x18, 0xC7, 0x44, 0x44, 0x44, 0x44, 0xFC, 0x44, 0x44, 0x44, 0x44, 0x04,
0x00,0x00,

0x04，0x04，0x04，0x07，0x04，0x04，0x04，0x04，0xFF，0x04，0x04，0x04，0x04，0x04，
0x04，0x00，

/*-- 文字： 月 --*/
/*-- Fixedsys12;此字体下对应的点阵为:宽×高＝16×16 --*/
0x00，0x00，0x00，0xFE，0x22，0x22，0x22，0x22，0x22，0x22，0x22，0x22，0xFE，0x00，
0x00，0x00，
0x80，0x40，0x30，0x0F，0x02，0x02，0x02，0x02，0x02，0x02，0x42，0x82，0x7F，0x00，
0x00，0x00，

/*-- 文字： 日 --*/
/*-- Fixedsys12;此字体下对应的点阵为:宽×高＝16×16 --*/
0x00，0x00，0x00，0xFE，0x82，0x82，0x82，0x82，0x82，0x82，0xFE，0x00，0x00，
0x00，0x00，
0x00，0x00，0x00，0xFF，0x40，0x40，0x40，0x40，0x40，0x40，0x40，0xFF，0x00，0x00，
0x00，0x00，
};

// **************农历汉字数据表 **************************
const uchar code yinli[ ][32]＝
{
/*-- 文字： 农 --*/
/*-- Fixedsys12;此字体下对应的点阵为:宽×高＝16×16 --*/
0x20，0x18，0x08，0x08，0x08，0xC8，0x38，0xCF，0x08，0x08，0x08，0x08，0xA8，0x18，
0x00，0x00，
0x10，0x08，0x04，0x02，0xFF，0x40，0x20，0x00，0x03，0x04，0x0A，0x11，0x20，0x40，
0x40，0x00，

/*-- 文字： 历 --*/
/*-- Fixedsys12;此字体下对应的点阵为:宽×高＝16×16 --*/
0x00，0x00，0xFE，0x02，0x42，0x42，0x42，0x42，0xFA，0x42，0x42，0x42，0x42，0xC2，
0x02，0x00，
0x80，0x60，0x1F，0x80，0x40，0x20，0x18，0x06，0x01，0x00，0x40，0x80，0x40，0x3F，
0x00，0x00，

/*-- 文字： 初 --*/
/*-- Fixedsys12;此字体下对应的点阵为:宽×高＝16×16 --*/
0x08，0x08，0x89，0xEA，0x18，0x88，0x00，0x04，0x04，0xFC，0x04，0x04，0x04，0xFC，
0x00，0x00，

0x02，0x01，0x00，0xFF，0x01，0x86，0x40，0x20，0x18，0x07，0x40，0x80，0x40，0x3F，
0x00，0x00，

/*-- 文字： 一 --*/
/*-- Fixedsys12;此字体下对应的点阵为:宽×高＝16×16 --*/
0x80，0x80，0x80，0x80，0x80，0x80，0x80，0x80，0x80，0x80，0x80，0x80，0x80，0x80，
0x80，0x00，
0x00，0x00，0x00，0x00，0x00，0x00，0x00，0x00，0x00，0x00，0x00，0x00，0x00，0x00，
0x00，0x00，

/*-- 文字： 二 --*/
/*-- Fixedsys12;此字体下对应的点阵为:宽×高＝16×16 --*/
0x00，0x00，0x08，0x08，0x08，0x08，0x08，0x08，0x08，0x08，0x08，0x08，0x08，0x00，
0x00，0x00，
0x10，0x10，0x10，0x10，0x10，0x10，0x10，0x10，0x10，0x10，0x10，0x10，0x10，0x10，
0x10，0x00，

/*-- 文字： 三 --*/
/*-- Fixedsys12;此字体下对应的点阵为:宽×高＝16×16 --*/
0x00，0x04，0x84，0x84，0x84，0x84，0x84，0x84，0x84，0x84，0x84，0x84，0x84，0x04，
0x00，0x00，
0x20，0x20，0x20，0x20，0x20，0x20，0x20，0x20，0x20，0x20，0x20，0x20，0x20，0x20，
0x20，0x00，

/*-- 文字： 四 --*/
/*-- Fixedsys12;此字体下对应的点阵为:宽×高＝16×16 --*/
0x00，0xFC，0x04，0x04，0x04，0xFC，0x04，0x04，0x04，0xFC，0x04，0x04，0x04，0xFC，
0x00，0x00，
0x00，0x7F，0x28，0x24，0x23，0x20，0x20，0x20，0x20，0x21，0x22，0x22，0x22，0x7F，
0x00，0x00，

/*-- 文字： 五 --*/
/*-- Fixedsys12;此字体下对应的点阵为:宽×高＝16×16 --*/
0x00，0x02，0x42，0x42，0x42，0xC2，0x7E，0x42，0x42，0x42，0x42，0xC2，0x02，0x02，
0x00，0x00，
0x40，0x40，0x40，0x40，0x78，0x47，0x40，0x40，0x40，0x40，0x40，0x7F，0x40，0x40，
0x40，0x00，

/*-- 文字： 六 --*/

/ * -- Fixedsys12；此字体下对应的点阵为：宽×高＝16×16　　-- * /

0x20，0x20，0x20，0x20，0x20，0x20，0x21，0x22，0x2C，0x20，0x20，0x20，0x20，0x20，

0x20，0x00，

0x00，0x40，0x20，0x10，0x0C，0x03，0x00，0x00，0x00，0x01，0x02，0x04，0x18，0x60，

0x00，0x00，

/ * -- 文字：　七　-- * /

/ * -- Fixedsys12；此字体下对应的点阵为：宽×高＝16×16　　-- * /

0x80，0x80，0x80，0x80，0x80，0x40，0xFF，0x40，0x40，0x40，0x20，0x20，0x20，0x20，

0x00，0x00，

0x00，0x00，0x00，0x00，0x00，0x00，0x3F，0x40，0x40，0x40，0x40，0x40，0x40，0x78，

0x00，0x00，

/ * -- 文字：　八　-- * /

/ * -- Fixedsys12；此字体下对应的点阵为：宽×高＝16×16　　-- * /

0x00，0x00，0x00，0x00，0x00，0xFC，0x00，0x00，0x00，0x7E，0x80，0x00，0x00，0x00，

0x00，0x00，

0x00，0x80，0x60，0x18，0x07，0x00，0x00，0x00，0x00，0x00，0x03，0x0C，0x30，0x40，

0x80，0x00，

/ * -- 文字：　九　-- * /

/ * -- Fixedsys12；此字体下对应的点阵为：宽×高＝16×16　　-- * /

0x00，0x10，0x10，0x10，0x10，0xFF，0x10，0x10，0x10，0x10，0xF0，0x00，0x00，0x00，

0x00，0x00，

0x80，0x40，0x20，0x18，0x07，0x00，0x00，0x00，0x00，0x00，0x3F，0x40，0x40，0x40，

0x78，0x00，

/ * -- 文字：　十　-- * /

/ * -- Fixedsys12；此字体下对应的点阵为：宽×高＝16×16　　-- * /

0x40，0x40，0x40，0x40，0x40，0x40，0x40，0xFF，0x40，0x40，0x40，0x40，0x40，0x40，

0x40，0x00，

0x00，0x00，0x00，0x00，0x00，0x00，0x00，0xFF，0x00，0x00，0x00，0x00，0x00，0x00，

0x00，0x00，

/ * -- 文字：　正　-- * /

/ * -- Fixedsys12；此字体下对应的点阵为：宽×高＝16×16　　-- * /

0x00，0x02，0x02，0xC2，0x02，0x02，0x02，0xFE，0x82，0x82，0x82，0x82，0x82，0x02，

0x00，0x00，

0x40，0x40，0x40，0x7F，0x40，0x40，0x40，0x7F，0x40，0x40，0x40，0x40，0x40，0x40，

0x40,0x00,

/ * - - 文字: 腊 - - * /
/ * - - Fixedsys12;此字体下对应的点阵为:宽×高＝16×16 - - * /
0x00,0xFE, 0x22, 0x22, 0xFE, 0x40, 0x48, 0x48, 0x7F, 0x48, 0x48, 0x48, 0x7F, 0x48,
0x48,0x00,
0x80,0x7F, 0x02, 0x82, 0xFF, 0x00, 0x00, 0xFF, 0x49, 0x49, 0x49, 0x49, 0x49, 0xFF,
0x00,0x00,

/ * - - 文字: 闰 - - * /
/ * - - Fixedsys12;此字体下对应的点阵为:宽×高＝16×16 - - * /
0x00,0xF8, 0x01, 0x26, 0x20, 0x20, 0x22, 0xE2, 0x22, 0x22, 0x22, 0x22, 0x02, 0xFE,
0x00,0x00,
0x00,0xFF, 0x00, 0x10, 0x11, 0x11, 0x11, 0x1F, 0x11, 0x11, 0x11, 0x50, 0x80, 0x7F,
0x00,0x00,

/ * - - 文字: 廿 - - * /
/ * - - Fixedsys12;此字体下对应的点阵为:宽×高＝16×16 - - * /
0x20,0x20, 0x20, 0x20, 0xFF, 0x20, 0x20, 0x20, 0x20, 0x20, 0x20, 0xFF, 0x20, 0x20,
0x20,0x00,
0x00,0x00, 0x00, 0x00, 0xFF, 0x40, 0x40, 0x40, 0x40, 0x40, 0x40, 0xFF, 0x00, 0x00,
0x00,0x00,

};
// ＊＊＊＊＊＊＊＊＊＊＊＊＊＊＊ 温度符号数据表 ＊＊＊＊＊＊＊＊＊＊＊＊＊＊＊＊＊＊＊

const uchar code sheshidu[][32]＝
{
/ * - - 文字: ℃ - - * /
/ * - - Fixedsys12;此字体下对应的点阵为:宽×高＝16×16 - - * /
0x06,0x09, 0x09, 0xE6, 0xF8, 0x0C, 0x04, 0x02, 0x02, 0x02, 0x02, 0x02, 0x04, 0x1E,
0x00,0x00,
0x00,0x00, 0x00, 0x07, 0x1F, 0x30, 0x20, 0x40, 0x40, 0x40, 0x40, 0x40, 0x20, 0x10,
0x00,0x00,
};

endif//
//
/ ＊＊＊＊＊＊＊＊＊＊＊＊＊＊ 中西文字模表结束 ＊＊＊＊＊＊＊＊＊＊＊＊＊＊＊＊/

第 14 章 实验 8 时钟电路的设计制作

14.1 实验内容与要求

实验名称：时钟电路的设计制作

实验学时：6 学时

实验属性：综合/设计性实验

开出要求：必做

每组人数：1 人

1. 实验目的

学习单片机 LED 时钟电路的汇编或 C 程序设计、调试全过程。

2. 实验要求

时钟计时器要求用六位 LED 数码管显示时、分、秒，以 24 小时计时方式运行，使用按键开关可实现时分调整功能，或由学生自己定义时钟系统的功能及实现方法，完成实验设计报告。

3. 实验任务

① 在 Wave 或 Keil－C51 编译器环境下编制调试 C 程序，然后写入单片机并脱机运行验证功能是否正确。

② 完成实验报告。

4. 实验预习要求

① 如需要用 Proteus 软件仿真调试的，先根据参考资料，画出实际仿真电路接线图。

② 根据实验任务设计部分相应的调试程序。

5. 实验设备

计算机(安装单片机汇编及 C 语言编译软件、Proteus 仿真软件)、八位 LED 时钟电路板(已焊)、单片机烧写器各 1 套。

6. 实验报告要求

按实验报告纸式样要求完成电子及纸质报告上交。

14.2　参考资料

14.2.1　系统功能

单片机时钟要求用单片机及六位 LED 数码管显示时、分、秒,以 24 小时计时方式运行,能整点提醒(短蜂鸣,次数代表整点时间),使用按键开关可实现时分调整、秒表/时钟功能转换、省电(关闭显示)、定时设定提醒(蜂鸣器)等功能。

14.2.2　设计方案

为了实现 LED 显示器的数字显示,可以采用静态显示法和动态显示法,由于静态显示法需要数据锁存器等硬件,接口复杂一些,考虑时钟显示只有六位,且系统没有其他复杂的处理任务,所以采用动态扫描法实现 LED 的显示。单片机采用 89C52 系列,这样单片机可具有足够的空余硬件资源实现其他的扩充功能。单片机时钟电路系统的总体设计框架如图 14.1 所示。

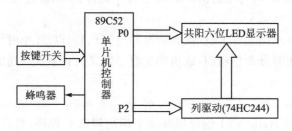

图 14.1　单片机时钟系统的总体设计框架图

14.2.3　系统硬件仿真电路

单片机时钟硬件仿真电路如图 14.2 所示。时钟电路实验板电路原理图如图 14.3 所示。采用单片机最小化应用设计,共阳七段 LED 显示器,P0 口输出段码数据,P2.0~P2.7 口作列扫描输出,P1、P3 口接 16 个按钮开关并接 LED 发光管,P3.7 端口接 5 V 的小蜂鸣器用于按键发音及定时提醒、整点到时提醒等。为了提供共阳 LED 数码管的列扫描驱动电压,用 74HC244 同相驱动器作 LED 数码管的电源驱动。采用12 MHz 晶振可提高秒计时的精确性。

14.2.4　程序设计

1. 主程序

本设计中计时采用定时器 T0 中断完成,秒表使用定时器 T1 中断完成,主程序循环调用显示子程序及查键程序,当端口有开关按下时,转入相应功能程序。其主程

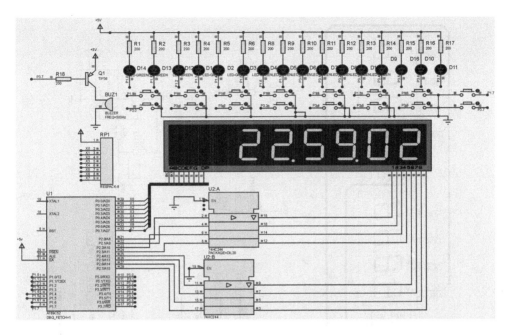

图 14.2　单片机时钟硬件仿真电路图

序流程图如图 14.4 所示。

2. 显示子程序

时间显示子程序每次显示 6 个连续内存单元的十进制 BCD 码数据,首地址在调用显示程序时先指定。内存中 50H～55H 为闹钟定时单元,60H～65H 为秒表计时单元,70H～75H 为时钟显示单元。由于采用七段共阳 LED 数码管动态扫描实现数据显示,显示用的十进制 BCD 码数据的对应段码存放在 ROM 表中,显示时,先取出内存地址中的数据,然后查得对应的显示用段码,从 P0 口输出,P2 口将对应的数码管选中供电,就能显示该地址单元的数据值。为了显示小数点及"—"、"A"等特殊字符,在开机显示班级信息和计时使用时,采用不同的显示子程序。

3. 定时器 T0 中断服务程序

定时器 T0 用于时间计时。定时溢出中断周期设为 50 ms,中断进入后先进行定时中断初值校正,中断累计 20 次(即 50 ms×20＝1 s)时对秒计数单元进行加 1 操作。时钟计数单元地址分别在 70H～71H(秒)、76H～77H(分)、78H～79H(时),最大计时值为 23 时 59 分 59 秒。7AH 单元内存放"熄灭符"数据(≠0AH),用于时间调整时的闪烁功能。在计数单元中采用十进制 BCD 码计数,满 10 进位,T0 中断计时程序流程图如图 14.5 所示。

4. T1 中断服务程序

T1 中断程序用于指示时间调整单元数字的闪亮或秒表计数,在时间调整状态下,每过 0.3 s 左右,将对应调整单元的显示数据换成"熄灭符"数据(≠0AH)。这样

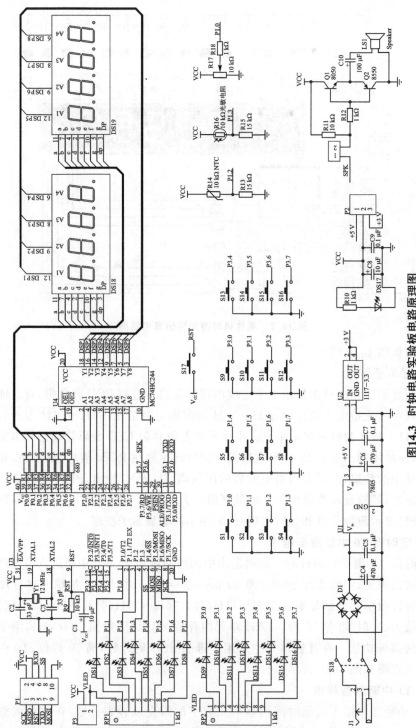

图14.3　时钟电路实验板电路原理图

在调整时间时,对应调整单元的显示数据会间隔闪亮。在作秒表计时时,每 10 ms 中断 1 次,计数单元加 1,每 100 次为 1 s。秒表计数单元地址在 60H～61H(10 ms)、62H～63H(s)、64H～65H(min),最大计数值为 99 分 59.99 秒。T1 中断程序流程图如图 14.6 所示。

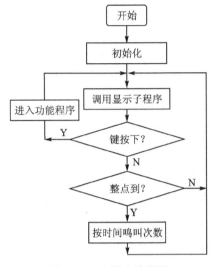

图 14.4　主程序流程图

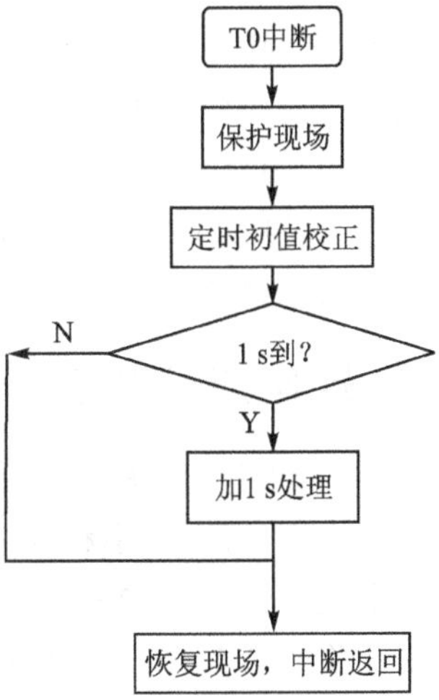

图 14.5　T0 中断计时程序流程图

5. 调时功能程序

调时功能程序的设计方法是:按下 P1.0 口按键,若按下时间小于 1 s,则进入省电状态(数码管不亮,时钟不停),否则进入调分状态,等待操作,此时计时器停止走动。当再按下 P1.0 按钮时,若按下时间小于 0.5 s,则时间加 1 min,若按下时间大于 0.5 s,则进入小时调整状态,按下 P1.1 按钮时可进行减 1 调整。在小时调整状态下,当按键按下的时间大于 0.5 s 时退出时间调整状态,时钟从 0 s 开始计时。

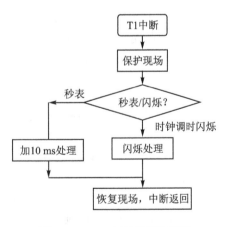

图 14.6　T1 中断程序流程图

6. 秒表功能程序

在正常时钟状态下若按下 P1.1 口按键,则进行时钟/秒表显示功能的转换,秒表中断计时程序启动,显示首址改为 60H,LED 将显示秒表计时单元 60H～65H 中的数据。按下 P1.2 口的按键开关可实现秒表清零、秒表启动、秒表暂停功能,当再按下 P1.1 口按键时关闭 T1 秒表中断计时,显示首址又改为 70H,恢复正常时间的显示功能。

7. 闹钟时间设定功能程序

在正常时钟状态下若按下 P1.3 口的按键开关,则进入设定闹时调分状态,显示首址改为 50H。LED 将显示 50H～55H 中的闹钟设定时间,显示式样为:00:00:-,其中高 2 位代表时,低 2 位代表分,在定时闹铃时精确到分。按 P1.2 键分加 1,按 P1.0 键分减 1;若再按 P1.3 键进入时调整状态,显示式样为 00:00:- ,按 P1.2 键时加 1,按 P1.0 键时减 1,按 P1.1 键闹铃有效,显示式样变为 00:00:-0,再按 P1.1 键闹铃无效(显示式样又为 00:00:-)。再按 P1.3 键调整闹钟时间结束,恢复正常时间的显示。在闹铃时可按一下 P1.3 按键使蜂鸣停止,不按则蜂鸣器将鸣叫 1 min 后自行中止。在设定闹钟后若要取消闹时功能,可按一下 P1.3 键,可听到一声"嘀"声,表明已取消了闹铃功能。

14.2.5　软件调试与运行结果

在 Proteus 软件上画好电路后先要进行硬件线路的测试。先测试 LED 数码管是否会亮,方法是,写一段小程序(P0 口为♯00H,P2 口为♯0FFH),装入单片机后运行,看 8 个数码管是否能显示 8 个"8",如不亮或部分不亮,则应检查硬件连接线路;按键小开关的检查方法是,用鼠标按下小开关,看对应口的发光管是否会亮;蜂鸣器电路接在 P3.7 口,在按下 P3.7 口小开关时应能听到蜂鸣声。

单片机时钟程序的编制与调试应分段或以子程序为单位一个一个进行,最后可结合 Proteus 硬件电路调试。按照以下参考源程序,LED 显示器动态扫描的频率约为 167 次/s,实际使用观察时完全没有闪烁现象。由于计时中断程序中加了中断延时误差处理,所以实际计时的走时精度较高,可满足一般场合的应用需要,另外上电时具有滚动显示子程序,可以方便显示制作日期等信息。

14.2.6　汇编源程序清单

```
;*********************************************************;
;                    时钟电路实验程序:单片机时钟                    ;
;*********************************************************;
;**************** 设计说明 ****************;
;以下程序能用于 24 h 计时,能作为秒表使用,能定时闹铃 1 min(也可关),
;能整点报时,能倒计时定时。使用方法:开机后在 00:00:00 起开始计时。
;(1)长按 P1.0 进入调分状态:分单元闪烁,按 P1.0 加 1,按 P1.1 减 1,
;再长按 P1.0 进入时调整状态,时单元闪烁,加减调整同调分,长按退出调整状态。
;(2)按下 P1.1 进入秒表状态:按 P1.2 暂停,再按 P1.2 秒表清零,再按 P1.2 秒表
;又启动,按 P1.1 退出秒表回到时钟状态。
;(3)按 P1.3 进入设定闹时状态:00:00:-,
;可进行分设定,按 P1.2 分加 1,再按 P1.3 为时调整,00:00:-,按 P1.2 时加 1,
;按 P1.1 闹铃有效,显示为 00:00:-0,再按 P1.1 闹铃无效(显示 00:00:-),
```

;按 P1.3 调闹钟结束。在闹铃时可按 P1.3 停闹，不按闹铃 1 min。按 P1.4 进入倒
;计时定时模式，按 P1.5 进行分十位调整（加 1），按 P1.6 进行分个位加 1，按 P1.4 倒
;计时开始，当时间为 0 时停止倒计时，并发声提醒，倒计时过程中按 P1.4 可退回到
;正常时钟状态。定时器 T0、T1 溢出周期为 50 ms，T0 为秒计数用，T1 为调整时闪
;烁及秒表定时用，P1.0、P1.1、P1.2、P1.3 为调整按钮，P0 口为字符输出口，
;P2 为扫描口，P3.7 为小喇叭口，采用共阳显示管。50H～55H 为闹钟定时单元，
;60H～65H 为秒表计时单元，70H～75H 为显示时间单元，76H～79H 为分计时单元。
;03H 标志＝0 为时钟状态，03H＝1 为秒表；05H＝0，不闹铃，＝1 要闹铃；
;07H 每秒改变一次，用作间隔鸣叫。08H 整点报时标志位，＝1 时为整点；
;09H 为闹铃到点标志，＝1 时定时闹时时间到。
;＊＊＊；

```
          DISPFIRST   EQU     30H             ;显示首址存放单元
          BELL        EQU     P3.7            ;小喇叭或蜂鸣器
          CONBS       EQU     2FH             ;存放报时次数
          SONGCON     EQU     31H             ;唱歌程序计数器
          CONR2       EQU     32H             ;以下唱歌程序用寄存器
          CONR3       EQU     33H
          CONR4       EQU     34H
          CONR6       EQU     36H
          CONR7       EQU     37H
          CONR5       EQU     35H             ;以上唱歌程序寄存器
          DELAYR3     EQU     38H             ;以下延时程序用寄存器
          DELAYR5     EQU     39H
          DELAYR6     EQU     3AH
          DELAYR7     EQU     3BH
;

;＊＊＊＊＊＊＊＊＊＊＊＊＊＊＊＊＊＊＊＊＊＊＊＊＊＊＊＊＊＊＊＊＊；
;            中断入口程序                                    ;
;＊＊＊＊＊＊＊＊＊＊＊＊＊＊＊＊＊＊＊＊＊＊＊＊＊＊＊＊＊＊＊＊＊；
;
          ORG         0000H           ;程序执行开始地址
          LJMP        START           ;跳到标号 START 执行
          ORG         0003H           ;外中断 0 中断程序入口
          RETI                        ;外中断 0 中断返回
          ORG         000BH           ;定时器 T0 中断程序入口
          LJMP        INTT0           ;跳至 INTT0 执行
          ORG         0013H           ;外中断 1 中断程序入口
          RETI                        ;外中断 1 中断返回
          ORG         001BH           ;定时器 T1 中断程序入口
```

```
                LJMP      INTT1                ;跳至 INTT1 执行
                ORG       0023H                ;串行中断程序入口地址
                RETI                           ;串行中断程序返回
;
; * * * * * * * * * * * * * * * * * * * * * * * * * * * * * * * ;
;           以下程序开始                                       ;
; * * * * * * * * * * * * * * * * * * * * * * * * * * * * * * * ;
;
;整点报时功能程序
ZDBS:           MOV       A,#10                ;十位数乘以 10 加上个位数为报时的
                                               ;次数
                MOV       B,79H
                MUL       AB
                ADD       A,78H
                MOV       CONBS,A              ;报时次数计算完成
                JZ        OUT00                ;如为午夜零点不报时
BSLOOP:         LCALL     DS20MS               ;以下按次数鸣叫
                MOV       P3,#00H
                LCALL     DL1S
                LCALL     DL1S
                MOV       P3,#0FFH
                LCALL     DL1S
                DJNZ      CONBS,BSLOOP         ;报时完成
OUT00:          CLR       08H                  ;清整点报时标志
                AJMP      START1               ;返回主程序
;以下为闹钟功能时的唱歌程序
SPPP:           ;LCALL    MUSIC0               ;调用唱歌程序
                MOV       B,#10                ;闹钟叫 10 下
BLOOP:          LCALL     DS20MS
                LCALL     DL1S
                LCALL     DL1S
                DJNZ      B,BLOOP
                CLR       0AH                  ;清闹钟时的唱歌标志
                CLR       05H                  ;清止闹标志
                AJMP      START1               ;返回主程序
;倒计时程序进入程序
DJS:            LCALL     DS20MS
                JB        P1.4,START1
WAITH111:       JNB       P1.4,WAITH111        ;等待键释放
```

```
                LJMP        DJSST
;*******************************************;
;           主程序开始                        ;
;*******************************************;
;
START：          MOV         SP,#80H          ;堆栈在 80H 以上
                LCALL       ST               ;上电显示年、月、日及班级学号
                LCALL       STFUN0           ;流水灯
                LCALL       STMEN            ;时钟程序初始化子程序
                SETB        EA               ;总中断开放
                SETB        ET0              ;允许 T0 中断
                SETB        TR0              ;开启 T0 定时器
                MOV         R4,#14H          ;1 秒定时用计数值(50 ms×20)
                MOV         DISPFIRST,#70H   ;显示单元为 70H~75H
;               LCALL       MUSIC0           ;唱歌测试程序
;以下主程序循环
START1：         LCALL       DISPLAY          ;调用显示子程序
                JNB         P1.0,SETMM1      ;P1.0 口为 0 时转时间调整程序
                JNB         P1.1,FUNSS       ;秒表功能,P1.1 按键调时时作减 1 操作
                JNB         P1.2,FUNPT       ;秒表 STOP,PUSE,CLR
                JNB         P1.3,TSFUN       ;定时闹铃设定
                JNB         P1.4,DJS         ;倒计时功能
                JB          08H,ZDBS         ;08H 为 1,整点到,进行整点报时
                JB          0AH,SPPP         ;0AH 为 1 时,闹铃时间到,进行提醒
                AJMP        START1           ;P1.0 口为 1 时跳回 START1
;
FUNPT：          LJMP        FUNPTT
;以下闹铃时间设定程序,按 P1.3 进入设定
TSFUN：          LCALL       DS20MS
                JB          P1.3,START1      ;
WAIT113：        JNB         P1.3,WAIT113     ;等待键释放
                JB          05H,CLOSESP      ;闹铃已开的话,关闹铃
                MOV         DISPFIRST,#50H   ;显示 50H~55H 闹钟定时单元
                MOV         50H,#0CH         ;"-"闹铃设定时显示格式 00:00：-
                MOV         51H,#0AH         ;"黑"
;
DSWAIT：         SETB        EA
                LCALL       DISPLAY
                JNB         P1.2,DSFINC      ;分加 1
```

```
                    JNB      P1.0,DSDEC          ;分减 1
                    JNB      P1.3,DSSFU          ;进入时调整
                    AJMP     DSWAIT
;
CLOSESP：           CLR      05H                 ;关闹铃标志
                    CLR      BELL
                    AJMP     START1
DSSFU：             LCALL    DS20MS              ;消抖
                    JB       P1.3, DSWAIT
                    LJMP     DSSFUNN             ;进入时调整
;
SETMM1：            LJMP     SETMM               ;转到时间调整程序 SETMM
;
DSFINC：            LCALL    DS20MS              ;消抖
                    JB       P1.2, DSWAIT
DSWAIT12：          LCALL    DISPLAY             ;等键释放
                    JNB      P1.2, DSWAIT12
                    CLR      EA
                    MOV      R0,#53H
                    LCALL    ADD1                ;闹铃设定分加 1
                    MOV      A,R3                ;分数据放入 A
                    CLR      C                   ;清进位标志
                    CJNE     A,#60H,ADDHH22
ADDHH22：           JC       DSWAIT              ;小于 60 分时返回
                    ACALL    CLR0                ;大于或等于 60 分时分计时单元清 0
                    AJMP     DSWAIT
          DSDEC：   LCALL DS20MS                 ;消抖
                    JB       P1.0, DSWAIT
DSWAITEE：          LCALL    DISPLAY             ;等键释放
                    JNB      P1.0, DSWAITEE
                    CLR      EA
                    MOV      R0,#53H
                    LCALL    sub1                ;闹铃设定分减 1
                    LJMP     DSWAIT

;以下秒表功能/时钟转换程序
;按下 P1.1 可进行功能转换
FUNSS：             LCALL    DS20MS
```

	JB	P1.1,START11	
WAIT11：	JNB	P1.1,WAIT11	
	CPL	03H	
	JNB	03H,TIMFUN	
	MOV	DISPFIRST,#60H	;显示秒表数据单元
	MOV	60H,#00H	
	MOV	61H,#00H	
	MOV	62H,#00H	
	MOV	63H,#00H	
	MOV	64H,#00H	
	MOV	65H,#00H	
	MOV	TL1,#0F0H	;10 ms 定时初值
	MOV	TH1,#0D8H	;10 ms 定时初值
	SETB	TR1	
	SETB	ET1	
START11：	LJMP	START1	
TIMFUN：	MOV	DISPFIRST,#70H	;显示时钟数据单元
	CLR	ET1	
	CLR	TR1	
START12：	LJMP	START1	

;以下秒表暂停、清零功能程序
;按下 P1.2 暂停或清 0,按下 P1.1 退出秒表回到时钟计时

FUNPTT：	LCALL	DS20MS	
	JB	P1.2,START12	
WAIT22：	JNB	P1.2,WAIT21	
	CLR	ET1	
	CLR	TR1	
WAIT33：	JNB	P1.1,FUNSS	
	JB	P1.2,WAIT31	
	LCALL	DS20MS	
	JB	P1.2,WAIT33	
WAIT66：	JNB	P1.2,WAIT61	
	MOV	60H,#00H	
	MOV	61H,#00H	
	MOV	62H,#00H	
	MOV	63H,#00H	
	MOV	64H,#00H	
	MOV	65H,#00H	
WAIT44：	JNB	P1.1,FUNSS	

```
                    JB        P1. 2,WAIT41
                    LCALL     DS20MS
                    JB        P1. 2,WAIT44
WAIT55:             JNB       P1. 2,WAIT51
                    SETB      ET1
                    SETB      TR1
                    AJMP      START1
;以下键等待释放时显示不会熄灭用程序
WAIT21:             LCALL     DISPLAY
                    AJMP      WAIT22
WAIT31:             LCALL     DISPLAY
                    AJMP      WAIT33
WAIT41:             LCALL     DISPLAY
                    AJMP      WAIT44
WAIT51:             LCALL     DISPLAY
                    AJMP      WAIT55
WAIT61:             LCALL     DISPLAY
                    AJMP      WAIT66
;
;
;;;;;;;;;;;;;;;;;;;;;;;;;;;;;;;;;;;;;;;;;;
;;          1秒计时程序                 ;;
;;;;;;;;;;;;;;;;;;;;;;;;;;;;;;;;;;;;;;;;;;
;T0 中断服务程序
INTT0:              PUSH      ACC             ;累加器入栈保护
                    PUSH      PSW             ;状态字入栈保护
                    CLR       ET0             ;关 T0 中断允许
                    CLR       TR0             ;关闭定时器 T0
                    MOV       A,#0B7H         ;中断响应时间同步修正
                    ADD       A,TL0           ;低 8 位初值修正
                    MOV       TL0,A           ;重装初值(低 8 位修正值)
                    MOV       A,#3CH          ;高 8 位初值修正
                    ADDC      A,TH0           ;
                    MOV       TH0,A           ;重装初值(高 8 位修正值)
                    SETB      TR0             ;开启定时器 T0
                    SETB      P3. 6
                    SETB      P3. 5
                    DJNZ      R4, OUTT0       ;20 次中断未到中断退出
ADDSS:              MOV       R4,#14H         ;20 次中断到(1 s)重赋初值
```

```
        CLR     P3.6                ;
        CLR     P3.5
        CPL     07H                 ;闹铃时间隔鸣叫用
        MOV     R0,#71H             ;指向秒计时单元(71H～72H)
        ACALL   ADD1                ;调用加 1 程序(加 1 s 操作)
        MOV     A,R3                ;秒数据放入 A(R3 为 2 位十进制数组合)
        CLR     C                   ;清进位标志
        CJNE    A,#60H,ADDMM        ;
ADDMM:  JC      OUTT0               ;小于 60 s 时中断退出
        ACALL   CLR0                ;大于或等于 60 s 时对秒计时单元清 0
        MOV     R0,#77H             ;指向分计时单元(76H～77H)
        ACALL   ADD1                ;分计时单元加 1 min
        MOV     A,R3                ;分数据放入 A
        CLR     C                   ;清进位标志
        CJNE    A,#60H,ADDHH        ;
ADDHH:  JC      OUTT0               ;小于 60 min 时中断退出
        ACALL   CLR0                ;大于或等于 60 min 时分计时单元清 0
        LCALL   DS20MS              ;正点报时
        SETB    08H
        MOV     R0,#79H             ;指向小时计时单元(78H～79H)
        ACALL   ADD1                ;小时计时单元加 1 h
        MOV     A,R3                ;时数据放入 A
        CLR     C                   ;清进位标志
        CJNE    A,#24H,HOUR         ;
HOUR:   JC      OUTT0               ;小于 24 h 中断退出
        ACALL   CLR0                ;大于或等于 24 h,小时计时单元清 0
OUTT0:  MOV     72H,76H             ;中断退出时将分、时计时单元数据移
        MOV     73H,77H             ;入对应显示单元
        MOV     74H,78H
        MOV     75H,79H
        LCALL   BAOJ
        POP     PSW                 ;恢复状态字(出栈)
        POP     ACC                 ;恢复累加器
        SETB    ET0                 ;开放 T0 中断
        RETI                        ;中断返回
;
;*******************************************;
;     闪动调时程序/秒表功能程序                      ;
;*******************************************;
```

```
;T1 中断服务程序,用作时间调整时调整单元闪烁指示或秒表计时
INTT1:          PUSH    ACC                 ;中断现场保护
                PUSH    PSW                 ;
                JB      09H,SPCC
                JB      06H,DJSFUN
                JB      03H,MMFUN           ;=1 时秒表
                MOV     TL1,#0B0H           ;装定时器 T1 定时初值
                MOV     TH1,#3CH            ;
                DJNZ    R2,INTT1OUT         ;0.3 s 未到退出中断(50 ms 中断 6 次)
                MOV     R2,#06H             ;重装 0.3 s 定时用初值
                CPL     02H                 ;0.3 s 定时到对闪烁标志取反
                JB      02H,FLASH1          ;02H 位为 1 时显示单元"熄灭"
                MOV     72H,76H             ;02H 位为 0 时正常显示
                MOV     73H,77H
                MOV     74H,78H
                MOV     75H,79H
INTT1OUT:       POP     PSW                 ;恢复现场
                POP     ACC
                RETI                        ;中断退出
FLASH1:         JB      01H,FLASH2          ;01H 位为 1 时,转小时熄灭控制
                MOV     72H,7AH             ;01H 位为 0 时,"熄灭符"数据放入分
                MOV     73H,7AH             ;显示单元(72H~73H),将不显示分数据
                MOV     74H,78H
                MOV     75H,79H
                AJMP    INTT1OUT            ;转中断退出
FLASH2:         MOV     72H,76H             ;01H 位为 1 时,"熄灭符"数据放入小时
                MOV     73H,77H             ;显示单元(74H~75H),小时数据将
                                            ;不显示
                MOV     74H,7AH
                MOV     75H,7AH
                AJMP    INTT1OUT            ;转中断退出
;
SPCC:           INC     SONGCON             ;中断服务,中断计数器加 1
                MOV     TH1,#0D8H
                MOV     TL1,#0EFH           ;12 MHz 晶振,形成 10 ms 中断
                AJMP    INTT1OUT;
DJSFUN:         LJMP    DJSS
MMFUN:          CLR     TR1
                MOV     A,#0F7H             ;中断响应时间同步修正,重装初值(10 ms)
```

	ADD	A,TL1	;低 8 位初值修正
	MOV	TL1,A	;重装初值(低 8 位修正值)
	MOV	A,#0D8H	;高 8 位初值修正
	ADDC	A,TH1	;
	MOV	TH1,A	;重装初值(高 8 位修正值)
	SETB	TR1	;开启定时器 T0
	MOV	R0,#61H	;指向秒计时单元(71H~72H)
	ACALL	ADD1	;调用加 1 程序(加 1 s 操作)
	CLR	C	
	MOV	A,R3	
	JZ	FSS1	;加 1 后为 00,C=0
	AJMP	OUTT01	;加 1 后不为 00,C=1
FSS1:	ACALL	CLR0	;大于或等于 60 s 时对秒计时单元清 0
	MOV	R0,#63H	;指向分计时单元(76H~77H)
	ACALL	ADD1	;分计时单元加 1 min
	MOV	A,R3	;分数据放入 A
	CLR	C	;清进位标志
	CJNE	A,#60H,ADDHH1	;
ADDHH1:	JC	OUTT01	;小于 60 min 时中断退出
	LCALL	CLR0	;大于或等于 60 min 时分计时单元清 0
	MOV	R0,#65H	;指向小时计时单元(78H~79H)
	ACALL	ADD1	;小时计时单元加 1 h
OUTT01:			
	POP	PSW	;恢复状态字(出栈)
	POP	ACC	;恢复累加器
	RETI		;中断返回

```
;
;***********************************;
;        加 1 子程序                ;
;***********************************;
;
;
```

ADD1:	MOV	A,@R0	;取当前计时单元数据到 A
	DEC	R0	;指向前一地址
	SWAP	A	;A 中数据高四位与低四位交换
	ORL	A,@R0	;前一地址中数据放入 A 中低四位
	ADD	A,#01H	;A 加 1 操作
	DA	A	;十进制调整

```
        MOV     R3,A            ;移入 R3 寄存器
        ANL     A,#0FH          ;高四位变 0
        MOV     @R0,A           ;放回前一地址单元
        MOV     A,R3            ;取回 R3 中暂存数据
        INC     R0              ;指向当前地址单元
        SWAP    A               ;A 中数据高四位与低四位交换
        ANL     A,#0FH          ;高四位变 0
        MOV     @R0,A           ;数据放入当前地址单元中
        RET                     ;子程序返回
;
;*****************************************;
;           分减 1 子程序                 ;
;*****************************************;
;
SUB1:   MOV     A,@R0           ;取当前计时单元数据到 A
        DEC     R0              ;指向前一地址
        SWAP    A               ;A 中数据高四位与低四位交换
        ORL     A,@R0           ;前一地址中数据放入 A 中低四位
        JZ      SUB11
        DEC     A               ;A 减 1 操作
SUB111: MOV     R3,A            ;移入 R3 寄存器
        ANL     A,#0FH          ;高四位变 0
        CLR     C               ;清进位标志
        SUBB    A,#0AH
SUB1111:JC      SUB1110
        MOV     @R0,#09H        ;大于或等于 0AH,为 9
SUB110: MOV     A,R3            ;取回 R3 中暂存数据
        INC     R0              ;指向当前地址单元
        SWAP    A               ;A 中数据高四位与低四位交换
        ANL     A,#0FH          ;高四位变 0
        MOV     @R0,A           ;数据放入当前地址单元中
        RET                     ;子程序返回
                                ;
SUB11:  MOV     A,#59H
        AJMP    SUB111
SUB1110:MOV     A,R3            ;移入 R3 寄存器
        ANL     A,#0FH          ;高四位变 0
        MOV     @R0,A
        AJMP    SUB110
```

```
; * * * * * * * * * * * * * * * * * * * * * * * * * * * * * * * * ;
;           时减1子程序                                         ;
; * * * * * * * * * * * * * * * * * * * * * * * * * * * * * * * * ;
;
SUBB1:      MOV     A,@R0        ;取当前计时单元数据到A
            DEC     R0           ;指向前一地址
            SWAP    A            ;A中数据高四位与低四位交换
            ORL     A,@R0        ;前一地址中数据放入A中低四位
            JZ      SUBB11       ;00减1为23(小时)
            DEC     A            ;A减1操作
SUBB111:    MOV     R3,A         ;移入R3寄存器
            ANL     A,#0FH       ;高四位变0
            CLR     C            ;清进位标志
            SUBB    A,#0AH       ;时个位大于9为9
SUBB1111:   JC      SUBB1110     ;
            MOV     @R0,#09H     ;大于或等于0AH,为9
SUBB110:    MOV     A,R3         ;取回R3中暂存数据
            INC     R0           ;指向当前地址单元
            SWAP    A            ;A中数据高四位与低四位交换
            ANL     A,#0FH       ;高四位变0
            MOV     @R0,A        ;时十位数数据放入
            RET                  ;子程序返回
;
SUBB11:     MOV     A,#23H
            AJMP    SUBB111
SUBB1110:   MOV     A,R3         ;时个位小于0A不处理
            ANL     A,#0FH       ;高四位变0
            MOV     @R0,A        ;个位移入
            AJMP    SUBB110

; * * * * * * * * * * * * * * * * * * * * * * * * * * * * * * * * ;
;           清零程序                                            ;
; * * * * * * * * * * * * * * * * * * * * * * * * * * * * * * * * ;
;对计时单元复零用
CLR0:       CLR     A            ;清累加器
            MOV     @R0,A        ;清当前地址单元
            DEC     R0           ;指向前一地址
            MOV     @R0,A        ;前一地址单元清0
            RET                  ;子程序返回
;
```

```
;********************************;
;          时钟时间调整程序                    ;
;********************************;
;当调时按键按下时进入此程序
SETMM:      CLR      ET0              ;关定时器 T0 中断
            CLR      TR0              ;关闭定时器 T0
            LCALL    DL1S             ;调用 1 s 延时程序
            LCALL    DS20MS           ;消抖
            JB       P1.0,CLOSEDIS    ;键按下时间小于 1 s,关闭显示(省电)
            MOV      R2,#06H          ;进入调时状态,赋闪烁定时初值
            MOV      70H,#00H         ;调时时秒单元为 00 s
            MOV      71H,#00H
            SETB     ET1              ;允许 T1 中断
            SETB     TR1              ;开启定时器 T1
SET2:       JNB      P1.0,SET1        ;P1.0 口为 0(键未释放),等待
            SETB     00H              ;键释放,分调整闪烁标志置 1
SET4:       JB       P1.0,SET3        ;等待键按下
            LCALL    DL05S            ;有键按下,延时 0.5 s
            LCALL    DS20MS           ;消抖
            JNB      P1.0,SETHH       ;按下时间大于 0.5 s 转调小时状态
            MOV      R0,#77H          ;按下时间小于 0.5 s 加 1 分钟操作
            LCALL    ADD1             ;调用加 1 子程序
            MOV      A,R3             ;取调整单元数据
            CLR      C                ;清进位标志
            CJNE     A,#60H,HHH       ;调整单元数据与 60 比较
HHH:        JC       SET4             ;调整单元数据小于 60 转 SET4 循环
            LCALL    CLR0             ;调整单元数据大于或等于 60 时清 0
            CLR      C                ;清进位标志
            AJMP     SET4             ;跳转到 SET4 循环
CLOSEDIS:   SETB     ET0              ;省电(LED 不显示)状态。开 T0 中断
            SETB     TR0              ;开启 T0 定时器(开时钟)
CLOSE:      JB       P1.0,CLOSE       ;无按键按下,等待
            LCALL    DS20MS           ;消抖
            JB       P1.0,CLOSE       ;是干扰返回 CLOSE 等待
WAITH:      JNB      P1.0,WAITH       ;等待键释放
            LJMP     START1           ;返回主程序(LED 数据显示亮)
SETHH:      CLR      00H              ;分闪烁标志清除(进入调小时状态)
            SETB     01H              ;小时调整标志置 1
SETHH1:     JNB      P1.0,SET5        ;等待键释放
```

SET6：	JB	P1.0,SET7	;等待按键按下
	LCALL	DL05S	;有键按下延时 0.5 s
	LCALL	DS20MS	;消抖
	JNB	P1.0,SETOUT	;按下时间大于 0.5 s 退出时间调整
	MOV	R0,♯79H	;按下时间小于 0.5 s 加 1 小时操作
	LCALL	ADD1	;调加 1 子程序
	MOV	A,R3	
	CLR	C	
	CJNE	A,♯24H,HOUU	;计时单元数据与 24 比较
HOUU：	JC	SET6	;小于 24 转 SET6 循环
	LCALL	CLR0	;大于或等于 24 时清 0 操作
	AJMP	SET6	;跳转到 SET6 循环
SETOUT：	JNB	P1.0,SETOUT1	;调时退出程序。等待键释放
	LCALL	DS20MS	;消抖
	JNB	P1.0,SETOUT	;是抖动,返回 SETOUT 再等待
	CLR	01H	;清调小时标志
	CLR	00H	;清调分标志
	CLR	02H	;清闪烁标志
	CLR	TR1	;关闭定时器 T1
	CLR	ET1	;关定时器 T1 中断
	SETB	TR0	;开启定时器 T0
	SETB	ET0	;开定时器 T0 中断(计时开始)
	LJMP	START1	;跳回主程序
SET1：	LCALL	DISPLAY	;键释放等待时调用显示程序(调分)
	AJMP	SET2	;防止键按下时无时钟显示
SET3：	LCALL	DISPLAY	;等待调分按键时时钟显示用
	JNB	P1.1, FUNSUB	;减 1 分操作
	AJMP	SET4	;调分等待
SET5：	LCALL	DISPLAY	;键释放等待时调用显示程序(调小时)
	AJMP	SETHH1	;防止键按下时无时钟显示
SET7：	LCALL	DISPLAY	;等待调小时按键时时钟显示用
	JNB	P1.1, FUNSUBB	;小时减 1 操作
	AJMP	SET6	;调时等待
SETOUT1：	LCALL	DISPLAY	;退出时钟调整时键释放等待
	AJMP	SETOUT	;防止键按下时无时钟显示
;FUNSUB,分减 1 程序?			
FUNSUB：	LCALL	DS20MS	;消抖
	JB	P1.1,SET41	;干扰,返回调分等待
FUNSUB1：	JNB	P1.1,FUNSUB1	;等待键放开

	MOV	R0,#77H	;
	LCALL	SUB1	;分减 1 程序
	LJMP	SET4	;返回调分等待

;

SET41:	LJMP	SET4	;

;FUNSUBB,时减 1 程序

FUNSUBB:	LCALL	DS20MS	;消抖
	JB	P1.1,SET61	;干扰,返回调时等待
FUNSUBB1:	JNB	P1.1,FUNSUBB1	;等待键放开
	MOV	R0,#79H	;
	LCALL	SUBB1	;时减 1 程序
	LJMP	SET6	;返回调时等待

;

SET61:	LJMP	SET6	

;*********************************;
; 　　　　显示程序 　　　　　　　　　 ;
;*********************************;

;显示数据在 70H～75H 单元内,用六位 LED 共阳数码管显示,P0 口输出段码数据,
;P2 口作扫描控制,每个 LED 数码管亮 1 ms 时间再逐位循环

DISPLAY:	MOV	R1,DISPFIRST	;指向显示数据首址
	MOV	R5,#80H	;扫描控制字初值
PLAY:	MOV	A,R5	;扫描字放入 A
	MOV	P2,A	;从 P2 口输出
	MOV	A,@R1	;取显示数据到 A
	MOV	DPTR,#TAB	;取段码表地址
	MOVC	A,@A+DPTR	;查显示数据对应段码
	MOV	P0,A	;段码放入 P1 口
	MOV	A,R5	;
	JNB	ACC.5,LOOP5	;小数点处理
	CLR	P0.7	;
LOOP5:	JNB	ACC.3,LOOP6	;小数点处理
	CLR	P0.7	;
LOOP6:	LCALL	DL1MS	;显示 1 ms
	INC	R1	;指向下一地址
	MOV	A,R5	;扫描控制字放入 A
	JB	ACC.2,ENDOUT	;ACC.5＝0 时一次显示结束
	RR	A	;A 中数据循环左移
	MOV	R5,A	;放回 R5 内
	MOV	P0,#0FFH	

```
                AJMP        PLAY                ;跳回 PLAY 循环
ENDOUT:         MOV         P2,#00H             ;一次显示结束,P2 口复位
                MOV         P0,#0FFH            ;P0 口复位
                RET                             ;子程序返回
```

TAB: DB 0C0H,0F9H,0A4H,0B0H,99H,92H,82H,0F8H,80H,90H,0FFH,88H,0BFH

;共阳段码表　　　"0""1""2""3""4""5""6""7""8""9""不亮""A""-"

;

;＊＊＊＊＊＊＊＊＊＊＊＊＊＊＊＊＊＊＊＊＊＊＊＊＊＊＊＊＊＊;

; SDISPLAY,上电滚动显示子程序　　　　　　　　　　　;

;＊＊＊＊＊＊＊＊＊＊＊＊＊＊＊＊＊＊＊＊＊＊＊＊＊＊＊＊＊;

;不带小数点显示,有"A""－"显示功能

```
SDISPLAY:       MOV         R1,DISPFIRST
                MOV         R5,#80H             ;扫描控制字初值
SPLAY:          MOV         A,R5                ;扫描字放入 A
                MOV         P2,A                ;从 P2 口输出
                MOV         A,@R1               ;取显示数据到 A
                MOV         DPTR,#TABS           ;取段码表地址
                MOVC        A,@A+DPTR            ;查显示数据对应段码
                MOV         P0,A                ;段码放入 P1 口
                MOV         A,R5                ;
                LCALL       DL1MS               ;显示 1 ms
                INC         R1                  ;指向下一地址
                MOV         A,R5                ;扫描控制字放入 A
                JB          ACC.2,ENDOUTS       ;ACC.5＝0 时一次显示结束
                RR          A                   ;A 中数据循环左移
                MOV         R5,A                ;放回 R5 内
                AJMP        SPLAY               ;跳回 PLAY 循环
ENDOUTS:        MOV         P2,#00H             ;一次显示结束,P2 口复位
                MOV         P0,#0FFH            ;P0 口复位
                RET         ;子程序返回
```

TABS: DB 0C0H,0F9H,0A4H,0B0H,99H,92H,82H,0F8H,80H,90H,0FFH,0C6H,
　　　　0BFH,88H

;显示数　"0　1　2　3　4　5　6　7　8　9　不亮　　C　　-　　A　"

;内存数　"0　1　2　3　4　5　6　7　8　9　0AH　　0BH 0CH　0DH "

;STAB 表,启动时显示 2006 年 12 月 23 日、C04-2-28(学号)用

STAB: DB 0AH,0AH,0AH,0AH,0AH,0AH,08H,02H,0CH,02H,0CH,04H,00H,
　　　　0BH,0AH,0AH

　　　　DB 03H,02H,0CH,02H,01H,0CH,06H,00H,00H,02H,0AH,0AH,0AH,0AH,
　　　　0AH,0AH

;注:0A 不亮,0B 显示"A",0C 显示"-"

;

; *

;ST,上电时显示年月班级用,采用移动显示,先右移,接着左移

; *

```
ST:             MOV     R0,#40H              ;将显示内容移入 40H～5FH 单元
                MOV     R2,#20H
                MOV     R3,#00H
                MOV     R4,#0FEH
                MOV     P1,R4
                CLR     A
                MOV     DPTR,#STAB
SLOOP:          MOVC    A,@A+DPTR
                MOV     @R0,A
                MOV     A,R3
                INC     A
                MOV     R3,A
                INC     R0
                DJNZ    R2,SLOOP             ;移入完毕
                MOV     DISPFIRST,#5AH      ;以下程序从右往左移
                MOV     R3,#1BH             ;显示 27 个单元
SSLOOP2:        MOV     R2,#25              ;控制移动速度
SSLOOP12:       LCALL   SDISPLAY
                DJNZ    R2,SSLOOP12
                MOV     A,R4
                RL      A
                MOV     R4,A
                MOV     P1,A
                DEC     DISPFIRST
                DJNZ    R3,SSLOOP2
                MOV     P1,#0FFH
                MOV     DISPFIRST,#40H      ;以下程序从左往右移
SSLOOP:         MOV     R2,#25              ;控制移动速度
SSLOOP1:        LCALL   SDISPLAY
                DJNZ    R2,SSLOOP1
                MOV     A,R4
                RL      A
                MOV     R4,A
                MOV     P3,A
```

```
                INC        DISPFIRST
                MOV        A,DISPFIRST
                CJNE       A,#5AH,SSLOOP
                MOV        P3,#0FFH
                RET
```

```
;*********************************************;
;                   延时程序                   ;
;*********************************************;
;
;1 ms 延时程序,LED 显示程序用
DL1MS:          MOV        DELAYR6,#14H
DL1:            MOV        DELAYR7,#19H
DL2:            DJNZ       DELAYR7,DL2
                DJNZ       DELAYR6,DL1
                RET
DL50MS:         MOV        DELAYR5,#50
DLMS:           LCALL      DL1MS
                DJNZ       DELAYR5,DLMS
                RET
;20 ms 延时程序,采用调用显示子程序以改善 LED 的显示闪烁现象
DS20MS:         CLR        BELL
                LCALL      DISPLAY
                LCALL      DISPLAY
                LCALL      DISPLAY
                SETB       BELL
                RET
;延时程序,用作按键时间的长短判断
DL1S:           LCALL      DL05S
                LCALL      DL05S
                RET
DL05S:          MOV        DELAYR3,#20H    ;8 ms * 32=0.196 s
DL05S1:         LCALL      DISPLAY
                DJNZ       DELAYR3,DL05S1
                RET
```

```
;********************************************
;以下是闹铃时间设定程序中的时调整程序
;********************************************
DSSFUNN:        LCALL      DISPLAY              ;等待键释放
                JNB        P1.3,DSSFUNN
```

	MOV	50H,♯0AH	;时调整时显示为 00:00:-
	MOV	51H,♯0CH	
WAITSS:	SETB	EA	
	LCALL	DISPLAY	
	JNB	P1.2,FFFF	;时加 1 键
	JNB	P1.0,DDDD	;时减 1
	JNB	P1.3,OOOO	;闹铃设定退出键
	JNB	P1.1,ENA	;闹铃设定有效或无效按键
	AJMP	WAITSS	
OOOO:	LCALL	DS20MS	;消抖
	JB	P1.3, WAITSS	
DSSFUNNM:	LCALL	DISPLAY	;键释放等待
	JNB	P1.3, DSSFUNNM	
	MOV	DISPFIRST,♯70H	
	LJMP	START1	
ENA:	LCALL	DS20MS	;消抖
	JB	P1.1, WAITSS	
DSSFUNMMO:	LCALL	DISPLAY	;键释放等待
	JNB	P1.1, DSSFUNMMO	
	CPL	05H	
	JNB	05H,WAITSS11	
	MOV	50H,♯00H	;05H＝1,闹铃开,显示为 00:00:0
	AJMP	WAITSS	
WAITSS11:	MOV	50H,♯0aH	;闹铃不开,显示为 00:00:-
	AJMP	WAITSS	
FFFF:	LCALL	DS20MS	;消抖
	JB	P1.2, WAITSS	
DSSFUNMM:	LCALL	DISPLAY	;键释放等待
	JNB	P1.2, DSSFUNMM	
	CLR	EA	
	MOV	R0,♯55H	
	LCALL ADD1		
	MOV	A,R3	
	CLR	C	
	CJNE	A,♯24H,ADDHH33N	
ADDHH33N:	JC	WAITSS	;小于 24 h 返回
	ACALL	CLR0	;大于或等于 24 h 清零
	AJMP	WAITSS	

DDDD：	LCALL	DS20MS	;消抖
	JB	P1.0,WAITSS	
DSSFUNDD：	LCALL	DISPLAY	;键释放等待
	JNB	P1.0,DSSFUNDD	
	CLR	EA	
	MOV	R0,♯55H	
	LCALL	SUBB1	
	LJMP	WAITSS	

;＊＊＊＊＊＊＊＊＊＊＊＊＊＊＊＊＊＊＊
;以下是闹铃判断子程序
;＊＊＊＊＊＊＊＊＊＊＊＊＊＊＊＊＊＊＊

BAOJ：	JNB	05H,BBAO	;05H＝1,闹钟开,要比较数据
	MOV	A,79H	;从时十位、个位、分十位、分个位顺序比较
	CJNE	A,55H,BBAO	
	MOV	A,78H	
	CLR	C	
BB3：	CJNE	A,54H,BBAO	
	MOV	A,77H	
	CLR	C	
	CJNE	A,53H,BBAO	
	MOV	A,76H	
	CLR	C	
BB2：	CJNE	A,52H,BBAO	
	SETB	0AH	
;	JNB	07H,BBAO	;07H 在 1 s 到时会取反
;	CLR	BELL	;时分相同时鸣叫(1 s 间隔叫)
	RET		
;			
BBAO：	SETB	BELL	;不相同或闹铃不开
	RET		

;＊＊＊＊＊＊＊＊＊＊＊＊＊＊＊＊＊＊＊＊＊
;倒计时调分十位数
;＊＊＊＊＊＊＊＊＊＊＊＊＊＊＊＊＊＊＊＊＊

SADD：	LCALL	DS20MS	
	JB	P1.5,LOOOP	
SADDWAIT：	JNB	P1.5,SADDWAIT	
	INC	65H	;十位加 1
	MOV	A,♯9	

```
                    SUBB      A,65H
                    JNC       LOOOP
                    MOV       65H,#00H        ;大于 9 为 0
                    AJMP      LOOOP
;倒计时调分个位数
GADD:               LCALL     DS20MS
                    JB        P1.6,LOOOP
GADDWAIT:           JNB       P1.6,GADDWAIT
                    INC       64H             ;十位加 1
                    MOV       A,#9
                    SUBB      A,64H
                    JNC       LOOOP
                    MOV       64H,#00H        ;大于 9 为 0
                    AJMP      LOOOP
;倒计时程序
DJSST:
                    CPL       06H
                    JNB       06H,TIMFUNN
                    MOV       DISPFIRST,#60H  ;显示秒表数据单元
                    MOV       60H,#00H
                    MOV       61H,#00H
                    MOV       62H,#00H
                    MOV       63H,#00H
                    MOV       64H,#01H
                    MOV       65H,#00H
                    MOV       TL1,#0F0H       ;10 ms 定时初值
                    MOV       TH1,#0D8H       ;10 ms 定时初值
LOOOP:              LCALL     DISPLAY         ;倒计时准备,等待键按下
                    JNB       P1.5,SADD
                    JNB       P1.6,GADD
                    JB        P1.4,LOOOP
                    LCALL     DS20MS
                    JB        P1.4,LOOOP
                    SETB      TR1             ;倒计时开始
                    SETB      ET1
LOOOPP:             LCALL     DISPLAY
                    JNB       P1.4,LOOOPP
START11222:         LJMP      START1
TIMFUNN:            MOV       DISPFIRST,#70H  ;显示计时数据单元
```

```
             CLR      ET1
             CLR      TR1

             LJMP     START1
;
DJSS:        CLR      TR1
             MOV      A,#0F7H          ;中断响应时间同步修正,重装初值
                                       ;(10 ms)
             ADD      A,TL1            ;低 8 位初值修正
             MOV      TL1,A            ;重装初值(低 8 位修正值)
             MOV      A,#0D8H          ;高 8 位初值修正
             ADDC     A,TH1
             MOV      TH1,A            ;重装初值(高 8 位修正值)
             SETB     TR1              ;开启定时器 T0
             MOV      A,61H
             SWAP     A
             ORL      A,60H
             JZ       FSS111
             SUBB     A,#01H
             MOV      R3,A
             ANL      A,#0F0H
             SWAP     A
             MOV      61H,A
             MOV      A,R3
             ANL      A,#0FH
             MOV      60H,A
             CJNE     A,#0AH,JJJ
JJJ:         JC       OUTT011
             MOV      60H,#09
             AJMP     OUTT011          ;加 1 后不为 00,C=1
FSS111:      MOV      60H,#09
             MOV      61H,#09
             MOV      A,63H
             SWAP     A
             ORL      A,62H
             JZ       FSS222
             SUBB     A,#01H
             MOV      R3,A
             ANL      A,#0F0H
```

```
            SWAP    A
            MOV     63H,A
            MOV     A,R3
            ANL     A,#0FH
            MOV     62H,A
            CJNE    A,#0AH,KKK
KKK：       JC      OUTT011
            MOV     62H,#09
            AJMP    OUTT011         ;加 1 后不为 00,C=1
FSS222：    MOV     62H,#09
            MOV     63H,#05         ;小于 60 min 时中断退
            MOV     A,65H
            SWAP    A
            ORL     A,64H
            JZ      FSS333
            SUBB    A,#01H
            MOV     R3,A
            ANL     A,#0F0H
            SWAP    A
            MOV     65H,A
            MOV     A,R3
            ANL     A,#0FH
            MOV     64H,A
            CJNE    A,#0AH,qqq
qqq：       JC      OUTT011
            MOV     64H,#09
            AJMP    OUTT011         ;加 1 后不为 00,C=1
FSS333：    MOV     64H,#00
            MOV     65H,#00
            MOV     63H,#00
            MOV     62H,#00
            MOV     61H,#00
            MOV     60H,#00
            CLR     BELL
            CLR     TR1
            CLR     ET1
OUTT011：
            POP     PSW             ;恢复状态字(出栈)
            POP     ACC             ;恢复累加器
```

```
                RETI        ;中断返回
;
;开机流水灯子程序
STFUN0：         MOV         A，#0FEH
FUN0011：        MOV         P1，A
                LCALL       DL50MS
                JNB         ACC.7，MAINEND
                RL          A
                AJMP        FUN0011
MAINEND：        MOV         P1，#0FFH
                MOV         A，#0FEH
FUN0022：        MOV         P3，A
                LCALL       DL50MS
                JNB         ACC.7，MAINEND1
                RL          A
                AJMP        FUN0022
MAINEND1：       MOV         P3，#0FFH
                RET
;时钟程序开始初始化程序
STMEN：          MOV         R0，#20H          ;清 20H～7FH 内存单元
                MOV         R7，#60H
CLEARDISP：      MOV         @R0，#00H
                INC         R0
                DJNZ        R7，CLEARDISP
                MOV         20H，#00H         ;清 20H(标志用)
                MOV         21H，#00H         ;清 21H(标志用)
                MOV         7AH，#0AH         ;放入"熄灭符"数据
                MOV         TMOD，#11H        ;设 T0、T1 为 16 位定时器
                MOV         TL0，#0B0H        ;50 ms 定时初值(T0 计时用)
                MOV         TH0，#3CH         ;50 ms 定时初值
                MOV         TL1，#0B0H        ;50 ms 定时初值(T1 闪烁定时用)
                MOV         TH1，#3CH         ;50 ms 定时初值
                RET
;以下唱歌程序
MUSIC0：         MOV         TH1，#0D8H
                MOV         TL1，#0EFH
                SETB        TR1
                SETB        09H
                SETB        ET1
```

```
                MOV      DPTR,＃DAT        ;表头地址送 DPTR
                MOV      SONGCON,＃00H     ;中断计数器清 0
        ;
        MUSIC1:
                CLR      A
                MOVC     A,@A＋DPTR        ;查表取代码
                JZ       END0             ;是 00H,则结束
                CJNE     A,＃0FFH,MUSIC5
                LJMP     MUSIC3
        MUSIC5:
                MOV      CONR6,A
                INC      DPTR
                CLR      A
                MOVC     A,@A＋DPTR        ;取节拍代码送 R7
                MOV      CONR7,A
                SETB     TR1              ;启动计数
        MUSIC2:
                CPL      BELL
                MOV      A,CONR6
                MOV      CONR3,A
                LCALL    DEL
                MOV      A,CONR7
                CJNE     A,SONGCON,MUSIC2 ;中断计数器(SONGCON)＝
                                         ;R7 否?
                MOV      SONGCON,＃00H     ;等于,则取下一代码
                INC      DPTR
                LJMP     MUSIC1
        MUSIC3:
                CLR      TR1              ;休止 100 ms
                MOV      CONR2,＃0DH
        MUSIC4:
                NOP
                MOV      CONR3,＃0FFH
                LCALL    DEL
                DJNZ     CONR2,MUSIC4
                INC      DPTR
                LJMP     MUSIC1
        END0:   CLR      ET1
                CLR      TR1
```

```
            CLR      09H
            RET
DEL：
            NOP
DEL3：
            MOV      CONR4，#02H
DEL4：
            NOP
            DJNZ     CONR4，DEL4
            NOP
            DJNZ     CONR3，DEL3
            RET
```

;以下为唱歌音乐代码表,数据为音调一节拍,FF 为休止 100ms,00H 为结束

```
DAT：
db 26h,20h,20h,20h,20h,20h,26h,10h,20h,10h,20h,80h,26h,20h,30h,20h
db 30h,20h,39h,10h,30h,10h,30h,80h,26h,20h,20h,20h,20h,20h,1ch,20h
db 20h,80h,2bh,20h,26h,20h,20h,20h,2bh,10h,26h,10h,2bh,80h,00H
;
            END                    ;程序结束
```

14.2.7　C 程序清单

```
/ * ------------------------------------
Clock program V8.1
MCU STC89C52RC   XAL 12MHz
Build by Gavin Hu，2007.12.16
------------------------------------ * /
#include <reg51.h>
//
#define uchar unsigned char
#define uint unsigned int
#define ulong unsigned long
sbit BUZZ=P3^7;
sbit KEY1=P1^0;
sbit KEY2=P1^1;
uchar hour_reg, minute_reg, second_reg;

void delay(uint);
void display(uchar * );
```

```
void time2str(uchar * );
void time_set(void);


/* ------------------------------------
   main function
   --------------------------------- * /
void main(void)
{
uchar dispram[9];
TMOD=0x11;
IE=0x82;
TR0=1;
while (1)
    {
    time2str(dispram);
    display(dispram);
    if (KEY1==0) time_set();
    }
}


/* ------------------------------------
   Time data to display string function
   Parameter: pointer of string
   --------------------------------- * /
void time2str(uchar * ch)
{
ch[0]=hour_reg/10;
ch[1]=hour_reg%10;
ch[2]=16;
ch[3]=minute_reg/10;
ch[4]=minute_reg%10;
ch[5]=16;
ch[6]=second_reg/10;
ch[7]=second_reg%10;
}


/* ------------------------------------
   Set time function
   --------------------------------- * /
```

```
void time_set(void)
{
uchar ch[8];
uchar i,c;
TR0=0;
second_reg=0;
time2str(ch);
do {
    display(ch);
    } while (KEY1==0);
c=2;
while (c)
    {
    time2str(ch);
    if (c==2) {ch[0]|=0x80;ch[1]|=0x80;}
        else {ch[3]|=0x80;ch[4]|=0x80;}
    display(ch);
    if (KEY1==0)
        {
        c--;
        do {
            display(ch);
            } while (KEY1==0);
        }
    if (KEY2==0)
        {
        if (c==2) hour_reg=(hour_reg+1)%24;
            else minute_reg=(minute_reg+1)%60;
        for (i=0;i<50;i++) display(ch);
        }
    }
TR0=1;
}


/* --------------------------------------
   Delay function
   Parameter: unsigned int dt
   Delay time=dt(ms)
------------------------------------------*/
```

```
void delay(unsigned int dt)
{
register unsigned char bt,ct;
for (; dt; dt——)
    for (ct=2;ct;ct——)
        for (bt=250; ——bt; );
}


/* ------------------------------------------
   8 LED digital tubes display function
   Parameter: sting pointer to display
   ------------------------------------------*/
void display(uchar * disp_ram)
{
static uchar disp_count;
unsigned char i,j;
unsigned char code table[]=

{0xc0,0xf9,0xa4,0xb0,0x99,0x92,0x82,0xf8,0x80,0x90,0x88,

0x83,0xc6,0xa1,0x86,0x8e,0xbf,0xff};
disp_count=(disp_count+1)&0x7f;
for (i=0;i<8;i++)
    {
    j =disp_ram[i];
    if (j&0x80) P0 =(disp_count>32)? table[j&0x7f]:0xff;
        else P0 =table[j];
    P2 =0x01<<i;
    delay(1);
    P0 =0xff;
    P2 =0;
    }
}


/* ------------------------------------------
   Time function(using T0 interrupt)
   ------------------------------------------*/
void T0_time(void)interrupt 1
{
```

```
static uchar T0_count=0;
TL0=0xb0;
TH0=0x3c;
T0_count++;
if (T0_count>=20)
    {
    T0_count=0;
    second_reg++;
    if (second_reg>=60)
        {
        second_reg=0;
        minute_reg++;
        if (minute_reg>=60)
            {
            minute_reg=0;
            hour_reg=(hour_reg+1)%24;
            }
        }
    }
}
```

第 15 章 实验 9 DS1302 实时时钟设计

15.1 实验内容与要求

实验名称：DS1302 实时时钟设计

实验学时：6 学时

实验属性：综合/设计性实验

开出要求：必做

每组人数：1 人

1. 实验目的

学习一个采用实时时钟芯片 DS1302 的单片机 LED 时钟电路的汇编或 C 语言程序设计、调试全过程。

2. 实验要求

时钟计时器要求用六位 LED 数码管显示年、月、日、星期、时、分、秒，使用按键开关可实现年、月、日及时、分调整功能，或由学生自己定义时钟系统的功能及实现方法，完成实验设计报告。

3. 实验任务

① 在 Wave 或 Keil - C51 编译器环境下编制调试汇编或 C 语言程序，然后写入单片机并脱机运行验证功能是否正确。

② 完成实验报告。

4. 实验预习要求

① 如需要用 Proteus 软件仿真调试的，先根据参考资料，画出实际仿真电路接线图。

② 根据实验任务设计部分相应的调试程序。

5. 实验设备

计算机(安装单片机汇编及 C 语言编译软件、Proteus 仿真软件)、八位 LED 时钟电路板(已焊)、单片机烧写器各 1 套。

6. 实验报告要求

按实验报告纸式样要求完成电子及纸质报告并上交。

15.2　参考资料

15.2.1　系统功能

　　DS1302 实时时钟芯片能输出阳历年、月、日及星期、小时、分、秒等计时信息,可制作成实时时钟。本系统要求用八位 LED 数码管实时显示时、分、秒时间。

15.2.2　设计方案

　　按照系统设计功能的要求,DS1302 实时时钟电路系统由主控模块、时钟模块、显示模块、键盘接口模块、发声模块共 5 个模块组成,电路系统构成框图如图 15.1 所示。主控芯片使用 89C52 系列单片机,时钟芯片使用美国 DALLAS 公司推出的一种高性能、低功耗、带 RAM 的实时时钟 DS1302。采用 DS1302 作为计时芯片,可以做到计时准确,更重要的是 DS1302 可以在很小电流的后备电源(2.5～5.5 V 电源,在 2.5 V 时耗电小于 300 nA)下继续计时,而且 DS1302 可以编程选择多种充电电流来对后备电源进行慢速充电,可以保证后备电源基本不耗电。显示电路采用八位共阳 LED 数码管,采用查询法查键实现功能调整。

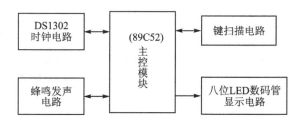

图 15.1　DS1302 实时时钟电路系统构成框图

15.2.3　系统硬件仿真电路

　　DS1302 实时时钟硬件仿真电路如图 15.2 所示。时钟芯片的晶振频率为 32.768 kHz,三个数据、时钟、片选口可不接上拉电阻;LED 数码管采用动态扫描方式显示,P0 口为段码输出口,P2 口为扫描驱动口,扫描驱动信号经 74HC244 功率放大用作 LED 点亮电源;调时按键设计了两个,分别接在 P3.5、P3.6 口,用于设定加 1 调整;P3.7 口接了一个蜂鸣发声器,用于按键发声提醒用。

15.2.4　程序设计

1. 时钟读出程序设计

　　因为使用了时钟芯片 DS1302,时钟程序只需从 DS1302 各个寄存器中读出年、周、月、日、小时、分钟、秒等数据再处理即可,本次设计中仅读出时、分、秒数据。在首

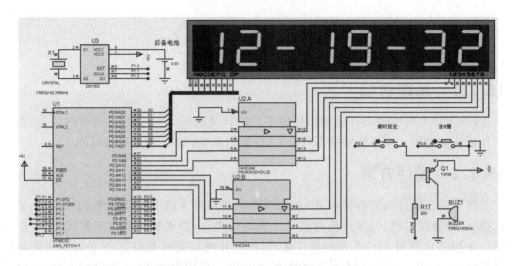

图 15.2　DS1302 实时时钟硬件仿真电路图

次对 DS1302 进行操作之前，必须对它进行初始化，然后从 DS1302 中读出数据，再经过处理后送给显示缓冲单元。时钟读出程序流程图见图 15.3。

2. 时间调整程序设计

调整时间用 2 个调整按钮，1 个作为设定控制用，另外 1 个作为加调整用。在调整时间的过程中，要调整的那位与别的位应该有区别，所以增加了闪烁功能，即调整的那位一直在闪烁直到调整下一位。闪烁原理就是让要调整的那一位，每隔一定时间熄灭一次，比如说 50 ms，利用定时器计时，当达到 50 ms 时，就送给该位熄灭符，在下一次溢出时，再送正常显示的值，不断交替，直到调整该位结束。时间调整程序流程图如图 15.4 所示。

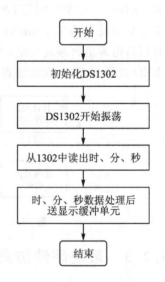

图 15.3　时钟读出程序流程图

15.2.5　软件调试与运行结果

调试分为 Proteus 硬件电路调试和程序软件调试。硬件电路调试主要是检查各元件的连接线是否接好，另外可以通过编一个小调试软件来测试硬件电路是否正常。软件调试应分块进行，先进行显示程序调试，再写 DS1302 芯片的读/写程序，最后通过多次修改与完善达到理想的功能效果。

DS1302 的晶振频率是计时精度的关键，实际设计中可换用标准晶振或用小电容进行修正，在本仿真电路中不需要对计时精度进行校准。

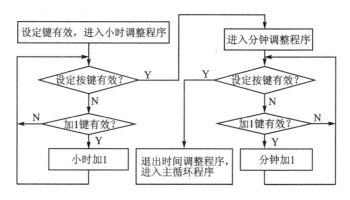

图 15.4　时间调整程序流程图

15.2.6　汇编源程序清单

```
; * * * * * * * * * * * * * * * * * * * * * * * * * * * * * * * * * * * * * * * * * * ;
;          单片机实验程序:DS1302 实时时钟设计                              ;
;              12 MHz 晶振                                                  ;
; * * * * * * * * * * * * * * * * * * * * * * * * * * * * * * * * * * * * * * * * * * ;
;从 DS1302 中读出的数据放在 52H(小时)51H(分钟)50H(秒)
;显示缓冲单元:72H～73H(45H～44H)小时,
;75H～76H(43H～42H)分钟,
;78H～79H(41H～40H)秒
;定时器 T1 为调整时闪烁用。
;显示式样:        15-38-12
; * * * * * * * * * * * * * * * *定义 * * * * * * * * * * * * * * * * * * * * * ;
;
        SCLK          EQU    P1.1              ;DS1302 时钟口,DS1302 第 7 脚
        IO            EQU    P1.2              ;数据口,DS1302 第 6 脚
        RST           EQU    P1.3              ;使能口,DS1302 第 5 脚
        KEYSW0        EQU    P3.5              ;调时按键
        KEYSW1        EQU    P3.6              ;加 1 按键
        BELL          EQU    P3.7
        hour          DATA   52H               ;DS1302 读出时
        mintue        DATA   51H               ;DS1302 读出分
        second        DATA   50H               ;DS1302 读出秒
        DS1302_ADDR   DATA   32H               ;DS1302 需操作的地址数据存放
        DS1302_DATA   DATA   31H               ;DS1302 读出或需写入的数据存放
        INTCON        DATA   30H               ;闪烁中断计时用
        CON_DATA      DATA   06H               ;闪烁时间＝65×6＝0.39 s
        DISPFIRST     EQU    33H               ;显示地址首址
```

```
          DELAYR3        EQU    38H                        ;延时程序用寄存器
          DELAYR5        EQU    39H
          DELAYR6        EQU    3AH
          DELAYR7        EQU    3BH
;
;******************程序入口********************;
;
                         ORG    0000H
                         LJMP   START
                         ORG    0003H
                         RETI
                         ORG    000BH
                         RETI
                         ORG    0013H
                         RETI
                         ORG    001BH
                         LJMP   INTT1
                         ORG    0023H
                         RETI
                         ORG    002BH
                         RETI
;
;****************;主程序;********************;
;
START:
                         MOV    SP,＃80H                 ;堆栈在80H 上
                         CLR    RST                      ;DS1302 禁止
                         MOV    DISPFIRST,＃72H
                         MOV    74H,＃12                 ;"-"
                         MOV    77H,＃12                 ;"-"
                         MOV    TMOD,＃10H               ;计数器1,方式1
                         MOV    TL1,＃00H
                         MOV    TH1,＃00H
                         MOV    INTCON,＃CON_DATA
                         CLR    00H                      ;清闪烁标志
                         CLR    01H                      ;清闪烁标志
                         SETB   EA
                         MOV    DS1302_ADDR,＃8EH
                         MOV    DS1302_DATA,＃00H       ;允许写 DS1302 ,＃80,禁止
```

```
            LCALL   WRITE
            MOV     DS1302_ADDR,#90H
            MOV     DS1302_DATA,#0A6H
;1302 充电电流 1.1MA;#A5;2.2MA;#A7;0.6MA;
            LCALL   WRITE
            MOV     DS1302_ADDR,#80H
            MOV     DS1302_DATA,#00H    ;DS1302 晶振开始振荡,#80H,禁止
            LCALL   WRITE
;
;以下主程序
MAIN1:      MOV     DS1302_ADDR,#85H    ;读出小时
            LCALL   READ
            MOV     hour,DS1302_DATA
            LCALL   DISPLAY             ;显示刷新
            MOV     DS1302_ADDR,#83H    ;读出分钟
            LCALL   READ
            MOV     mintue,DS1302_DATA
            LCALL   DISPLAY             ;显示刷新
            MOV     DS1302_ADDR,#81H    ;读出秒
            LCALL   READ
            MOV     second,DS1302_DATA
            LCALL   DISPLAY             ;显示刷新
;
            MOV     R0,hour             ;小时分离,送显示缓存
            LCALL   DIVIDE
            MOV     73H,R1              ;时个位
            MOV     44H,R1
            MOV     72H,R2              ;时十位
            MOV     45H,R2
            LCALL   DISPLAY             ;显示刷新
            MOV     R0,mintue           ;分钟分离,送显示缓存
            LCALL   DIVIDE
            MOV     76H,R1              ;时个位
            MOV     42H,R1
            MOV     75H,R2              ;时十位
            MOV     43H,R2
            LCALL   DISPLAY             ;显示刷新
            MOV     R0,second           ;秒分离,送显示缓存
            LCALL   DIVIDE
            MOV     79H,R1              ;秒个位
```

```
              MOV     40H,R1
              MOV     78H,R2              ;秒十位
              MOV     41H,R2
              LCALL   DISPLAY            ;显示刷新
;

              JNB     KEYSW0,SETG        ;调整时间控制键
              LJMP    MAIN1
;
;******************公历设置程序********************;
;
SETG：
              LCALL   DL20MS
              JB      KEYSW0,MAIN1
WAITKEY0：     LCALL   DISPLAY            ;等待按键释放
              JNB     KEYSW0,WAITKEY0
              LCALL   DISPLAY
              JNB     KEYSW0,WAITKEY0
              MOV     78H,#00H            ;调时时秒位为0
              MOV     79H,#00H            ;调时时秒位为0
              MOV     40H,#00H            ;调时时秒位为0
              MOV     41H,#00H            ;调时时秒位为0
              MOV     DS1302_ADDR,#8EH
              MOV     DS1302_DATA,#00H    ;允许写 DS1302
              LCALL   WRITE
              MOV     DS1302_ADDR,#80H
              MOV     DS1302_DATA,#80H    ;DS1302 停止振荡
              LCALL   WRITE
              SETB    TR1                ;闪烁开始
              SETB    ET1
;
SETG9：        LCALL   DISPLAY            ;等待键按下
              JNB     KEYSW0,SETG10
              JNB     KEYSW1,GADDHOUR
              AJMP    SETG9
GADDHOUR：     LCALL   DL20MS
              JB      KEYSW1,SETG9
              MOV     R7,52H             ;小时加1
              LCALL   ADD1
              MOV     52H,A
```

```
                    CJNE    A,#24H,GADDHOUR11
GADDHOUR11:         JC      GADDHOUR1
                    MOV     52H,#00H
GADDHOUR1:          MOV     DS1302_ADDR,#84H        ;小时值送入 DS1302
                    MOV     DS1302_DATA,52H
                    LCALL   WRITE
                    MOV     R0,52H
                    LCALL   DIVIDE                  ;小时值分离送显示缓存
                    MOV     73H,R1
                    MOV     44H,R1
                    MOV     72H,R2
                    MOV     45H,R2
WAITKEY1:           LCALL   DISPLAY                 ;等待按键释放
                    JNB     KEYSW1,WAITKEY1
                    LCALL   DISPLAY
                    JNB     KEYSW1,WAITKEY1
                    AJMP    SETG9
;
SETG10:             LCALL   DL20MS
                    JB      KEYSW0,SETG9
                    SETB    01H                     ;调分时候闪标志
WAITKEY00:          LCALL   DISPLAY                 ;等待按键释放
                    JNB     KEYSW0,WAITKEY00
                    LCALL   DISPLAY
                    JNB     KEYSW0,WAITKEY00
SETG11:             LCALL   DISPLAY                 ;等待分调整
                    JNB     KEYSW0,SETGOUT
                    JNB     KEYSW1,GADDMINTUE
                    AJMP    SETG11
;
GADDMINTUE:         LCALL   DL20MS
                    JB      KEYSW1,SETG11
                    MOV     R7,51H                  ;分钟加 1
                    LCALL   ADD1
                    MOV     51H,A
                    CJNE    A,#60H,GADDMINTUE11
GADDMINTUE11:       JC      GADDMINTUE1
                    MOV     51H,#00H
GADDMINTUE1:        MOV     DS1302_ADDR,#82H        ;分钟值送入 DS1302
```

```
                    MOV    DS1302_DATA,51H
                    LCALL  WRITE
                    MOV    R0,51H
                    LCALL  DIVIDE                      ;分钟值分离送显示缓存
                    MOV    76H,R1
                    MOV    42H,R1
                    MOV    75H,R2
                    MOV    43H,R2
WAITKEY111:         LCALL  DISPLAY                     ;等待按键释放
                    JNB    KEYSW1,WAITKEY111
                    LCALL  DISPLAY
                    JNB    KEYSW1,WAITKEY111
                    AJMP   SETG11


SETGOUT:            LCALL  DL20MS
                    JB     KEYSW0,SETG11
                    MOV    DS1302_ADDR,#80H
                    MOV    DS1302_DATA,#00H            ;DS1302 晶振开始振荡
                    LCALL  WRITE
                    MOV    DS1302_ADDR,#8EH
                    MOV    DS1302_DATA,#80H            ;禁止写入 DS1302
                    LCALL  WRITE
                    CLR    00H
                    CLR    01H
                    CLR    ET1                         ;关闪中断
                    CLR    TR1
WAITKEY000:         LCALL  DISPLAY                     ;等待按键释放
                    JNB    KEYSW0,WAITKEY000
                    LCALL  DISPLAY
                    JNB    KEYSW0,WAITKEY000
                    LJMP   MAIN1
;
;***************闪动调时程序*******************;
;
INTT1:              PUSH   ACC
                    PUSH   PSW
                    DJNZ   INTCON,GFLASHOUT
                    MOV    INTCON,#CON_DATA
GFLASH:             CPL    00H
```

```
                    JB      00H,GFLASH5
                    MOV     72H,45H                      ;全显示
                    MOV     73H,44H
                    MOV     75H,43H
                    MOV     76H,42H
                    MOV     78H,41H
                    MOV     79H,40H
GFLASHOUT:          LCALL   DISPLAY
                    POP     PSW
                    POP     ACC
                    RETI
;
GFLASH5:            JB      01H,GFLASH6                  ;调小时闪
                    MOV     72H,#0AH
                    MOV     73H,#0AH
                    AJMP    GFLASHOUT
GFLASH6:            MOV     75H,#0AH                      ;调分钟闪
                    MOV     76H,#0AH
                    AJMP    GFLASHOUT
;
;***************加一程序***************;
;
ADD1:               MOV     A,R7
                    ADD     A,#01H
                    DA      A
                    RET
;
;***************分离程序*******************;
;
DIVIDE:             MOV     A,R0
                    ANL     A,#0FH
                    MOV     R1,A
                    MOV     A,R0
                    SWAP    A
                    ANL     A,#0FH
                    MOV     R2,A
                    RET
;
;***************写 1302 程序***************;
```

```
    ;
    WRITE:        CLR    SCLK
                  NOP
                  SETB   RST
                  NOP
                  MOV    A,DS1302_ADDR
                  MOV    R4,#8
    WRITE1:       RRC    A                          ;送地址给 DS1302
                  NOP
                  NOP
                  CLR    SCLK
                  NOP
                  NOP
                  NOP
                  MOV    IO,C
                  NOP
                  NOP
                  NOP
                  SETB   SCLK
                  NOP
                  NOP
                  DJNZ   R4,WRITE1
                  CLR    SCLK
                  NOP
                  MOV    A,DS1302_DATA
                  MOV    R4,#8
    WRITE2:       RRC    A
                  NOP                               ;送数据给 DS1302
                  CLR    SCLK
                  NOP
                  NOP
                  MOV    IO,C
                  NOP
                  NOP
                  NOP
                  SETB   SCLK
                  NOP
                  NOP
                  DJNZ   R4,WRITE2
```

```
                CLR     RST
                RET
;
;****************读 DS1302 程序******************;
;
READ：          CLR     SCLK
                NOP
                NOP
                SETB    RST
                NOP
                MOV     A,DS1302_ADDR
                MOV     R4,#8
READ1：         RRC     A                       ;送地址给 DS1302
                NOP
                MOV     IO,C
                NOP
                NOP
                NOP
                SETB    SCLK
                NOP
                NOP
                NOP
                CLR     SCLK
                NOP
                NOP
                DJNZ    R4,READ1

                MOV     R4,#8
READ2：         CLR     SCLK
                NOP                             ;从 DS1302 中读出数据
                NOP
                NOP
                MOV     C,IO
                NOP
                NOP
                NOP
                NOP
                NOP
                RRC     A
```

```
              NOP
              NOP
              NOP
              NOP
              SETB    SCLK
              NOP
              DJNZ    R4,READ2
              MOV     DS1302_DATA,A
              CLR     RST
              RET
;
;**************显示程序*********************
DISPLAY:      MOV     R1,DISPFIRST
              MOV     R5,#01H
SPLAY:        MOV     A,R5
              MOV     P2,A
              MOV     A,@R1
              MOV     DPTR,#TABS
              MOVC    A,@A+DPTR
              MOV     P0,A
              MOV     A,R5
              LCALL   DL1MS
              INC     R1
              MOV     A,R5
              JB      ACC.7,ENDOUTS
              RL      A
              MOV     R5,A
              AJMP    SPLAY
ENDOUTS:      MOV     P2,#00H
              MOV     P0,#0FFH
              RET
TABS:DB 0C0H,0F9H,0A4H,0B0H,99H,92H,82H,0F8H,80H,90H,0FFH,0C6H,
     0BFH,88H
;显示值 "0  1  2  3  4  5  6  7  8  9   不显   C   -   A  "
;内存数 "0  1  2  3  4  5  6  7  8  9  0AH   0BH  0CH 0DH "
;**************延时子程序*********************
;1 ms 延时程序
DL1MS:        MOV     DELAYR6,#14H
DL1:          MOV     DELAYR7,#19H
```

DL2：	DJNZ	DELAYR7，DL2
	DJNZ	DELAYR6，DL1
	RET	

;20 ms 延时程序

DL20MS：	CLR	BELL
	LCALL	DISPLAY
	LCALL	DISPLAY
	SETB	BELL
	RET	

;延时程序

DL05S：	MOV	DELAYR3，#20H	;
DL05S1：	LCALL	DISPLAY	
	DJNZ	DELAYR3，DL05S1	
	RET		

END

;＊＊＊＊＊＊＊＊＊＊＊＊＊＊＊＊＊＊＊＊＊＊＊结束 ＊＊＊＊＊＊＊＊＊＊＊＊＊＊＊＊＊＊＊＊＊＊＊＊＊＊

15.2.7　C 程序清单

```
/* -----------------------------------
Real—Time Clock DS1302 program V9.1
MCU STC89C52RC   XAL 12MHz
----------------------------------- */
#include <reg51.h>
//
#define uchar unsigned char
#define uint unsigned int
#define ulong unsigned long
sbit BUZZ=P3^7;
sbit KEY1=P3^5;
sbit KEY2=P3^6;
sbit CE=P1^3;
sbit SCLK=P1^1;
sbit IO=P1^2;
uchar hour_reg，minute_reg，second_reg;


/****************************************************/
/* Prototypes                                       */
/****************************************************/
```

```
uchar rbyte_3w();
void reset_3w();
void wbyte_3w(uchar);
void read_time();
void delay(uint);
void display(uchar * );
void time2str(uchar * );
void time_set(void);

/* ------------------------------------------
   main function
   ----------------------------------------*/
void main(void)
{
uchar dispram[9];
uchar s;
reset_3w();
wbyte_3w(0x8E);
wbyte_3w(0x00);
reset_3w();
wbyte_3w(0x90);
wbyte_3w(0xAB);
reset_3w();
wbyte_3w(0x81);
s=rbyte_3w();
reset_3w();
if (s&0x80)
    {
    wbyte_3w(0x80);
    wbyte_3w(s&0x7f);
    reset_3w();
    }
wbyte_3w(0x85);
s=rbyte_3w();
reset_3w();
if (s&0x80)
    {
    wbyte_3w(0x84);
    wbyte_3w(s&0x7f);
```

```
    reset_3w();
    }
while (1)
    {
    read_time();
    time2str(dispram);
    display(dispram);
    if (KEY1==0) time_set();
    }
}


/* ------------------------------------
    Time data to display string function
    Parameter:pointer of string
------------------------------------*/
void time2str(uchar * ch)
{
ch[0]=hour_reg>>4;
ch[1]=hour_reg&0x0f;
ch[2]=16;
ch[3]=minute_reg>>4;
ch[4]=minute_reg&0x0f;
ch[5]=16;
ch[6]=second_reg>>4;
ch[7]=second_reg&0x0f;
}


/* ------------------------------------
    Set time function
------------------------------------*/
void time_set(void)
{
uchar ch[8];
uchar i,c;
reset_3w();
wbyte_3w(0x80);
wbyte_3w(0x80);
reset_3w();
second_reg=0;
```

```
time2str(ch);
do {
    display(ch);
    } while (KEY1==0);
c=2;
while (c)
    {
    time2str(ch);
    if (c==2) {ch[0]|=0x80;ch[1]|=0x80;}
        else {ch[3]|=0x80;ch[4]|=0x80;}
    display(ch);
    if (KEY1==0)
        {
        c--;
        do {
            display(ch);
            } while (KEY1==0);
        }
    if (KEY2==0)
        {
        if (c==2)
            {
            hour_reg++;
            if ((hour_reg&0x0f)>9) hour_reg=

(hour_reg&0xf0)+0x10;
            if (hour_reg>0x23) hour_reg=0;
            }
        else
            {
            minute_reg++;
            if ((minute_reg&0x0f)>9) minute_reg=

(minute_reg&0xf0)+0x10;
            if (minute_reg>0x59) minute_reg=0;
            }
        for (i=0;i<50;i++) display(ch);
        }
    }
```

```
reset_3w();
wbyte_3w(0x84);
wbyte_3w(hour_reg);
reset_3w();
wbyte_3w(0x82);
wbyte_3w(minute_reg);
reset_3w();
wbyte_3w(0x80);
wbyte_3w(0x00);
reset_3w();
}


/* -----------------------------------
   Delay function
   Parameter: unsigned int dt
   Delay time=dt(ms)
   -----------------------------------*/
void delay(unsigned int dt)
{
register unsigned char bt,ct;
for (; dt; dt--)
    for (ct=2;ct;ct--)
        for (bt=248; --bt; );
}


/* -----------------------------------
   8 LED digital tubes display function
   Parameter: sting pointer to display
   -----------------------------------*/
void display(uchar * disp_ram)
{
static uchar disp_count;
unsigned char i,j;
unsigned char code table[]=

{0xc0,0xf9,0xa4,0xb0,0x99,0x92,0x82,0xf8,0x80,0x90,0x88,

0x83,0xc6,0xa1,0x86,0x8e,0xbf,0xff};
disp_count=(disp_count+1)&0x7f;
```

```
for (i=0;i<8;i++)
    {
    j =disp_ram[i];
    if (j&0x80) P0 =(disp_count>32)? table[j&0x7f]:0xff;
        else P0 =table[j];
    P2 =0x01<<i;
    delay(1);
    P0 =0xff;
    P2 =0;
    }
}


/* ------------------------------------
  Read time function
------------------------------------*/
void read_time()
{
reset_3w();
wbyte_3w(0xBF);
second_reg=rbyte_3w()&0x7f;
minute_reg=rbyte_3w()&0x7f;
hour_reg=rbyte_3w()&0x3f;
reset_3w();
}


void reset_3w()    /* ----- reset and enable the 3-wire

interface ------ */
{
    CE=0;
    SCLK=0;
    CE=0;
    SCLK=0;
    CE=1;
}


void wbyte_3w(uchar W_Byte)    /* ------ write one byte

to the device ------ */
```

```
{
uchar i;
    for(i=0; i < 8; ++i)
    {
        SCLK=0;
        IO=W_Byte & 0x01;
        SCLK=1;
        W_Byte >>=1;
    }
}
uchar    rbyte_3w()    /* ------ read one byte from

the device ------- */
{
uchar i;
uchar R_Byte;
    IO=1;
    for(i=0; i < 8; i++)
    {
        SCLK=0;
        R_Byte >>=1;
        if (IO) R_Byte |=0x80;
        SCLK=1;
    }
    return R_Byte;
}
```

第16章 实验 10 数字温度计设计

16.1 实验内容与要求

实验名称：数字温度计设计

实验学时：6 学时

实验属性：综合/设计性实验

开出要求：必做

每组人数：1 人

1. 实验目的

学习一个采用数字温度芯片 DS18B20 的单片机控制数显温度计的汇编或 C 程序设计、调试全过程。

2. 实验要求

要求能显示正、负温度，温度显示最小分辨率为 0.1 ℃，显示（测量）温度范围为 −55.0～125.0 ℃，或由学生自己定义测温精度及显示位数，完成实验设计报告。

3. 实验任务

① 在 Wave 或 Keil‑C51 编译器环境下编制调试汇编或 C 程序，然后写入单片机并脱机运行验证功能是否完整。

② 完成实验报告。

4. 实验预习要求

① 如需要用 Proteus 软件仿真调试的，先根据参考资料，画出实际仿真电路接线图。

② 根据实验任务设计部分相应的调试程序。

5. 实验设备

计算机（安装单片机汇编及 C 语言编译软件、Proteus 仿真软件）、电路板（已焊）、单片机烧写器各 1 套。

6. 实验报告要求

按实验报告纸式样要求完成电子及纸质报告并上交。

16.2　参考资料

16.2.1　系统功能

数字温度计测温范围在 $-55 \sim 125$ ℃，精度误差在 0.5 ℃ 以内，用四位共阳 LED 数码管直读显示，要求高位为零时不显示，低于零摄氏度时前面显示"—"。

16.2.2　设计方案

传统的测温元件有热电偶和热电阻，而热电偶和热电阻测出的一般都是电压，要转换成对应的温度，需要比较多的外部硬件支持，硬件电路复杂，软件调试复杂，制作成本高。而数字温度计设计可采用美国 DALLAS 半导体公司继 DS1820 之后推出的一种改进型智能温度传感器 DS18B20 作为检测元件，测温范围为 $-55 \sim 125$ ℃，分辨率最大可达 0.062 5 ℃。DS18B20 可以直接读出被测温度值（不用校准），而且采用单线与单片机通信，减少了外部的硬件电路，具有高精度和易使用的特点。

按照系统功能的要求，数字温度计系统由主控制器、测温单元、显示电路共 3 个模块组成。数字温度计系统结构框图如图 16.1 所示。

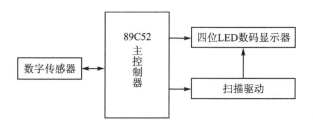

图 16.1　数字温度计系统结构框图

16.2.3　系统硬件仿真电路

数字温度计硬件仿真电路如图 16.2 所示，控制器使用 89C52 系列单片机，温度传感器使用 DS18B20，用四位共阳 LED 数码管以动态扫描法实现温度显示，从 P0 口输出段码，列扫描用 P2 口来实现，列驱动用 74HC244，可直接作为 LED 段码灯的电源。

16.2.4　程序设计

系统程序主要包括主程序、读出温度子程序、温度转换命令子程序、计算温度子程序、显示数据刷新子程序等。

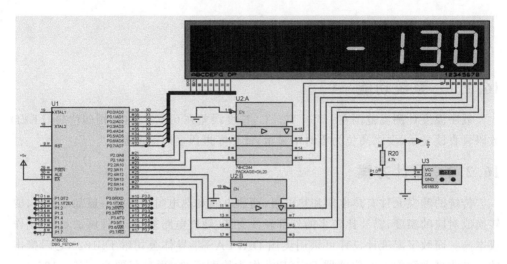

图 16.2　数字温度计硬件仿真电路图

1. 主程序

主程序的主要功能是负责温度的实时显示、读出并处理 DS18B20 的测量温度值。温度测量每 1 s 进行一次，其程序流程图如图 16.3 所示。

2. 读出温度子程序

读出温度子程序的主要功能是读出 DS18B20 RAM 中的 9 个字节，在读出时需进行 CRC 校验，校验有错时不进行温度数据的改写，其程序流程图如图 16.4 所示。

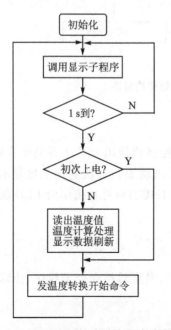

图 16.3　DS18B20 温度计主程序流程图

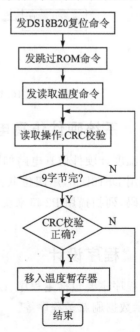

图 16.4　读出温度子程序流程图

3. 温度转换命令子程序

温度转换命令子程序主要是发温度转换开始命令,当采用 12 位分辨率时,转换时间约为 750 ms,在本程序设计中采用 1 s 显示程序延时法等待转换的完成。温度转换命令子程序流程图如图 16.5 所示。

4. 计算温度子程序

计算温度子程序将 DS18B20 RAM 中读取值进行 BCD 码的转换运算,并进行温度值正负的判定,其程序流程图如图 16.6 所示。

5. 显示数据刷新子程序

显示数据刷新子程序主要是对显示缓冲器中的显

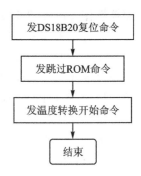

图 16.5　温度转换命令
子程序流程图

示数据进行刷新操作,当最高数据显示位为零时将符号显示位移入下一位。程序流程图如图 16.7 所示。

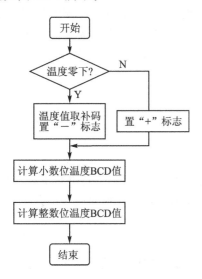

图 16.6　计算温度子程序流程图

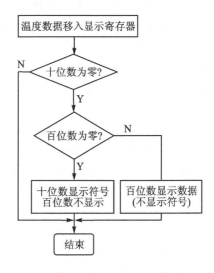

图 16.7　显示数据刷新子程序流程图

6. DS18B20 中的 ROM 命令

(1) Read ROM [33H]

这条命令允许总线控制器读到 DS18B20 的 8 位系列编码、唯一的序列号和 8 位 CRC 码。只有在总线上存在单只 DS18B20 的时候才能使用这条命令。如果总线上有不止一个从机,当所有从机试图同时传送信号时就会发生数据冲突(漏极开路连在一起形成相"与"的效果)。

(2) Match ROM [55H]

这是匹配 ROM 命令,后跟 64 位 ROM 序列,让总线控制器在多点总线上定位一只特定的 DS18B20。只有和 64 位 ROM 序列完全匹配的 DS18B20 才能响应随后的存储器操作。所有和 64 位 ROM 序列不匹配的从机都将等待复位脉冲。这条命令在总线上有单个或多个器件时都可以使用。

（3）Skip ROM［0CCH］

这条命令允许总线控制器不用提供 64 位 ROM 编码就使用存储器操作命令，在单线总线情况下，可以节省时间。如果总线上不止一个从机，在 Skip ROM 命令之后跟着发一条读命令，由于多个从机同时传送信号，总线上就会发生数据冲突（漏极开路下拉效果相当于相"与"）。

（4）Search ROM［0F0H］

当一个系统初次启动时，总线控制器可能并不知道单线总线上有多少器件或它们的 64 位 ROM 编码。搜索 ROM 命令允许总线控制器用排除法识别总线上的所有从机的 64 位编码。

（5）Alarm Search［0ECH］

这条命令的流程和 Search ROM 相同。然而，只有当最近一次测温后遇到符合报警条件的情况时，DS18B20 才会响应这条命令。报警条件定义为温度高于 TH 或低于 TL。只要 DS18B20 不掉电，报警状态就一直保持，直到再一次测得的温度值达不到报警条件。

（6）Write Scratchpad［4EH］

这条命令向 DS18B20 的暂存器 TH 和 TL 中写入数据。可以在任何时刻发出复位命令来中止写入。

（7）Read Scratchpad［0BEH］

这条命令读取暂存器的内容。读取将从第 1 个字节开始，一直进行下去，直到第 9（CRC）字节读完。如果不想读完所有字节，控制器可以在任何时间发出复位命令来中止读取。

（8）Copy Scratchpad［48H］

这条命令把暂存器的内容复制到 DS18B20 的 E^2 PROM 存储器里，即把温度报警触发字节存入非易失性存储器里。如果总线控制器在这条命令之后跟着发出读时间隙，而 DS18B20 又忙于把暂存器复制到 E^2 PROM 存储器，DS18B20 就会输出一个"0"，如果复制结束的话，DS18B20 则输出"1"。如果使用寄生电源，那么总线控制器必须在这条命令发出后立即启动强上拉并保持最少 10 ms。

（9）Convert T［44H］

这条命令启动一次温度转换而无需其他数据。温度转换命令被执行，而后 DS18B20 保持等待状态。如果总线控制器在这条命令之后跟着发出读时间隙，而 DS18B20 又忙于做时间转换的话，DS18B20 将在总线上输出"0"，若温度转换完成，则输出"1"。如果使用寄生电源，总线控制器必须在发出这条命令后立即启动强上拉，并保持 500 ms 以上时间。

(10) Recall E²[0B8H]

这条命令把报警触发器里的值复制回暂存器。这种复制操作在 DS18B20 上电时自动执行,这样器件一上电暂存器里马上就存在有效的数据。若在这条命令发出之后发出读数据命令,器件会输出温度转换忙的标识:"0"=忙,"1"=完成。

(11) Read Power Supply [0B4H]

若把这条命令发给 DS18B20 后发出读时间隙,器件会返回它的电源模式:"0"=寄生电源,"1"=外部电源。

7. 温度数据的计算处理方法

从 DS18B20 读取的二进制值必须先转换成十进制 BCD 码,才能用于字符的显示。因为 DS18B20 的转换精度为 9~12 位可选,为了提高精度,可采用 12 位。当采用 12 位转换精度时,温度寄存器里的值是以 0.062 5 为步进的,即温度值为温度寄存器里的二进制值乘以 0.062 5,就是实际的十进制温度值。表 16.1 是 DS18B20 温度与二进制及十六进制表示值的对应关系,从表中可知,一个十进制温度值和二进制值之间有很明显的关系,就是把二进制的高字节的低半字节和低字节的高半字节组成一个字节,这个字节的二进制值转化为十进制 BCD 码值后,就是温度值百、十、个位的值,而剩下的低字节的低半字节转化成十进制后,就是温度值的小数部分。小数部分因为是半个字节,所以十六进制值的范围是 0~F,转换成十进制小数值就是0.062 5 的倍数(0~15 倍)。需用 4 位的数码管来显示小数部分,在实际应用中不必有这么高的精度,设计中一般采用 1 位数码管来显示小数,可以精确到 0.1 ℃。表 16.2 是小数部分十六进制和十进制的近似对应关系表。

表 16.1 DS18B20 温度与表示值对应表

温度/℃	二进制				十六进制
+125	0000	0111	1101	0000	07D0H
+85	0000	0101	0101	0000	0550H
+25.062 5	0000	0001	1001	0001	0191H
+10.125	0000	0000	1010	0010	00A2H
+0.5	0000	0000	0000	1000	0008H
0	0000	0000	0000	0000	0000H
−0.5	1111	1111	1111	1000	FFF8H
−10.125	1111	1111	0101	1110	FF5EH
−25.062 5	1111	1110	0110	1111	FE6FH
−55	1111	1100	1001	0000	FC90H

表 16.2 小数部分十六进制和十进制的近似对应关系表

小数部分十六进制值	0	1	2	3	4	5	6	7	8	9	A	B	C	D	E	F
十进制小数近似值	0	0	1	1	2	3	3	4	5	5	6	6	7	8	8	9

16.2.5 软件调试与运行结果

系统的调试以程序为主。可先编一个测试小程序以判断仿真硬件电路是否正常。然后分别进行显示程序、主程序、读出温度子程序、温度转换命令子程序、计算温度子程序、显示数据刷新等子程序的编程及调试。由于 DS18B20 与单片机采用串行数据传送,因此,对 DS18B20 进行读/写编程时必须严格地保证读/写时序,否则将无法读取测量结果。

16.2.6 汇编源程序清单

```
;**************************************************
;               单片机实验程序:数字温度计设计          *
;            显示精度 0.1 ℃,测温范围 −55～+125 ℃        *
;              用 89C52 系列单片机,12 MHz 晶振           *
;**************************************************
;
;**************************************************
;
;        常数定义
;
;**************************************************
      TIMEL        EQU    0E0H     ;定时器 T0 的 20 ms 时间常数
      TIMEH        EQU    0B1H     ;定时器 T0 的 20 ms 时间常数
      TEMPHEAD     EQU    36H      ;DS18B20 读出字节存放首址(共读 9 个字节)
;
;**************************************************
;
;        工作内存定义
;
;**************************************************
      BITST        DATA   20H      ;用作标志位
      TIME1SOK     BIT    BITST.1  ;1 s 定时时间标志 ,1 s 到时为 1
      TEMPONEOK    BIT    BITST.2  ;上电标志,刚上电为 0,读出一次后为 1
      TEMPL        DATA   26H      ;读出温度低字节存放——整数低四位+小数位四位
      TEMPH        DATA   27H      ;读出温度高字节存放——四位符号位+整数高四位
```

```
         TEMPHC      DATA    28H          ;用于存放处理好的 BCD 码温度值:百位＋十位
         TEMPLC      DATA    29H          ;用于存放处理好的 BCD 码温度值:个位＋小数位
;
;
;＊＊＊＊＊＊＊＊＊＊＊＊＊＊＊＊＊＊＊＊＊＊＊＊＊＊＊＊＊＊＊＊＊＊＊＊
;        引脚定义
;＊＊＊＊＊＊＊＊＊＊＊＊＊＊＊＊＊＊＊＊＊＊＊＊＊＊＊＊＊＊＊＊＊＊＊＊
         TEMPDIN     BIT     P1.0         ;DS18B20 数据接口
;＊＊＊＊＊＊＊＊＊＊＊＊＊＊＊＊＊＊＊＊＊＊＊＊＊＊＊＊＊＊＊＊＊＊＊＊
;        中断向量区
;＊＊＊＊＊＊＊＊＊＊＊＊＊＊＊＊＊＊＊＊＊＊＊＊＊＊＊＊＊＊＊＊＊＊＊＊
                     ORG     0000H
                     LJMP    START
                     ORG     00BH
                     LJMP    T0IT
;＊＊＊＊＊＊＊＊＊＊＊＊＊＊＊＊＊＊＊＊＊＊＊＊＊＊＊＊＊＊＊＊＊＊＊＊
;        系统初始化
;＊＊＊＊＊＊＊＊＊＊＊＊＊＊＊＊＊＊＊＊＊＊＊＊＊＊＊＊＊＊＊＊＊＊＊＊
                     ORG     100H
START：               MOV     SP, #60H
CLSMEM：              MOV     R0, #20H               ;堆栈底
                     MOV     R1, #60H               ;20H～7FH 清零
CLSMEM1：             MOV     @R0, #00H
                     INC     R0
                     DJNZ    R1, CLSMEM1
;
                     MOV     TMOD, #00100001B       ;定时器 0  作方式 1 (16BIT)
                     MOV     TH0, #TIMEL            ;装 20 ms 定时初值
                     MOV     TL0, #TIMEH            ;装 20 ms 定时初值
                     MOV     P2, #00H               ;LED 显示关
                     SJMP    INIT
;
ERROR：               NOP
                     LJMP    START
;
                     NOP
INIT：                NOP
                     SETB    ET0
                     SETB    TR0
```

```
                SETB    EA
                MOV     PSW，#00H
                CLR     TEMPONEOK           ;第一次上电为0
                LJMP    MAIN
        ；
        ；*******************************************
        ；    定时器0中断服务程序
        ；*******************************************
T0IT：          PUSH    PSW
                MOV     PSW，#10H
                MOV     TH0，#TIMEH
                MOV     TL0，#TIMEL
                INC     R7
                CJNE    R7，#32H，T0IT1
                MOV     R7，#00H
                SETB    TIME1SOK            ;1 s 定时到标志位为1
T0IT1：         POP     PSW
                RETI
        ；
        ；*******************************************
        ；   主程序
        ；*******************************************

MAIN：          LCALL   DISP1               ;调用显示子程序
                JNB     TIME1SOK，MAIN      ;
                CLR     TIME1SOK            ;每1 s测温一次
                JNB     TEMPONEOK，MAIN2    ;上电时先温度转换一次
                LCALL   READTEMP1           ;读出温度值子程序
                LCALL   CONVTEMP            ;温度BCD码计算处理子程序
                LCALL   DISPBCD             ;显示区BCD码温度值刷新子程序
                LCALL   DISP1               ;消闪烁,显示一次
MAIN2：         LCALL   READTEMP            ;温度转换开始
                SETB    TEMPONEOK           ;
                LJMP    MAIN
        ；
        ；*******************************************
        ；    以下子程序区
        ；*******************************************
        ；      DS18B20 复位子程序
```

```
;**************************************************
INITDS1820:     SETB    TEMPDIN
                NOP
                NOP
                CLR     TEMPDIN
                MOV     R6,#0A0H         ; DELAY 480 μs
                DJNZ    R6,$
                MOV     R6,#0A0H
                DJNZ    R6,$
                SETB    TEMPDIN
                MOV     R6,#32H          ; DELAY 70 μs
                DJNZ    R6,$
                MOV     R6,#3CH
LOOP1820:       MOV     C,TEMPDIN
                JC      INITDS1820OUT
                DJNZ    R6,LOOP1820
                MOV     R6,#064H         ; DELAY 200 μs
                DJNZ    R6,$
                SJMP    INITDS1820
                RET
;
INITDS1820OUT:  SETB    TEMPDIN
                RET
;
;**************************************************
;    读 DS18B20 的程序,从 DS18B20 中读出一字节的数据
;**************************************************
READDS1820:     MOV     R7,#08H
                SETB    TEMPDIN
                NOP
                NOP
READDS1820LOOP: CLR     TEMPDIN
                NOP
                NOP
                NOP
                SETB    TEMPDIN
                MOV     R6,#07H          ; DELAY 15 μs
                DJNZ    R6,$
                MOV     C,TEMPDIN
```

```
            MOV    R6，#3CH              ; DELAY 120 μs
            DJNZ   R6，$
            RRC    A
            SETB   TEMPDIN
            DJNZ   R7，READDS1820LOOP
            MOV    R6，#3CH              ; DELAY 120 μs
            DJNZ   R6，$
            RET
;
;
;**************************************************************
;      写 DS18B20 的程序,从 DS18B20 中写一字节的数据
;**************************************************************
WRITEDS1820：  MOV    R7，#08H
            SETB   TEMPDIN
            NOP
            NOP
WRITEDS1820LOP：CLR    TEMPDIN
            MOV    R6，#07H              ; DELAY 15 μs
            DJNZ   R6，$
            RRC    A
            MOV    TEMPDIN, C
            MOV    R6，#34H              ; DELAY 104 μs
            DJNZ   R6，$
            SETB   TEMPDIN
            DJNZ   R7，WRITEDS1820LOP
            RET
;
;**************************************************************
;      以下读温度子程序
;**************************************************************
READTEMP：   LCALL  INITDS1820           ;温度转换开始命令程序
            MOV    A，#0CCH
            LCALL  WRITEDS1820          ; SKIP ROM
            MOV    R6，#34H              ; DELAY 104 μs
            DJNZ   R6，$
            MOV    A，#44H
            LCALL  WRITEDS1820          ; START CONVERSION
            MOV    R6，#34H              ; DELAY 104 μs
```

```
                        DJNZ    R6，$
                        RET
;
READTEMP1：      LCALL  INITDS1820           ;读出温度字节子程序
                        MOV    A，#0CCH
                        LCALL  WRITEDS1820          ;SKIP ROM
                        MOV    R6，#34H              ;DELAY 104 μs
                        DJNZ    R6，$
                        MOV    A，#0BEH
                        LCALL  WRITEDS1820          ;SCRATCHPAD
                        MOV    R6，#34H              ;DELAY 104 μs
                        DJNZ    R6，$
                        MOV    R5，#09H              ;读 9 字节
                        MOV    R0，#TEMPHEAD
                        MOV    B，#00H
READTEMP2：      LCALL  READDS1820
                        MOV    @R0，A
                        INC     R0
READTEMP21：     LCALL  CRC8CAL              ;CRC 校验
                        DJNZ    R5，READTEMP2
                        MOV    A，B
                        JNZ     READTEMPOUT         ;校验出错结束
                        MOV    A，TEMPHEAD + 0      ;校验正确将前 2 字节（温度）暂存
                        MOV    TEMPL，A
                        MOV    A，TEMPHEAD + 1
                        MOV    TEMPH，A
READTEMPOUT：   RET
;
;
;*************************************************
;   处理温度 BCD 码子程序
;*************************************************
CONVTEMP：       MOV    A，TEMPH
                        ANL    A，#80H
                        JZ      TEMPC1
                        CLR     C                    ;负温度的补码处理（+1 后取反）
                        MOV    A，TEMPL
                        CPL     A
                        ADD    A，#01H
```

```
                    MOV     TEMPL，A
                    MOV     A，TEMPH
                    CPL     A
                    ADDC    A，#00H
                    MOV     TEMPH，A              ；TEMPHC HI＝符号位
                    MOV     TEMPHC，#0BH
                    SJMP    TEMPC11
；
TEMPC1：            MOV     TEMPHC，#0AH          ；正温度处理
TEMPC11：           MOV     A，TEMPHC
                    SWAP    A
                    MOV     TEMPHC，A
                    MOV     A，TEMPL              ；
                    ANL     A，#0FH               ；温度小数位处理（乘以 0.062 5）
                    MOV     DPTR，#TEMPDOTTAB     ；用查表处理小数位
                    MOVC    A，@A＋DPTR
                    MOV     TEMPLC，A             ；TEMPLC LOW＝小数部分 BCD

                    MOV     A，TEMPL              ；处理温度整数部分
                    ANL     A，#0F0H
                    SWAP    A
                    MOV     TEMPL，A
                    MOV     A，TEMPH
                    ANL     A，#0FH
                    SWAP    A
                    ORL     A，TEMPL
                    LCALL   HEX2BCD1
                    MOV     TEMPL，A
                    ANL     A，#0F0H
                    SWAP    A
                    ORL     A，TEMPHC             ；TEMPHC LOW 放十位数 BCD
                    MOV     TEMPHC，A
                    MOV     A，TEMPL
                    ANL     A，#0FH
                    SWAP    A                    ；TEMPLC HI 放个位数 BCD
                    ORL     A，TEMPLC
                    MOV     TEMPLC，A
                    MOV     A，R7
                    JZ      TEMPC12
```

```
                  ANL    A，#0FH
                  SWAP   A
                  MOV    R7，A
                  MOV    A，TEMPHC         ；TEMPHC HI 放百位数 BCD
                  ANL    A，#0FH
                  ORL    A，R7
                  MOV    TEMPHC，A
TEMPC12：         RET
;
;＊＊＊＊＊＊＊＊＊＊＊＊＊＊＊＊＊＊＊＊＊＊＊＊＊＊＊＊＊＊＊＊＊＊＊＊＊＊
;    小数部分码表
;＊＊＊＊＊＊＊＊＊＊＊＊＊＊＊＊＊＊＊＊＊＊＊＊＊＊＊＊＊＊＊＊＊＊＊＊＊＊
TEMPDOTTAB：      DB   00H，01H，01H，02H，03H，03H，04H，04H，05H，06H
;
                  DB   06H，07H，08H，08H，09H，09H
;
                  RET
;
;＊＊＊＊＊＊＊＊＊＊＊＊＊＊＊＊＊＊＊＊＊＊＊＊＊＊＊＊＊＊＊＊＊＊＊＊＊＊
;    显示区 BCD 码温度值刷新子程序
;＊＊＊＊＊＊＊＊＊＊＊＊＊＊＊＊＊＊＊＊＊＊＊＊＊＊＊＊＊＊＊＊＊＊＊＊＊＊
;低于零度要显示"－"，高位零不显示
DISPBCD：         MOV    A，TEMPLC
                  ANL    A，#0FH
                  MOV    70H，A
                  MOV    A，TEMPLC
                  SWAP   A
                  ANL    A，#0FH
                  MOV    71H，A
                  MOV    A，TEMPHC
                  ANL    A，#0FH
                  MOV    72H，A
                  MOV    A，TEMPHC
                  SWAP   A
                  ANL    A，#0FH
                  MOV    73H，A
                  MOV    A，TEMPHC
                  ANL    A，#0F0H
                  CJNE   A，#010H，DISPBCD0
```

```
              SJMP    DISPBCD2
;
DISPBCD0:     MOV     A, TEMPHC
              ANL     A, ♯0FH
              JNZ     DISPBCD2              ;十位数是零
              MOV     A, TEMPHC
              SWAP    A
              ANL     A, ♯0FH
              MOV     73H, ♯0AH            ;符号位不显示
              MOV     72H, A               ;十位数显示符号
DISPBCD2:     RET
;
;*********************************************
;              显示子程序
;*********************************************
;显示数据在 70H～73H 单元内,用 4 位共阳数码管,P0 口输出段码数据,
;P2 口做扫描控制,每个 LED 数码管亮 1 ms 时间再逐位循环
;
DISP1:        MOV     R1,♯70H              ;指向显示数据首址
              MOV     R5,♯80H              ;扫描控制字初值
PLAY:         MOV     P0,♯0FFH
              MOV     A,R5                 ;扫描字放入 A
              MOV     P2,A                 ;从 P2 口输出
              MOV     A,@R1                ;取显示数据到 A
              MOV     DPTR,♯TAB            ;取段码表地址
              MOVC    A,@A+DPTR            ;查显示数据对应段码
              MOV     P0,A                 ;段码放入 P0 口
              MOV     A,R5
              JNB     ACC.6,LOOP5          ;小数点处理
              CLR     P0.7
LOOP5:        LCALL   DL1MS                ;显示 1 ms
              INC     R1                   ;指向下一地址
              MOV     A,R5                 ;扫描控制字放入 A
              JB      ACC.4,ENDOUT         ;ACC.5＝0 时一次显示结束
              RR      A                    ;A 中数据循环左移
              MOV     R5,A                 ;放回 R5 内
              AJMP    PLAY                 ;跳回 PLAY 循环
ENDOUT:       MOV     P0,♯0FFH             ;一次显示结束,P0 口复位
              MOV     P2,♯00H              ;P2 口复位
```

```
                    RET                          ;子程序返回
TAB:                DB    0C0H,0F9H,0A4H,0B0H,99H,92H,82H,0F8H,80H,90H,
                          0FFH,0BFH
;共阳段码表  "0""1""2""3""4" 5""6" 7""8""9""不亮""-"
;
;1 ms 延时程序(LED 显示程序用)
DL1MS:              MOV   R6,#14H
DL1:                MOV   R7,#19H
DL2:                DJNZ  R7,DL2
                    DJNZ  R6,DL1
                    RET
;
;********************************************************
;     单字节十六进制转 BCD
;********************************************************
HEX2BCD1:           MOV   B,#064H          ;十六进制 —> BCD
                    DIV   AB               ;B=A % 100
                    MOV   R7,A             ;R7=百位数
                    MOV   A,#0AH
                    XCH   A,B
                    DIV   AB               ;B=A % B
                    SWAP  A
                    ORL   A,B
                    RET
;
;
;********************************************************
;     CRC 校验程序
;     X-8 + X-5 + X-4 + 1
;********************************************************

CRC8CAL:            PUSH  ACC
                    MOV   R7,#08H
;
CRC8LOOP1:          XRL   A,B
                    RRC   A
                    MOV   A,B
                    JNC   CRC8LOOP2
                    XRL   A,#18H
```

```
;
CRC8LOOP2:        RRC     A
                  MOV     B，A
                  POP     ACC
                  RR      A
                  PUSH    ACC
                  DJNZ    R7，CRC8LOOP1
                  POP     ACC
                  RET
;

                  END                          ;程序结束
```

16.2.7　C 程序清单

```c
/ * -------------------------------------
DS18B20 Digital Thermometer program V10.1
MCU STC89C52RC   XAL 12MHz
------------------------------------ * /
#include "reg51.h"
#include "intrins.h"
#define NO_DISPLAY 17
#define DISP_SIGN 16
sbit ONE_WIRE_DQ=P1^0;

void delay_ms(unsigned int);
void delay_us(register unsigned char);
void temp2str(signed int tmep,unsigned char * );
void display(unsigned char * );
void start_convert(void);
signed int read_temperature(void);
unsigned char OW_reset(void);
unsigned char OW_read_byte(void);
void OW_write_byte(unsigned char val);
void main()
{
unsigned char i;
unsigned char dispram[8];
for (i=0;i<8;i++) dispram[i]=NO_DISPLAY;
while (1)
    {
```

```
    start_convert();
    for (i=0;i<120;i++) display(dispram);
    temp2str(read_temperature(),dispram);
    }
}
/* - - - - - - - - - - - - - - - - - - - - - - - - - - - - - - - - - - - - -
// Start DS18B20 Temperature Convert
- - - - - - - - - - - - - - - - - - - - - - - - - - - - - - - - - - - - - - */
void start_convert(void)
{
OW_reset();
OW_write_byte(0xCC); //Skip ROM
OW_write_byte(0x44); // Start Conversion
}
/* - - - - - - - - - - - - - - - - - - - - - - - - - - - - - - - - - - - - -
// Read Temperature
// returns the Temperature.
- - - - - - - - - - - - - - - - - - - - - - - - - - - - - - - - - - - - - - */
signed int read_temperature(void)
{
unsigned char get[9];
signed int temp;
unsigned char i;
OW_reset();
OW_write_byte(0xCC);                    //Skip ROM
OW_write_byte(0xBE);                    //Read Scratch Pad
for (i=0;i<9;i++) get[i]=OW_read_byte();
temp=get[1];                            //Sign byte + lsbit
temp=(temp<<8) | get[0];                //Temp data plus lsb
return temp;
}
/* - - - - - - - - - - - - - - - - - - - - - - - - - - - - - - - - - - - - -
// OW_RESET - performs a reset on the one-wire bus and
// returns the presence detect.
- - - - - - - - - - - - - - - - - - - - - - - - - - - - - - - - - - - - - - */
unsigned char OW_reset(void)
{
unsigned char presence;
ONE_WIRE_DQ=0;                          //pull ONE_WIRE_DQ line low
```

```c
    delay_us(240);                      //leave it low for 480 μs
    ONE_WIRE_DQ=1;                      //allow line to return high
    delay_us(33);                       //wait for presence 70 μs
    presence=!ONE_WIRE_DQ;              //get presence signal
    delay_us(205);                      //wait for end of timeslot
    return (presence);                  //presence signal returned
}                                       // 0=presence，1=no part


/* -------------------------------------------
// READ_BYTE-reads a byte from the one-wire bus.
----------------------------------------*/
unsigned char OW_read_byte(void)
{
unsigned char i;
unsigned char value;
for (i=0;i<8;i++)
    {
    ONE_WIRE_DQ=0;                      //pull ONE_WIRE_DQ low to

start timeslot
    value >>=1;                         //delay
    ONE_WIRE_DQ=1;                      //then return high
    delay_us(1);                        //delay 6 μs from start of

timeslot
    if (ONE_WIRE_DQ) value |=0x80;      //reads byte in, one

byte at a time and then
    delay_us(25);                       //delay 55 μs
    }
//delay_us(60);
return(value);
}
/* -------------------------------------------
// WRITE_BYTE-writes a byte to the one-wire bus.
----------------------------------------*/
void OW_write_byte(char val)
{
unsigned char i;
```

```
for (i=0; i<8; i++)                  //writes byte, one bit at
a time
    {
    ONE_WIRE_DQ=0;                   //pull ONE_WIRE_DQ low to
start timeslot
        delay_us(1);                 //delay 6 μs
        ONE_WIRE_DQ=val&0x01;        //return ONE_WIRE_DQ high
if write 1
        delay_us(30);                //hold value for remainder
of timeslot 64us
        ONE_WIRE_DQ=1;
        val >>=1;                    //shifts val right 1
spaces
    }
}
/* -----------------------------------------
    Temperature data to display string function
    Parameter:int temp,pointer of string
------------------------------------------*/
void temp2str(signed int temp,unsigned char * ch)
{
unsigned char sign;
if (temp<0)
    {
    sign=1;
    temp=(~temp)+1;
    }
    else sign=0;
ch[7]=((temp&0x000f) * 10+8)/16;
temp >>=4;
ch[6]=(temp % 10)|0x40;
temp /=10;
ch[5]=temp % 10;
temp /=10;
```

```c
ch[4]=temp % 10;
ch[3]=NO_DISPLAY;
if (ch[4]==0)
    {
    ch[4]=NO_DISPLAY;
    if (ch[5]==0) ch[5]=NO_DISPLAY;
    }
if (sign)
    {
    if (ch[5]==NO_DISPLAY) ch[5]=DISP_SIGN;
        else if (ch[4]==NO_DISPLAY) ch[4]=DISP_SIGN;
        else ch[3]=DISP_SIGN;
    }
}
/* ------------------------------------------
   8 LED digital tubes display function
   Parameter: sting pointer to display
   ------------------------------------------*/
void display(unsigned char * disp_ram)
{
static unsigned char disp_count;
unsigned char i;
unsigned char code table[]=

{0xc0,0xf9,0xa4,0xb0,0x99,0x92,0x82,0xf8,0x80,0x90,0x88,

0x83,0xc6,0xa1,0x86,0x8e,0xbf,0xff};
disp_count=(disp_count+1)&0x7f;
for (i=0;i<8;i++)
    {
    if (disp_ram[i]&0x80) P0 =(disp_count>32)? table

[disp_ram[i]&0x3f]:0xff;
        else P0 =table[disp_ram[i]&0x3f];
    if (disp_ram[i]&0x40) P0 &=0x7f;
    P2 =0x01<<i;
    delay_ms(1);
    P0 =0xff;
    P2 =0;
```

```
    }
}


/* ----------------------------------
    Delay function
    Parameter: unsigned char dt
    Delay time=dt * 2+5(us)
----------------------------------* /
void delay_us(register unsigned char dt)
{
while (--dt);
}


/* ----------------------------------
    Delay function
    Parameter: unsigned int dt
    Delay time=dt(ms)
----------------------------------* /
void delay_ms(unsigned int dt)
{
register unsigned char bt,ct;
for (; dt; dt--)
    for (ct=2;ct;ct--)
        for (bt=250; --bt; );
}
```

第 3 部分

51 系列单片机
设计应用实例

第 17 章　实例 1　8×8 点阵 LED 字符显示器的设计

8×8 点阵 LED 字符显示器能显示"电子设计"4 个文字。显示方式可由开关 K1、K2 和 K3 选择,K1 为逐字显示,K2 为向上滚动显示,K3 为向左滚动显示。

17.1　系统硬件的设计

本字符显示器采用 AT89C52 单片机作控制器,12 MHz 晶振,8×8 点阵共阳 LED 显示器,其电路如图 17.1 所示。其中:P0 作为字符数据输出口,P2 为字符显示

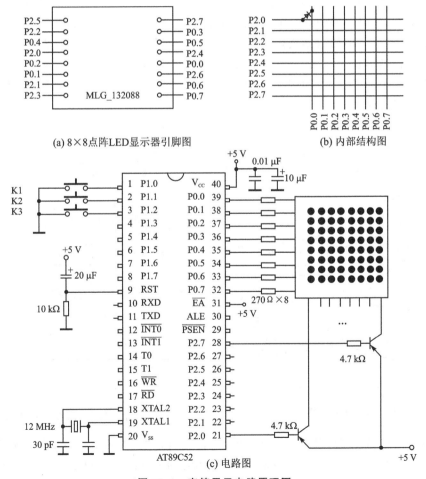

(a) 8×8 点阵 LED 显示器引脚图　　　　(b) 内部结构图

(c) 电路图

图 17.1　字符显示电路原理图

扫描输出口,第31脚($\overline{EA}$)接电源,P1.0~P1.2口分别接开关K1、K2、K3,改变电阻(270 Ω)的大小可改变显示字符的亮度,驱动用9012三极管。

17.2　系统主要程序的设计

1. 主程序

主程序在刚上电时对系统进行初始化,然后读一次键开关状态,由键标志位值(00H、01H、02H)决定显示的方式。主程序流程图如图17.2所示。

2. 初始化程序

在系统初始化时,对4个端口进行复位,将显示用的字符数据从ROM表中装入内存单元50H~6FH中。"电子设计"中的每个文字占用8个地址单元。

3. 显示程序

显示程序由显示主程序和显示子程序组成。显示主程序负责每次显示时的显示地址首址(在B寄存器中)、每个字的显示时间(由30H中的数据决定)和下一个显示地址的间隔(31H中的数据决定)的处理。显示子程序则负责对指定8个地址单元的数据进行输出显示,显示一个完整文字的时间约为8 ms。在显示子程序中,1 ms延时程序是用调用键扫描子程序的方法实现的。图17.3为逐字显示及向上滚动显示时的程序流程图。

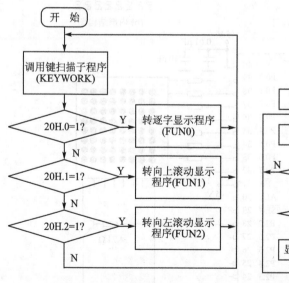

图 17.2　主程序流程图

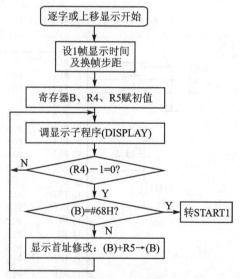

图 17.3　逐字显示及向上滚动显示时的程序流程图

利用键扫描程序代替显示程序中的1 ms延时程序,既为了按键的快速响应,又可以提高动态显示的扫描频率,减少文字显示时的闪烁现象。对于多个文字的大屏幕显示,应该使用输出数据缓冲寄存器,才可以得到稳定的显示文字。

17.3　汇编程序清单

以下是 8×8 点阵 LED 字符显示器完整的汇编程序清单：

```
;                   * * * * * * * * * * * * * * * * * * * * *
;                   *        电子屏字符显示器             *
;                   *            "电子设计"              *
;                   * * * * * * * * * * * * * * * * * * * * *
;4 个显示字符数据表放在 50H～6FH 单元内,字符用 8×8 点阵,R4(30H)用于
;控制显示静止字的时间,R5(31H)为静止字显示跳转地址步距,B 内放显示首址
;
;* * * * * * * * * * * *;
;    中断入口程序      ;
;* * * * * * * * * * * *;
;
              ORG     0000H            ;程序执行开始地址
              LJMP    START            ;跳至 START 执行
              ORG     0003H            ;外中断 0 中断入口地址
              RETI                     ;中断返回(不开中断)
              ORG     000BH            ;定时器 T0 中断入口地址
              RETI                     ;中断返回(不开中断)
              ORG     0013H            ;外中断 1 中断入口地址
              RETI                     ;中断返回(不开中断)
              ORG     001BH            ;定时器 T1 中断入口地址
              RETI                     ;中断返回(不开中断)
              ORG     0023H            ;串行口中断入口地址
              RETI                     ;中断返回(不开中断)
              ORG     002BH            ;定时器 T2 中断入口地址
              RETI                     ;中断返回(不开中断)
;
;* * * * * * * * * * * *;
;    初始化程序        ;
;* * * * * * * * * * * *;
CLEARMEN: MOV     A,#0FFH          ;4 端口置 1
              MOV     P1,A
              MOV     P2,A
              MOV     P3,A
              MOV     P0,A
              MOV     DPTR,#TAB        ;取"电子设计"字符表首址值
```

```
        CLR     A
        MOV     21H,A          ;21H~24H 内存单元清 0
        MOV     22H,A
        MOV     23H,A
        MOV     24H,A
        MOV     R3,A           ;R3 寄存器清 0
        MOV     R1,#50H        ;设字符表移入内存单元首址
        MOV     R2,#20H        ;设查表次数(32 次)
CLLOOP: MOVC    A,@A+DPTR      ;查表将"电子设计"字符数据移入内存单元
        MOV     @R1,A
        MOV     A,R3
        INC     A
        MOV     R3,A
        INC     R1
        DJNZ    R2,CLLOOP      ;查表 32 次,不到转 CLLOOP 再查
        RET                    ;子程序返回
;
;***********;
;      主程序      ;
;***********;
START:  MOV     20H,#00H       ;20H 内存单元清 0
        SETB    00H            ;20H.0 位置 1
START1: LCALL   CLEARMEN       ;调用上电初始化子程序
        JB      00H,FUN0       ;20H.0 位为 1,执行 FUN0
        JB      01H,FUN1       ;20H.1 位为 1,执行 FUN1
        JB      02H,FUN2       ;20H.2 位为 1,执行 FUN2
        AJMP    START1         ;跳回 START1 循环
;
;***********;
;    键扫描子程序    ;
;***********;
KEYWORK: MOV    P1,#0FFH       ;置输入状态
         JNB    P1.0,KEY1      ;P1.0 为 0(键按下)转 KEY1
         JNB    P1.1,KEY2      ;P1.1 为 0(键按下)转 KEY2
         JNB    P1.2,KEY3      ;P1.2 为 0(键按下)转 KEY3
KEYRET:  RET                   ;无键按下,子程序返回
;按键 1 功能处理
KEY1:    LCALL  DL10MS         ;延时 10 ms 消抖动
         JB     P1.0,KEYRET    ;是干扰,转 KEYRET 结束
```

```
            SETB    00H             ;置逐字显示方式标志(20H.0=1)
            CLR     01H
            CLR     02H
            RET                     ;子程序返回
;按键 2 功能处理
KEY2:       LCALL   DL10MS
            JB      P1.1,KEYRET
            SETB    01H             ;置上移显示方式标志(20H.1=1)
            CLR     00H
            CLR     02H
            RET
;按键 3 功能处理
KEY3:       LCALL   DL10MS
            JB      P1.2,KEYRET
            SETB    02H             ;置左移显示方式标志(20H.2=1)
            CLR     01H
            CLR     00H
            RET
;
;逐字显示功能程序
FUN0:       MOV     30H,#80H        ;1 帧显示时间控制(约 1 s)
            MOV     31H,#08H        ;换帧跳转步距为 8
            LJMP    DISP1           ;转显示子程序 DISP1
;上移显示功能程序
FUN1:       MOV     30H,#0AH        ;1 帧显示时间控制(约 80 ms)
            MOV     31H,#01H        ;换帧跳转步距为 1
            LJMP    DISP1           ;转显示子程序 DISP1
;左移显示功能程序
FUN2:       LJMP    DISP2
;
;*************;
;   显示控制程序   ;
;*************;
DISP1:      MOV     B,#50H          ;显示数据首址
            MOV     R4,30H          ;放入 1 帧显示时间控制数据
            MOV     R5,31H          ;放入跳转步距控制数据
LOOP:       LCALL   DISPLAY         ;调用显示子程序一次
            DJNZ    R4,LOOP         ;1 帧显示时间未到再转 LOOP 循环
            MOV     R4,30H          ;1 帧显示时间到,重装初值
```

```
              MOV     A,B
              CJNE    A,#68H,CONT    ;不是末地址转 CONT
              AJMP    START1         ;是末地址,一次显示结束跳回 START1
CONT:         ADD     A,R5           ;次帧扫描首址调整
              MOV     B,A
              AJMP    LOOP           ;转 LOOP 进行次帧扫描
;
;显示子程序,字符数据从 P0 口输出,扫描控制字从 P2 口输出,显示 1 帧约需 8 ms
DISPLAY:      MOV     A,#0FFH
              MOV     P0,A           ;关显示数据
              MOV     P2,A           ;关扫描
              MOV     R6,#0FEH       ;赋扫描字
              MOV     R0,B           ;赋显示数据首地址
              MOV     R7,#08H        ;一次扫描 8 行
DISLOOP:      MOV     A,@R0          ;取显示数据
              MOV     P0,A           ;放入 P0 口
              MOV     P2,R6          ;扫描输出(显示某一行)
              LCALL   DL1MS          ;亮 1 ms
              INC     R0             ;指向下一行数据地址
              MOV     A,R6           ;扫描字移入 A
              RL      A              ;循环左移 1 位
              MOV     R6,A           ;放回 R6
              DJNZ    R7,DISLOOP     ;8 行扫描未完转 DISLOOP 继续
              RET                    ;8 行扫描结束
;
;左移显示控制程序
DISP2:        MOV     R5,#32         ;左移 32 次
DISP22:       LCALL   DISPP          ;调用左移显示控制子程序
              LCALL   MOVH           ;调用高位移出处理子程序 MOVH
              LCALL   MOVH1          ;调用高位移出处理子程序 MOVH1
              DJNZ    R5,DISP22      ;左移显示 32 次控制
              LJMP    START1         ;跳回主程序
;
;左移显示控制子程序
DISPP:        MOV     B,#50H         ;第 1 显示字符首址
              MOV     R4,#25H        ;1 帧显示时间控制
DISPP1:       LCALL   DISPLAY        ;调用显示子程序 1 次
              DJNZ    R4,DISPP1      ;1 帧显示时间不到转 DISPP 再循环
              RET
```

```
;
;高位移出处理子程序,将"电子设计"4 个字符数据的最高位移出至 21H~24H 单元内
MOVH:      MOV     R1,#21H        ;最高位移出存放单元首址
           MOV     R0,#50H        ;"电子设计"字符数据首址
           MOV     R2,#08H        ;每"字"移 8 次
MOV1:      MOV     A,@R0          ;取"电子设计"字符数据
           CLR     C              ;清进位 C
           RLC     A              ;带进位循环左移
           MOV     @R0,A          ;放回原单元
           MOV     A,@R1          ;存放单元数据入 A
           RRC     A              ;带进位循环右移
           MOV     @R1,A          ;放回存放单元
           INC     R0             ;字符数据地址加 1
           DJNZ    R2,MOV1        ;移 8 次未完转 MOV1 再移
           MOV     R2,#08H        ;8 次移完赋初值
           INC     R1             ;存放单元地址加 1
           MOV     A,R1           ;判断地址是否小于 25H
           SUBB    A,#25H
           JZ      OUT            ;等于 25H 退出
           AJMP    MOV1           ;小于 25H 转 MOV1 继续
OUT:       RET                    ;子程序结束
;
;高位移出处理子程序
MOVH1:     MOV     A,21H          ;21H 与 22H、23H、24H 单元数据循环交换
           XCH     A,24H          ;21H 与 24H 全交换
           XCH     A,23H          ;23H 与 24H 全交换
           XCH     A,22H          ;23H 与 22H 全交换
           MOV     21H,A          ;22H 与 21H 全交换
           MOV     R1,#21H        ;以下是重新组成显示字符数据表程序
           MOV     R0,#50H        ;将 21H~24H 的各位分别移入 50H~6FH 的
                                  ;低位
           MOV     R2,#08H        ;移位次数
MOV2:      MOV     A,@R0          ;取字符数据
           RR      A              ;右移
           MOV     @R0,A          ;放回原单元
           MOV     A,@R1          ;取原移出最高位存放单元数
           CLR     C              ;清 C
           RRC     A              ;带进位循环右移
           MOV     @R1,A          ;放回原单元
```

```
        MOV     A,@R0           ;取字符数据
        RLC     A               ;带进位循环左移
        MOV     @R0,A           ;放回字符数据
        INC     R0              ;字符数据地址加 1
        DJNZ    R2,MOV2         ;8 次未完转 MOV2 再继续
        MOV     R2,#08H         ;8 次完赋初值
        INC     R1              ;原移出最高位存放单元地址加 1
        MOV     A,R1            ;判断地址是否小于 25H
        SUBB    A,#25H
        JZ      OUT             ;等于 25H 转 OUT 退出
        AJMP    MOV2            ;小于 25H 转 MOV2 继续
;
;1 ms 延时子程序,采用调用扫键子程序延时,可快速读出按钮的状态
DL1MS:  MOV     R3,#64H         ;100×(10+2) μs
LOOPK:  LCALL   KEYWORK
        DJNZ    R3,LOOPK
        RET
;
;0.5 ms 延时子程序
DL512:  MOV     R2,#0FFH
LOOP1:  DJNZ    R2,LOOP1
        RET
;
;10 ms 延时子程序
DL10MS: MOV     R3,#14H
LOOP2:  LCALL   DL512
        DJNZ    R3,LOOP2
        RET
;
;"电子设计"显示用 ROM 数据表
TAB:    DB      0EFH,83H,0ABH,83H,0ABH,83H,0EEH,0E0H        ;电
        DB      0FFH,0C7H,0EFH,83H,0EFH,0EFH,0CFH,0EFH      ;子
        DB      0B1H,0B5H,04H,0BFH,0B1H,0B5H,9BH,0A4H       ;设
        DB      0BBH,0BBH,1BH,0A0H,0BBH,0BBH,9BH,0BBH       ;计
        DB      00H,00H,00H,00H
        END                                                 ;程序结束
```

17.4 C 程序清单

以下是 8×8 点阵 LED 字符显示器完整的 C 程序清单:

```
/*****************************************************************/
//            实例 1　采用 8×8 点阵 LED 动态显示文字 C 演示程序            //
/*****************************************************************/
//使用 AT89C52 单片机,12 MHz 晶振,P0 口输出一行数据,P2 口作行扫描,共阳 LED 管
//P1 口接 3 个按键,用于逐字显示、向上滚动显示文字和暂停备用
#include "reg51.h"
#define uchar unsigned char
#define uint unsigned int
//
uchar key,keytmp;
uchar code distab[]=
{
/********电子设计 8×8 字模***************/
   0xEF,0x83,0xAB,0x83,0xAB,0x83,0xEE,0xE0,
   0xFF,0xC7,0xEF,0x83,0xEF,0xEF,0xCF,0xEF,
   0xB1,0xB5,0x04,0xBF,0xB1,0xB5,0x9B,0xA4,
   0xBB,0xBB,0x1B,0xA0,0xBB,0xBB,0x9B,0xBB,
   0xFF,0xFF,0xFF,0xFF,0xFF,0xFF,0xFF,0xFF
};
//
uchar code  scan_con[8]=
{0xFE,0xFD,0xFB,0xF7,0xEF,0xDF,0xBF,0x7F};  //列扫描控制字
//
// ***********按键扫描函数*************//
void keyscan()
 {
 key=(~P1)&0x0F;                         //读入键值
 if(key!=0)
 {
  while(((~P1)&0x0F)!=0);                 //等待按键释放
  keytmp=key;                            //键值存放
  }
 }
// ************1 ms 延时程序***************//
delay1ms(int t)
{
uint i,j;
for(i=0;i<t;i++)
   for(j=0;j<120;j++)
      keyscan();
}
```

```
/ ****************** 功能程序 ****************/
/ ****************** 逐字显示 ****************/
fun0()
{
uint m,n,h;
for(h=0;h<32;h=h+8)
 {for(n=0;n<100;n++)
   {for(m=0;m<8;m++)
     {P0=distab[m+h];P2=scan_con[m];delay1ms(1);}
   }
 }
}
/ *************** 向上滚动显示 ****************/
fun1()
{
uint m,n,h;
for(h=0;h<32;h++)                    //控制显示字数(32÷8＝4 个)
 {for(n=0;n<10;n++)                  //控制帧移动速度
   {for(m=0;m<8;m++)                 //显示 1 帧扫描(分 8 行,每行亮 1 ms)
     {P0=distab[m+h];P2=scan_con[m];delay1ms(1);}
   }
 }
}
// **************** 主程序 ****************//
main()
{
keytmp=1;                           //上电自动演示功能(逐字显示)
while(1)
 {
  keyscan();
  switch(keytmp)
   {
    case 1:{fun0();break;}
    case 2:{fun1();break;}
    case 4:{keyscan();P0=0xFF;break;}     //备用(暂停,黑屏)
    default:{break;}
   }
 }
}
// ***************** 结束 ****************//
```

第 18 章 实例 2 8 路输入模拟信号数值显示器的设计

本显示器可自动轮流显示 8 路输入模拟信号的数值,最小分辨率为 0.02 V,最大显示数值为 255(输入为 5 V 时),模拟输入最大值为 5 V,其程序经适当修改后可作为数字电压表用。

18.1 系统硬件电路的设计

如图 18.1 所示,8 路输入模拟信号数值显示电路由 A/D 转换、数据处理及显示控制等组成。A/D 转换由集成电路 ADC0809 完成。ADC0809 具有 8 路模拟输入端口,地址线(23～25 脚)可决定对哪一路模拟输入作 A/D 转换。22 脚为地址锁存控制,当输入为高电平时,对地址信号进行锁存;6 脚为测试控制,当输入一个 2 μs 宽高电平脉冲时,就开始 A/D 转换;7 脚为 A/D 转换结束标志,当 A/D 转换结束时,该脚输出高电平;9 脚为 A/D 转换数据输出允许控制,当 OE 脚为高电平时,A/D 转换数据从端口输出;10 脚为 ADC0809 的时钟输入端,利用单片机 30 脚的六分频晶振

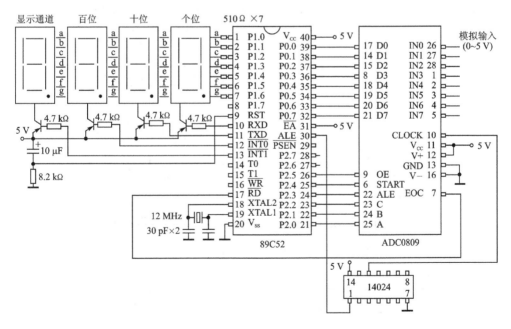

图 18.1　8 路输入模拟信号数值显示器原理图

信号再通过 14024 二分频得到。单片机的 P1、P3 端口作 4 位 LED 数码管显示控制，P0 端口作 A/D 转换数据读入用，P2 端口用作 ADC0809 的 A/D 转换控制。

18.2　系统主要程序的设计

1. 初始化程序
系统上电时，将 70H～77H 内存单元清 0，P2 口置 0。

2. 主程序
在刚上电时，因 70H～77H 内存单元的数据为 0，则每一通道的数码管显示值都为 000。当进行一次测量后，将显示出每一通道的 A/D 转换值。每个通道的数据显示时间在 1 s 左右。主程序在调用显示程序和测试程之间循环，其流程图如图 18.2 所示。

3. 显示子程序
采用动态扫描法实现 4 位数码管的数值显示。测量所得的 A/D 转换数据放在 70H～77H 内存单元中。测量数据在显示时需经过转换成为十进制 BCD 码放在 78H～7BH 中，其中 7BH 存放通道标志数。寄存器 R3 用作 8 路循环控制，R0 用作显示数据地址指针。

4. 模/数转换测量子程序
模/数转换测量子程序是用来控制对 ADC0809 的 8 路模拟输入电压的 A/D 转换，并将对应的数值移入 70H～77H 内存单元，其程序流程如图 18.3 所示。

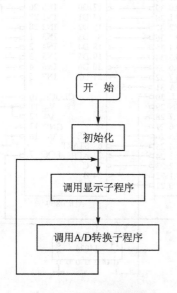

图 18.2　主程序流程图

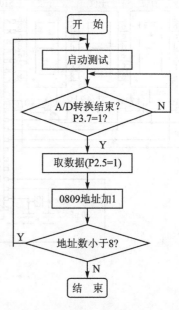

图 18.3　A/D 转换测量程序流程图

18.3　汇编程序清单

以下是 8 路输入模拟信号数值显示器完整的汇编程序：

```
            ;* * * * * * * * * * * * * * * * * * * * *;
            ;      8 路模拟数据采集显示电路           ;
            ;* * * * * * * * * * * * * * * * * * * * *;
;
;70H～77H 存放采样值,78H～7BH 存放显示数据,依次为个位、十位、百位、通道标志
;
;* * * * * * * * * * * * * * * * * * * * * * * * * * * * *
;*              主程序和中断程序入口                    *
;* * * * * * * * * * * * * * * * * * * * * * * * * * * * *
            ORG     0000H           ;程序执行开始地址
            LJMP    START           ;跳至 START 执行
            ORG     0003H           ;外中断 0 中断入口地址
            RETI                    ;中断返回(不开中断)
            ORG     000BH           ;定时器 T0 中断入口地址
            RETI                    ;中断返回(不开中断)
            ORG     0013H           ;外中断 1 中断入口地址
            RETI                    ;中断返回(不开中断)
            ORG     001BH           ;定时器 T1 中断入口地址
            RETI                    ;中断返回(不开中断)
            ORG     0023H           ;串行口中断入口地址
            RETI                    ;中断返回(不开中断)
            ORG     002BH           ;定时器 T2 中断入口地址
            RETI                    ;中断返回(不开中断)
;
;* * * * * * * * * * * * * * * * * * * * * * * * * * * * *
;*              初始化程序中的各变量                    *
;* * * * * * * * * * * * * * * * * * * * * * * * * * * * *
CLEARMEMIO: CLR     A
            MOV     P2,A            ;P2 口置 0
            MOV     R0,#70H         ;内存循环清 0(70H～7BH)
            MOV     R2,#0CH
LOOPMEM:    MOV     @R0,A
            INC     R0
            DJNZ    R2,LOOPMEM
            MOV     A,#0FFH
```

```
          MOV     P0,A              ;P0、P1、P3 端口置 1
          MOV     P1,A
          MOV     P3,A
          RET                       ;子程序返回
;
;* * * * * * * * * * * * * * * * * * * * * * * * * * * * * * *
;*                        主程序                              *
;* * * * * * * * * * * * * * * * * * * * * * * * * * * * * * *
START：    LCALL   CLEARMEMIO        ;初始化
MAIN：     LCALL   DISPLAY           ;显示数据一次
          LCALL   TEST              ;测量一次
          AJMP    MAIN              ;返回 MAIN 循环
          NOP                       ;PC 值出错处理
          NOP                       ;空操作
          NOP                       ;空操作
          LJMP    START             ;重新复位启动
;
DISPLAY：  MOV     R3,#08H           ;8 路信号循环显示控制
          MOV     R0,#70H           ;显示数据初址(70H～77H)
          MOV     7BH,#00H          ;显示通道路数(0～7)
DISLOOP1： MOV     A,@R0             ;显示数据转为 3 位十进制 BCD 码存入
          MOV     B,#100            ;7AH、79H、78H 显示单元内
          DIV     AB                ;显示数据除以 100
          MOV     7AH,A             ;商入 7AH
          MOV     A,#10             ;A 放入数 10
          XCH     A,B               ;余数与数 10 交换
          DIV     AB                ;余数除以 10
          MOV     79H,A             ;商入 79H
          MOV     78H,B             ;余数入 78H
          MOV     R2,#0FFH          ;每路显示时间控制 4 ms×255
DISLOOP2： LCALL   DISP              ;调 4 位 LED 显示程序
          DJNZ    R2,DISLOOP2       ;每路显示时间控制
          INC     R0                ;显示下一路
          INC     7BH               ;通道显示数值加 1
          DJNZ    R3,DISLOOP1       ;8 路显示未完转 DISLOOP1 再循环
          RET                       ;8 路显示完子程序结束
;
;LED 共阳显示子程序,显示内容在 78H～7BH,数据在 P1 输出,列扫描在 P3.0～P3.3 口
DISP：     MOV     R1,#78H           ;赋显示数据单元首址
```

```
                MOV     R5,#0FEH            ;扫描字
PLAY:           MOV     P1,#0FFH            ;关显示
                MOV     A,R5               ;取扫描字
                ANL     P3,A               ;开显示
                MOV     A,@R1              ;取显示数据
                MOV     DPTR,#TAB          ;取段码表首址
                MOVC    A,@A+DPTR          ;查显示数据对应段码
                MOV     P1                 ;段码放入 P1 口
                LCALL   DL1MS              ;显示 1 ms
                INC     R1                 ;指向下一地址
                MOV     A,P3               ;取 P3 口扫描字
                JNB     ACC.3,ENDOUT       ;4 位显示完转 ENDOUT 结束
                RL      A                  ;扫描字循环左移
                MOV     R5,A               ;扫描字放入 R5 暂存
                MOV     P3,#0FFH           ;显示暂停
                AJMP    PLAY               ;转 PLAY 循环
ENDOUT:         MOV     P3,#0FFH           ;显示结束,端口置 1
                MOV     P1,#0FFH
                RET                        ;子程序返回
;
;LED 数码显示管用共阳段码表,分别对应 0~9,最后一个是"熄灭符"
TAB:            DB      0C0H,0F9H,0A4H,0B0H,99H,92H,82H,0F8H,80H,90H,0FFH
;
;1 ms 延时子程序,LED 显示用
DL1MS:          MOV     R6,#14H
DL1:            MOV     R7,#19H
DL2:            DJNZ    R7,DL2
                DJNZ    R6,DL1
                RET
;
;******************************************
;*              模/数转换测量子程序                *
;******************************************
TEST:           CLR     A                  ;清累加器 A
                MOV     P2,A               ;清 P2 口
                MOV     R0,#70H            ;转换值存放首址
                MOV     R7,#08H            ;转换 8 次控制
                LCALL   TESTART            ;启动测试
WAIT:           JB      P3.7,MOVD          ;等 A/D 转换结束信号后转 MOVD
```

```
                AJMP    WAIT            ;P3.7 为 0,等待
        ;
        TESTART:    SETB    P2.3        ;锁存测试通道地址
                    NOP                 ;延时 2 μs
                    NOP
                    CLR     P2.3        ;测试通道地址锁存完毕
                    SETB    P2.4        ;启动测试,发开始脉冲
                    NOP                 ;延时 2 μs
                    NOP
                    CLR     P2.4        ;发启动脉冲完毕
                    NOP                 ;延时 4 μs
                    NOP
                    NOP
                    NOP
                    RET                 ;子程序调用结束
        ;
        ;取 A/D 转换数据至 70H~77H 内存单元
        MOVD:       SETB    P2.5        ;0809 输出允许
                    MOV     A,P0        ;将 A/D 转换值移入 A
                    MOV     @R0,A       ;放入内存单元
                    CLR     P2.5        ;关闭 0809 输出
                    INC     R0          ;内存地址加 1
                    MOV     A,P2        ;通道地址移入 A
                    INC     A           ;通道地址加 1
                    MOV     P2,A        ;通道地址送 0809
                    CLR     C           ;清进位标志
                    CJNE    A,#08H,TESTCON  ;通道地址不等于 8 转 TESTCONT 再测试
                    JC      TESTCON     ;通道地址小于 8 转 TESTCONT 再测试
                    CLR     A           ;大于或等于 8,A/D 转换结束,恢复端口
                    MOV     P2,A        ;P2 口置 0
                    MOV     A,#0FFH
                    MOV     P0,A        ;P0 口置 1
                    MOV     P1,A        ;P1 口置 1
                    MOV     P3,A        ;P3 口置 1
                    RET                 ;取 A/D 转换数据结束
        TESTCON:    LCALL   TESTART     ;再发测试启动脉冲
                    LJMP    WAIT        ;跳至 WAIT 等待 A/D 转换结束信号
        ;
                    END                 ;程序结束
```

18.4　C 程序清单

以下是 8 路输入模拟信号数值显示器完整的 C 程序清单：

```
/*****************************************************************/
//              实例 2  8 路输入模拟信号数值显示电路 C 程序              //
/*****************************************************************/
//使用 AT89C52 单片机,12 MHz 晶振,P0 口读入 AD 值,P2 口作 AD 控制,用共阳 LED 数
//码管
//P1 口输出段码,P3 口扫描,最高位指示通道(0～7)
# include "reg51. h"
# include "intrins. h"                              //_nop_()延时函数用
# define  ad_con    P2
# define  addata    P0
# define  Disdata   P1
# define uchar unsigned char
# define uint unsigned int
sbit   ALE=P2^3;                                   //锁存地址控制
sbit   START=P2^4;                                 //启动一次转换
sbit   OE=P2^5;                                     //0809 输出数据控制
sbit   EOC=P3^7;                                    //转换结束标志
//
uchar code dis_7[11]={0xC0,0xF9,0xA4,0xB0,0x99,0x92,0x82,0xF8,0x80,0x90,0xFF};
/*  共阳 LED 段码表"0" "1" "2" "3" "4" "5" "6" "7" "8" "9" "不亮" */
char code   scan_con[4]={0xFE,0xFD,0xFB,0xF7};//列扫描控制字
char data   ad_data[8]={0x00,0x00,0x00,0x00,0x00,0x00,0x00,0x00};
char data   dis[5]={0x00,0x00,0x00,0x00,0x00};   //显示单元数据,共 4 个数据
//
//
/****************/
//  1 ms 延时程序  //
/****************/
delay1ms(uint t)
{
uint i,j;
for(i=0;i<t;i++)
   for(j=0;j<120;j++)
   ;
}
```

```
//
/ ***********显示扫描函数 **********/
scan()
{
uchar k,n;
uint h;
dis[3]=0x00;                              //通道初值为 0
for(n=0;n<8;n++)                          //每次显示 8 个数据
  {
  dis[2]=ad_data[n]/100;                  //测得值转换为 3 位 BCD 码
  dis[4]=ad_data[n]%100;                  //余数暂存
  dis[1]=dis[4]/10;
  dis[0]=dis[4]%10;
  for(h=0;h<500;h++)                      //每个通道值显示时间控制(约 1 s)
    {
      for(k=0;k<4;k++)                    //4 位 LED 扫描控制
       {
       Disdata=dis_7[dis[k]];P3=scan_con[k];delay1ms(1);P3=0xFF;
       }
    }
  dis[3]++;                               //通道值加 1
  }
}
//
/ ******* ADC0809 A/D 转换函数 **********/
test()
{
char m;
char s=0x00;
ad_con=s;
for(m=0;m<8;m++)
  {
  ALE=1;_nop_();_nop_();ALE=0;            //转换通道地址锁存
  START=1;_nop_();_nop_();START=0;        //开始转换命令
  _nop_();_nop_();_nop_();_nop_();        //延时 4 μs
  while(EOC==0);                          //等待转换结束
  OE=1;ad_data[m]=addata;OE=0;s++;ad_con=s; //取 A/D 值,地址加 1
  }
ad_con=0x00;                             //控制复位
```

```
}
//
/ **************主函数 ****************/
main()
{
P0＝0xFF;                              //初始化端口
P2＝0x00;
P1＝0xFF;
P3＝0xFF;
while(1)
 {
   scan();                            //依次显示 8 个通道值一次
   test();                            //测量转换一次
  }
}
// ********************结束 ************************//
```

第 19 章 实例 3 15 路电器遥控器的设计

用单片机制作的 15 路电器遥控器,可以分别控制 15 个电器的电源开关,并且可对一路电灯进行亮度的遥控。该遥控器采用脉冲个数编码,4×8 键盘开关,可扩充到对32 个电器的控制。

19.1 系统硬件电路的设计

图 19.1 为该系统遥控发射器电路原理图,其中 P1 口和 P0 口作键扫描端口,具有 32 个功能操作键;9 脚为单片机的复位脚,采用简单的 RC 上电复位电路;15 脚作为红外线遥控码的输出口,用于输出 40 kHz 载波编码;18、19 脚接 12 MHz 晶振。P0 口需接上拉电阻。

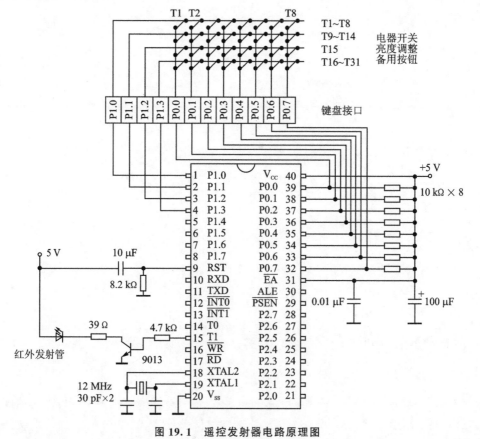

图 19.1 遥控发射器电路原理图

图 19.2 为该系统遥控接收器电路原理图,其中 P1.1~P1.2 口作为数码管的二进制数据输出,显示数字为 0~7,7 代表最亮,0 代表最暗,采用 4511 集成块硬件译码显示数值;P0.0~P0.7 以及 P2.0~P2.6 口作为 15 个电器的电源控制输出,接口可以用继电器或可控硅,在本电路中,P2.0 口控制一个电灯的亮/灭;P2.7 口为可控硅调光灯的调光脉冲输出;第 10 脚 P3.0 口为 50 Hz 交流市电相位基准输入,第 12 脚为中断输入口;第 11 脚 P3.1 口用于接收红外遥控码输入信号。

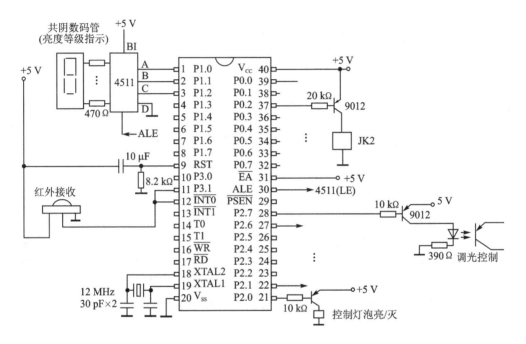

图 19.2 遥控接收器电路原理图

19.2 系统的功能实现方法

1. 遥控码的编码格式

该遥控器采用脉冲个数编码,不同的脉冲个数代表不同的码,最小为 2 个脉冲,最大为 17 个脉冲。为了使接收可靠,第 1 位码宽为 3 ms,其余为 1 ms,遥控码数据帧间隔大于 10 ms。P3.5 端口输出的编码波形图如图 19.3 所示。

2. 遥控码的发射

当某个操作按键按下时,单片机先读出键值,然后根据键值设定遥控码的脉冲个数,再调制成 40 kHz 方波由红外线发光管发射出去。P3.5 端口的输出调制波如图 19.3 所示。

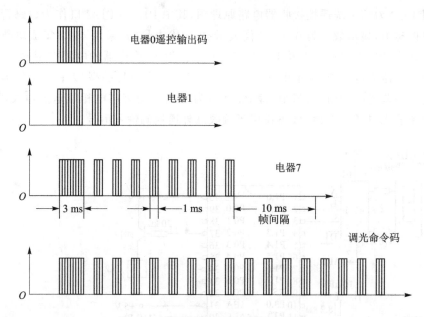

图 19.3　P3.5 端口输出的编码波形图

3. 数据帧的接收处理

当红外线接收器输出脉冲帧数据时,第 1 位码的低电平将启动中断程序,实时接收数据帧。在数据帧接收时,将对第 1 位(起始位)码的码宽进行验证。若第 1 位低电平码的脉宽小于 2 ms,将作为错误码处理。当间隔位的高电平脉宽大于 3 ms 时,结束接收,然后根据累加器 A 中的脉冲个数,执行相应输出口的操作。图 19.4 所示为红外线接收器输出的一帧遥控码波形图。

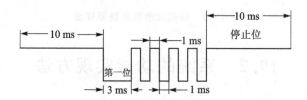

图 19.4　红外线接收器输出的一帧遥控码波形图

19.3　遥控发射及接收控制程序流程图

遥控发射及接收控制流程图如图 19.5 和图 19.6 所示。

采用红外线遥控方式时,由于受遥控距离、角度等影响,使用效果不是很好。如果采用调频或调幅发射接收编码,可提高遥控距离,并且没有角度影响。

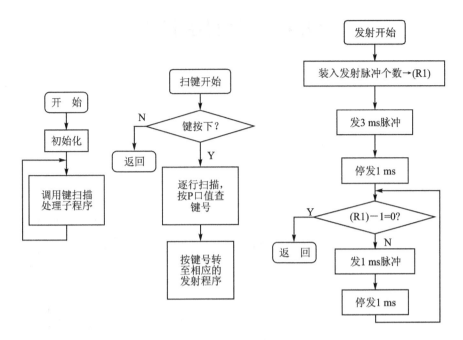

图 19.5　遥控发射器程序流程图

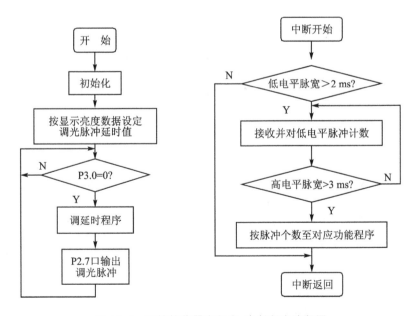

图 19.6　遥控接收器主程序、中断程序流程图

19.4　汇编程序清单

以下是 15 路红外发射遥控器及接收器完整的汇编程序清单：

```
;                    * * * * * * * * * * * * * * * * * * * * * * * * * *
;             *                      (SEND. ASM)                    *
;             *                    15 路遥控发射器                    *
;                    * * * * * * * * * * * * * * * * * * * * * * * * * *
; * * * * * * * * * * * * * * * * * * * * * * * * * * * * * * * * * * * *
; *           KEYX0      P1.0 │ 1          40 │ Vcc                    *
; *           KEYX1      P1.1 │ 2          39 │ P0.0    KEYY0          *
; *           KEYX2      P1.2 │ 3          38 │ P0.1    KEYY1          *
; *           KEYX3      P1.3 │ 4          37 │ P0.2    KEYY2          *
; *                      P1.4 │ 5          36 │ P0.3    KEYY3          *
; *                      P1.5 │ 6          35 │ P0.4    KEYY4          *
; *                      P1.6 │ 7          34 │ P0.5    KEYY5          *
; *                      P1.7 │ 8          33 │ P0.6    KEYY6          *
; *                      RST  │ 9          32 │ P0.7    KEYY7          *
; *                      P3.0 │ 10  51单片机 31 │ EA      VDD          *
; *                      P3.1 │ 11         30 │ ALE                    *
; *                      P3.2 │ 12         29 │ PSEN                   *
; *                      P3.3 │ 13         28 │ P2.7                   *
; *                      P3.4 │ 14         27 │ P2.6                   *
; * REMOTEOUT T1         P3.5 │ 15         26 │ P2.5                   *
; *                      P3.6 │ 16         25 │ P2.4                   *
; *                      P3.7 │ 17         24 │ P2.3                   *
; *                      XTAL2│ 18         23 │ P2.2                   *
; *                      XTAL1│ 19         22 │ P2.1                   *
; *                      Vss  │ 20         21 │ P2.0                   *
; * * * * * * * * * * * * * * * * * * * * * * * * * * * * * * * * * * * *
;
;伪定义
        KEYX0   EQU     P1.0            ;P1.0～P1.3 位键盘行扫描
        KEYX1   EQU     P1.1            ;本系统采用 4×8 键盘阵列
        KEYX2   EQU     P1.2
        KEYX3   EQU     P1.3
        KEYY    EQU     P0              ;P0 口键盘列扫描
;
; * * * * * * * * * * * * * * * * * * * * * * * * * * * *
; *           主程序和中断程序入口                    *
; * * * * * * * * * * * * * * * * * * * * * * * * * * * *
        ORG     0000H                   ;程序执行开始地址
        AJMP    START                   ;跳至 START 执行
```

```
            ORG      0003H              ;外中断 0 中断入口地址
            RETI                        ;中断返回(不开中断)
            ORG      000BH              ;定时器 T0 中断入口地址
            RETI                        ;中断返回(不开中断)
            ORG      0013H              ;外中断 1 中断入口地址
            RETI                        ;中断返回(不开中断)
            ORG      001BH              ;定时器 T1 中断入口地址
            LJMP     INTT1              ;跳至 INTT1 中断服务程序
            ORG      0023H              ;串行口中断入口地址
            RETI                        ;中断返回(不开中断)
            ORG      002BH              ;定时器 T2 中断入口地址
            RETI                        ;中断返回(不开中断)
;
;*****************************************
;*               初始化程序                    *
;*****************************************
CLEARMEMIO: CLR     A                   ;A 清 0
            DEC      A                  ;A 为#0FFH
            MOV      P0,A               ;P0~P3 口置 1
            MOV      P1,A
            MOV      P2,A
            MOV      P3,A
            CLR      P3.5               ;关遥控输出
CLEARMEM:   MOV      IE,#00H            ;关所有中断
            MOV      IP,#01H            ;设优先级
            MOV      TMOD,#22H          ;8 位自动重装初值模式
            MOV      TH1,#0F3H          ;定时为 13 μs 初值
            MOV      TL1,#0F3H
            SETB     EA                 ;开总中断允许
            RET                         ;返回
;
;*****************************************
;*                主程序                       *
;*****************************************
START:      MOV      SP,#70H            ;设堆栈基址为 70H
            LCALL CLEARMEMIO            ;调用初始化子程序
;
MAIN:       LCALL KEYWORK               ;主体程序。调用查键子程序
            LJMP     MAIN               ;转 MAIN 循环
            NOP                         ;PC 值出错处理
```

```
                NOP
                NOP
                LJMP    START               ;重新初始化
;
;* * * * * * * * * * * * * * * * * * * * * * * * * * * * * * *
;*                  T1 中断服务程序                    *
;* * * * * * * * * * * * * * * * * * * * * * * * * * * * * * *
INTT1：         CPL     P3.5                ;40 kHz 红外线遥控信号产生
                RETI                        ;中断返回
;
;* * * * * * * * * * * * * * * * * * * * * * * * * * * * * * *
;*            键盘工作子程序(4×8 阵列)                 *
;*            出口为各键工作程序入口                   *
;* * * * * * * * * * * * * * * * * * * * * * * * * * * * * * *
KEYWORK：       MOV     KEYY,♯0FFH          ;置列线输入状态
                CLR     KEYX0               ;行线(P1 口)全置 0
                CLR     KEYX1
                CLR     KEYX2
                CLR     KEYX3
                MOV     A,KEYY              ;读入 P0 口值
                MOV     B,A                 ;KEYY 口值暂存 B 中
                CJNE    A,♯0FFH,KEYHIT      ;不等于♯0FFH,转 KEYHIT(有键按下)
KEYOUT：        RET                         ;没有键按下返回
;
KEYHIT：        LCALL   DL10MS              ;延时去抖动
                MOV     A,KEYY              ;再读入 P0 口值至 A
                CJNE    A,B,KEYOUT          ;A 不等于 B(是干扰),子程序返回
                SETB    KEYX1               ;有键按下,找键号开始,查第 0 行
                SETB    KEYX2
                SETB    KEYX3
                MOV     A,KEYY              ;读入 P0 口值
                CJNE    A,♯0FFH,KEYVAL0     ;P0 口不等于♯0FFH,按下键在第 0 行
                SETB    KEYX0               ;不在第 0 行,开始查第 1 行
                CLR     KEYX1
                MOV     A,KEYY              ;读入 P0 口值
                CJNE    A,♯0FFH,KEYVAL1     ;P0 口不等于♯0FFH,按下键在第 1 行
                SETB    KEYX1               ;不在第 1 行,开始查第 2 行
                CLR     KEYX2
                MOV     A,KEYY              ;读入 P0 口值
                CJNE    A,♯0FFH,KEYVAL2     ;P0 口不等于♯0FFH,按下键在第 2 行
```

	SETB	KEYX2	;不在第 2 行,开始查第 3 行
	CLR	KEYX3	
	MOV	A,KEYY	;读入 P0 口值
	CJNE	A,#0FFH,KEYVAL3	;P0 口不等于#0FFH,按下键在第 3 行
	LJMP	KEYOUT	;不在第 3 行,子程序返回
;			
KEYVAL0:	MOV	R2,#00H	;按下键在第 0 行,R2 赋行号初值 0
	LJMP	KEYVAL4	;跳到 KEYVAL4
;			
KEYVAL1:	MOV	R2,#08H	;按下键在第 1 行,R2 赋行号初值 8
	LJMP	KEYVAL4	;跳到 KEYVAL4
;			
KEYVAL2:	MOV	R2,#10H	;按下键在第 2 行,R2 赋行号初值 16
	LJMP	KEYVAL4	;跳到 KEYVAL4
;			
KEYVAL3:	MOV	R2,#18H	;按下键在第 3 行,R2 赋行号初值 24
	LJMP	KEYVAL4	;跳到 KEYVAL4
;			
KEYVAL4:	MOV	DPTR,#KEYVALTAB	;键值翻译成连续数字
	MOV	B,A	;P0 口值暂存 B 内
	CLR	A	;清 A
	MOV	R0,A	;清 R0
KEYVAL5:	MOV	A,R0	;查列号开始,R0 数据放入 A
	SUBB	A,#08H	;A 中数减 8
	JNC	KEYOUT	;借位 C 为 0,查表出错,返回
	MOV	A,R0	;查表次数小于 8,继续查
	MOVC	A,@A+DPTR	;查列号表
	INC	R0	;R0 加 1
	CJNE	A,B,KEYVAL5	;查得值和 P0 口值不等,转 KEYVAL5
			;再查
	DEC	R0	;查得值和 P0 口值相等,R0 减 1
	MOV	A,R0	;放入 A(R0 中数值即为列号值)
	ADD	A,R2	;与行号初值相加成为键号值(0～31)
	MOV	B,A	;键号乘以 3 处理用于 JMP 散转指令
	RL	A	;键号乘以 3 处理用于 JMP 散转指令
	ADD	A,B	;键号乘以 3 处理用于 JMP 散转指令
	MOV	DPTR,#KEYFUNTAB	;取散转功能程序(表)首址
	JMP	@A+DPTR	;散转至对应功能程序标号
KEYFUNTAB:	LJMP	KEYFUN00	;跳到键号 0 对应功能程序标号
	LJMP	KEYFUN01	;跳到键号 1 对应功能程序标号

```
        LJMP    KEYFUN02            ;跳到键号 2 对应功能程序标号
        LJMP    KEYFUN03            ;跳到键号 3 对应功能程序标号
        LJMP    KEYFUN04            ;跳到键号 4 对应功能程序标号
        LJMP    KEYFUN05            ;跳到键号 5 对应功能程序标号
        LJMP    KEYFUN06            ;跳到键号 6 对应功能程序标号
        LJMP    KEYFUN07            ;跳到键号 7 对应功能程序标号
        LJMP    KEYFUN08            ;跳到键号 8 对应功能程序标号
        LJMP    KEYFUN09            ;跳到键号 9 对应功能程序标号
        LJMP    KEYFUN10            ;跳到键号 10 对应功能程序标号
        LJMP    KEYFUN11            ;跳到键号 11 对应功能程序标号
        LJMP    KEYFUN12            ;跳到键号 12 对应功能程序标号
        LJMP    KEYFUN13            ;跳到键号 13 对应功能程序标号
        LJMP    KEYFUN14            ;跳到键号 14 对应功能程序标号
        LJMP    KEYFUN15            ;跳到键号 15 对应功能程序标号
        LJMP    KEYFUN16            ;跳到键号 16 对应功能程序标号
        LJMP    KEYFUN17            ;跳到键号 17 对应功能程序标号
        LJMP    KEYFUN18            ;跳到键号 18 对应功能程序标号
        LJMP    KEYFUN19            ;跳到键号 19 对应功能程序标号
        LJMP    KEYFUN20            ;跳到键号 20 对应功能程序标号
        LJMP    KEYFUN21            ;跳到键号 21 对应功能程序标号
        LJMP    KEYFUN22            ;跳到键号 22 对应功能程序标号
        LJMP    KEYFUN23            ;跳到键号 23 对应功能程序标号
        LJMP    KEYFUN24            ;跳到键号 24 对应功能程序标号
        LJMP    KEYFUN25            ;跳到键号 25 对应功能程序标号
        LJMP    KEYFUN26            ;跳到键号 26 对应功能程序标号
        LJMP    KEYFUN27            ;跳到键号 27 对应功能程序标号
        LJMP    KEYFUN28            ;跳到键号 28 对应功能程序标号
        LJMP    KEYFUN29            ;跳到键号 29 对应功能程序标号
        LJMP    KEYFUN30            ;跳到键号 30 对应功能程序标号
        LJMP    KEYFUN31            ;跳到键号 31 对应功能程序标号
        RET
;列号对应数据表
KEYVALTAB: DB  0FEH,0FDH,0FBH,0F7H,0EFH,0DFH,0BFH,7FH
;对应列号:          0    1    2    3    4    5   6   7
        RET
;
KEYFUN00:   MOV    A,#02H              ;发 2 个脉冲
        LJMP    REMOTE             ;转发送程序
        RET
;
```

```
KEYFUN01:    MOV    A,#03H          ;发 3 个脉冲
             LJMP   REMOTE          ;转发送程序
             RET
;
KEYFUN02:    MOV    A,#04H          ;发 4 个脉冲
             LJMP   REMOTE          ;转发送程序
             RET
;
KEYFUN03:    MOV    A,#05H          ;发 5 个脉冲
             LJMP   REMOTE          ;转发送程序
             RET
;
KEYFUN04:    MOV    A,#06H          ;发 6 个脉冲
             LJMP   REMOTE          ;转发送程序
             RET
;
KEYFUN05:    MOV    A,#07H          ;发 7 个脉冲
             LJMP   REMOTE          ;转发送程序
             RET
;
KEYFUN06:    MOV    A,#08H          ;发 8 个脉冲
             LJMP   REMOTE          ;转发送程序
             RET
;
KEYFUN07:    MOV    A,#09H          ;发 9 个脉冲
             LJMP   REMOTE          ;转发送程序
             RET
;
KEYFUN08:    MOV    A,#0AH          ;发 10 个脉冲
             LJMP   REMOTE          ;转发送程序
             RET
;
KEYFUN09:    MOV    A,#0BH          ;发 11 个脉冲
             LJMP   REMOTE          ;转发送程序
             RET
;
KEYFUN10:    MOV    A,#0CH          ;发 12 个脉冲
             LJMP   REMOTE          ;转发送程序
             RET
;
```

```
KEYFUN11：    MOV     A,＃0DH              ;发 13 个脉冲
              LJMP    REMOTE              ;转发送程序
              RET
       ;
KEYFUN12：    MOV     A,＃0EH              ;发 14 个脉冲
              LJMP    REMOTE              ;转发送程序
              RET
       ;
KEYFUN13：    MOV     A,＃0FH              ;发 15 个脉冲
              LJMP    REMOTE              ;转发送程序
              RET
       ;
KEYFUN14：    MOV     A,＃10H              ;发 16 个脉冲
              LJMP    REMOTE              ;转发送程序
              RET
       ;
KEYFUN15：    MOV     A,＃11H              ;发 17 个脉冲
              LJMP    REMOTE              ;转发送程序
              RET
KEYFUN16：    RET                         ;备用功能
KEYFUN17：    RET                         ;备用功能
KEYFUN18：    RET                         ;备用功能
KEYFUN19：    RET                         ;备用功能
KEYFUN20：    RET                         ;备用功能
KEYFUN21：    RET                         ;备用功能
KEYFUN22：    RET
KEYFUN23：    RET
KEYFUN24：    RET
KEYFUN25：    RET
KEYFUN26：    RET
KEYFUN27：    RET
KEYFUN28：    RET
KEYFUN29：    RET
KEYFUN30：    RET
KEYFUN31：    RET                         ;备用功能
       ;
;**********************************
;*              编码发射程序                    *
;**********************************
REMOTE：     MOV     R1,A                ;装入发射脉冲个数
```

```
              LJMP    OUT3                ;转第 1 个码发射处理
OUT：         MOV     R0，#55H            ;1 ms 宽低电平发射控制数据
OUT1：        SETB    ET1                 ;开 T1 中断
              SETB    TR1                 ;开启定时器 T1
              NOP                         ;延时
              NOP
              NOP
              NOP
              NOP
              DJNZ    R0，OUT1            ;时间不到转 OUT1 再循环
              MOV     R0，#32H            ;1 ms 高电平间隙控制数据
OUT2：        CLR     TR1                 ;关定时器 T1
              CLR     ET1                 ;关 T1 中断
              CLR     P3.5                ;关脉冲输出
              NOP                         ;空操作延时
              NOP
              NOP
              NOP
              NOP
              NOP
              NOP
              NOP
              NOP
              NOP
              NOP
              DJNZ    R0，OUT2            ;时间不到,转 OUT2 再循环
              DJNZ    R1，OUT             ;脉冲未发完,转 OUT 再循环发射
              LCALL   DL500MS
              RET
OUT3：        MOV     R0，#0FFH           ;装发射 3 ms 宽控制数据
              LJMP    OUT1                ;转 OUT1
;
;* * * * * * * * * * * * * * * * * * * * * * * * * * * * *
;*                   延时 513 μs                        *
;* * * * * * * * * * * * * * * * * * * * * * * * * * * * *
;513 μs 延时程序
DELAY：       MOV     R2，#0FFH
DELAY1：      DJNZ    R2，DELAY1
              RET
;
```

```
; * * * * * * * * * * * * * * * * * * * * * * * * * * * * * *
; *                    延时 10 ms                    *
; * * * * * * * * * * * * * * * * * * * * * * * * * * * * * *
;10 ms 延时程序
DL10MS:        MOV    R3,#14H
DL10MS1:       LCALL  DELAY
               DJNZ   R3,DL10MS1
                      RET
;500 ms 延时程序
DL500MS:       MOV    R4,#32H
DL500MS1:      LCALL  DL10MS
               DJNZ   R4,DL500MS1
               RET
;
               END                      ;程序结束
;                  * * * * * * * * * * * * * * * * * * * * * * * * * * *
;                  *              (INCEPT3. ASM)              *
;                  *              15 路遥控接收器              *
; * * * * * * * * * * * * * * * * * * * * * * * * * * * * * * * * * * *
```

```
; *                                                           *
; *         A ← P1.0  | 1      40 | Vcc                       *
; *         B ← P1.1  | 2      39 | P0.0 LED0                 *
; *         C ← P1.2  | 3      38 | P0.1 LED1                 *
; *             P1.3  | 4      37 | P0.2 LED2                 *
; *             P1.4  | 5      36 | P0.3 LED3                 *
; *             P1.5  | 6      35 | P0.4 LED4                 *
; *             P1.6  | 7      34 | P0.5 LED5                 *
; *             P1.7  | 8      33 | P0.6 LED6                 *
; *  100 Hz    RST    | 9      32 | P0.7 LED7                 *
; *         → P3.0    | 10     31 | EA  VDD                   *
; *         → P3.1    | 11     30 | ALE                       *
; * REMOTEIN → P3.2   | 12     29 | PSEN                      *
; *             P3.3  | 13     28 | P2.7 → 调光脉冲            *
; *             P3.4  | 14     27 | P2.6 LED8                 *
; *             P3.5  | 15     26 | P2.5 LED9                 *
; *             P3.6  | 16     25 | P2.4 LED10                *
; *             P3.7  | 17     24 | P2.3 LED11                *
; *             XTAL2 | 18     23 | P2.2 LED12                *
; *             XTAL1 | 19     22 | P2.1 LED13                *
; *             Vss   | 20     21 | P2.0 LEV14(灯泡)          *
; *                    51单片机                               *
; *                                                           *
```

```
;* * * * * * * * * * * * * * * * * * * * * * * * * * * * * * * * * * *
;注:P3.0 为 100 Hz 的交流电源过零点相位参考输入
;
;* * * * * * * * * * * * * * * * * * * * * * * * * * * * * *
;*              主程序和中断程序入口                *
;* * * * * * * * * * * * * * * * * * * * * * * * * * * * * *
          ORG    0000H              ;程序开始地址
          LJMP   START              ;跳至 START 执行
          ORG    0003H              ;外中断 0 中断入口
          LJMP   INTEX0             ;跳至 INTEX0 执行中断服务程序
          ORG    000BH              ;定时器 T0 中断入口地址
          RETI                      ;中断返回(不开中断)
          ORG    0013H              ;外中断 1 中断入口地址
          RETI                      ;中断返回(不开中断)
          ORG    001BH              ;定时器 T1 中断入口地址
          RETI                      ;中断返回(不开中断)
          ORG    0023H              ;串行口中断入口地址
          RETI                      ;中断返回(不开中断)
          ORG    002BH              ;定时器 T2 中断入口地址
          RETI                      ;中断返回(不开中断)
;
;* * * * * * * * * * * * * * * * * * * * * * * * * * * * * *
;*              初始化程序                        *
;* * * * * * * * * * * * * * * * * * * * * * * * * * * * * *
CLEARMEMIO:CLR    A
          DEC    A                  ;A 为#0FFH
          MOV    P0,A               ;P1~P3 口置 1
          MOV    P1,A
          MOV    P2,A
          MOV    P3,A
CLEARMEM: MOV    IE,#00H            ;关所有中断
          SETB   EX0                ;开外中断
          SETB   EA                 ;总中断允许
          RET                       ;子程序返回
;
;* * * * * * * * * * * * * * * * * * * * * * * * * * * * * *
;*              主程序                            *
;* * * * * * * * * * * * * * * * * * * * * * * * * * * * * *
START:    LCALL  CLEARMEMIO         ;上电初始化
```

```
              LCALL  LOOP                    ;调用调光控制程序
;
MAIN：        JB     P3.0,MAIN               ;50 Hz 交流电未过 0 转 MAIN
              LCALL  DLX                     ;过零点时调用延时子程序(延时可变)
              CLR    P2.7                    ;发调光脉冲
              LCALL  DELAY                   ;持续 512 μs
              SETB   P2.7                    ;关调光脉冲
              LJMP   MAIN                    ;转 MAIN 循环
              NOP                            ;PC 值出错处理
              NOP
              LJMP   START                   ;出错时重新初始化
```

```
;* * * * * * * * * * * * * * * * * * * * * * * * * * * * *
;*                  遥控接收程序                        *
;* * * * * * * * * * * * * * * * * * * * * * * * * * * * *
;采用中断接收
INTEX0：      CLR    EX0                     ;关外中断
              JNB    P3.1,READ1              ;P3.1 口为低电平转 READ1
READOUTT0：   SETB   EX0                     ;P3.1 口为高电平开中断(系干扰)
              RETI                           ;退出中断
;
READ1：       CLR    A                       ;清 A
              MOV    DPH,A                   ;清 DPTR
              MOV    DPL,A
HARD1：       JB     P3.1,HARD11             ;P3.1 变高电平转 HARD11
              INC    DPTR                    ;用 DPTR 对低电平计数
              NOP                            ;1 μs 延时
              NOP
              AJMP   HARD1                   ;转 HARD1 循环(循环周期为 8 μs)
HARD11：      MOV    A,DPH                   ;DPTR 高 8 位放入 A
              JZ     READOUTT0               ;为 0(脉宽小于 8 μs×255＝2 ms)退出
              CLR    A                       ;不为 0,说明是第 1 个宽脉冲(3 ms)
READ11：      INC    A                       ;脉冲个数计 1
READ12：      JNB    P3.1,READ12             ;低电平时等待
              MOV    R1,#06H                 ;高电平宽度判断定时值
READ13：      JNB    P3.1,READ11             ;变低电平时转 READ11 脉冲计数
              LCALL  DELAY                   ;延时(512 μs)
              DJNZ   R1,READ13               ;6 次延时不到转 READ13 再延时
              DEC    A                       ;超过 3 ms 判为结束,减 1
```

	DEC	A	;减 1
	JZ	FUN0	;为 0 执行 FUN0(2 个脉冲)
	DEC	A	;减 1
	JZ	FUN1	;为 0 执行 FUN1(3 个脉冲)
	DEC	A	
	JZ	FUN2	;为 0 执行 FUN2(4 个脉冲)
	DEC	A	
	JZ	FUN3	;为 0 执行 FUN3(5 个脉冲)
	DEC	A	
	JZ	FUN4	;为 0 执行 FUN4(6 个脉冲)
	DEC	A	
	JZ	FUN5	;为 0 执行 FUN5(7 个脉冲)
	DEC	A	
	JZ	FUN6	;为 0 执行 FUN6(8 个脉冲)
	DEC	A	
	JZ	FUN7	;为 0 执行 FUN7(9 个脉冲)
	DEC	A	
	JZ	FUN8	;为 0 执行 FUN8(10 个脉冲)
	DEC	A	
	JZ	FUN9	;为 0 执行 FUN9(11 个脉冲)
	DEC	A	
	JZ	FUN10	;为 0 执行 FUN10(12 个脉冲)
	DEC	A	
	JZ	FUN11	;为 0 执行 FUN11(13 个脉冲)
	DEC	A	
	JZ	FUN12	;为 0 执行 FUN12(14 个脉冲)
	DEC	A	
	JZ	FUN13	;为 0 执行 FUN13(15 个脉冲)
	DEC	A	
	JZ	FUN14	;为 0 执行 FUN14(16 个脉冲)
	DEC	A	
	JZ	FUN15	;为 0 执行 FUN15(17 个脉冲)
	NOP		
	NOP		
	LJMP	READOUTT0	;出错退出
;			
FUN0:	CPL	P0.0	;P0 口各端口开关输出控制
	LJMP	READOUTT0	;转中断退出

```
FUN1:        CPL     P0.1
             LJMP    READOUTT0
FUN2:        CPL     P0.2
             LJMP    READOUTT0
FUN3:        CPL     P0.3
             LJMP    READOUTT0
FUN4:        CPL     P0.4
             LJMP    READOUTT0
FUN5:        CPL     P0.5
             LJMP    READOUTT0
FUN6:        CPL     P0.6
             LJMP    READOUTT0
FUN7:        CPL     P0.7
             LJMP    READOUTT0
FUN8:        CPL     P2.6            ;P2 口各端口开关输出控制
             LJMP    READOUTT0       ;转中断退出
FUN9:        CPL     P2.5
             LJMP    READOUTT0
FUN10:       CPL     P2.4
             LJMP    READOUTT0
FUN11:       CPL     P2.3
             LJMP    READOUTT0
FUN12:       CPL     P2.2
             LJMP    READOUTT0
FUN13:       CPL     P2.1
             LJMP    READOUTT0
FUN14:       CPL     P2.0            ;P2.0 口开关控制
             LJMP    READOUTT0       ;转中断退出
FUN15:       DEC     P1              ;P1 口值减 1
             MOV     A,P1            ;移入 A
             CJNE    A,#0F7H,OUTT0   ;不等转 OUTT0(显示值小于 7)
             CLR     A               ;相等清 A
             DEC     A               ;A 为#0FFH
             MOV     P1,A            ;放回 P1(显示值为 7)
OUTT0:       LCALL   LOOP            ;亮度调整
             LJMP    READOUTT0       ;中断退出
;
;*******************************************
```

```
; *                      延时程序(513 μs)                    *
; * * * * * * * * * * * * * * * * * * * * * * * * * * * * * *
DELAY:        MOV    R0,#0FFH
DELAY1:       DJNZ   R0,DELAY1
              RET
;
; * * * * * * * * * * * * * * * * * * * * * * * * * * * * * *
; *                      延时 10 ms                          *
; * * * * * * * * * * * * * * * * * * * * * * * * * * * * * *
DL10MS:       MOV    R1,#14H
DL10MS1:      LCALL  DELAY
              DJNZ   R1,DL10MS1
              RET
;
; * * * * * * * * * * * * * * * * * * * * * * * * * * * * * *
; *              调光延时时间控制                            *
; * * * * * * * * * * * * * * * * * * * * * * * * * * * * * *
DLX:          MOV    R2,B            ;置延时初值
DLX1:         LCALL  DELAY           ;调 512 μs 延时子程序
              DJNZ   R2,DLX1         ;循环控制
              RET                    ;返回
;
; * * * * * * * * * * * * * * * * * * * * * * * * * * * * * *
; *              调光控制程序                                *
; * * * * * * * * * * * * * * * * * * * * * * * * * * * * * *
;根据数码管指示值设置调光脉冲延时值
LOOP:         MOV    A,P1            ;读入 P1 口值
              SUBB   A,#0FFH         ;比较
              JZ     LOOP7           ;值为 #0FFH(显示 7)时转 LOOP7
              MOV    A,P1
              SUBB   A,#0FEH
              JZ     LOOP6           ;值为 #0FEH(显示 6)时转 LOOP6
              MOV    A,P1
              SUBB   A,#0FDH
              JZ     LOOP5           ;值为 #0FDH(显示 5)时转 LOOP5
              MOV    A,P1
              SUBB   A,#0FCH
              JZ     LOOP4           ;值为 #0FCH(显示 4)时转 LOOP4
              MOV    A,P1
```

```
              SUBB      A,#0FBH
              JZ        LOOP3              ;值为#0FBH(显示 3)时转 LOOP3
              MOV       A,P1
              SUBB      A,#0FAH
              JZ        LOOP2              ;值为#0FAH(显示 2)时转 LOOP2
              MOV       A,P1
              SUBB      A,#0F9H
              JZ        LOOP1              ;值为#0F9H(显示 1)时转 LOOP1
              MOV       A,P1
              SUBB      A,#0F8H
              JZ        LOOP0              ;值为#0F8H(显示 0)时转 LOOP0
              RET                          ;返回
  ;
  LOOP7:      MOV       B,#01H             ;设置延时值#01H(最亮)
              RET                          ;返回
  LOOP6:      MOV       B,#02H             ;设置延时值#02H(次亮)
              RET                          ;返回
  LOOP5:      MOV       B,#04H
              RET
  LOOP4:      MOV       B,#06H
              RET
  LOOP3:      MOV       B,#08H
              RET
  LOOP2:      MOV       B,#0AH
              RET
  LOOP1:      MOV       B,#0CH             ;设置延时值#0CH(次暗)
              RET                          ;返回
  LOOP0:      MOV       B,#0DH             ;设置延时值#0DH(最暗)
              RET                          ;返回
  ;
              END                          ;程序结束
```

19.5　C 程序清单

以下是 15 路电器遥控器完整的 C 程序清单(发射器及接收器):

```
/****************************************************************/
//                         send.c                             //
//                    实例3  遥控发射器                        //
/****************************************************************/
//使用 AT89C52 单片机,12 MHz 晶振
```

```
//
// #pragma src(E:\remote.asm)
#include "reg51.h"
#include "intrins.h"                        //_nop_()延时函数用
//
#define uchar unsigned char
#define uint unsigned int
#define key0 P0                             //键列线
#define key1 P1                             //键行线
//
sbit  remoteout=P3^5;                       //遥控输出口
//
//
uint i,j,m,n,k,s;
uchar keyvol;                               //键值存放
uchar  code keyv[8]={1,2,4,8,16,32,64,128};
//
/***********1 ms 延时程序**********/
delay1ms(uint t)
{
for(i=0;i<t;i++)
   for(j=0;j<120;j++)
     ;
}
/***********初始化函数**********/
clearmen()
{
remoteout=0;                               //关遥控输出
IE=0x00;
IP=0x01;
TMOD=0x22;                                 //8 位自动重装模式
TH1=0xF3;                                  //40 kHz 初值
TL1=0xF3;
EA=1;                                      //开总中断
}
/**********发射函数***********/
sed()
{
ET1=1;TR1=1;delay1ms(3);ET1=0;TR1=0;remoteout=0;   //40 kHz 发 3 ms
```

```
for(m=keyvol;m>0;m——)
  {
   delay1ms(1);                                              //停 1 ms
   ET1=1;TR1=1;delay1ms(1);ET1=0;TR1=0;remoteout=0;   //40 kHz 发 1 ms
  }
delay1ms(10);
}
//
tx()
{
switch(keyvol)
 {
  case 0:keyvol=keyvol+1;sed();break;
  case 1:keyvol=keyvol+1;sed();break;
  case 2:keyvol=keyvol+1;sed();break;
  case 3:keyvol=keyvol+1;sed();break;
  case 4:keyvol=keyvol+1;sed();break;
  case 5:keyvol=keyvol+1;sed();break;
  case 6:keyvol=keyvol+1;sed();break;
  case 7:keyvol=keyvol+1;sed();break;
  case 8:keyvol=keyvol+1;sed();break;
  case 9:keyvol=keyvol+1;sed();break;
  case 10:keyvol=keyvol+1;sed();break;
  case 11:keyvol=keyvol+1;sed();break;
  case 12:keyvol=keyvol+1;sed();break;
  case 13:keyvol=keyvol+1;sed();break;
  case 14:keyvol=keyvol+1;sed();break;
  case 15:keyvol=keyvol+1;sed();break;
  default:break;
 }
}
/**********键功能函数************/
keywork()
{
 keyvol=0x00;key1=0xF0;if(key0!=0xFF)
 {delay1ms(20);if(key0!=0xFF)
 {while(key0!=0xFF);
  key1=0xFE;if(key0!=0xff){for(i=0;i<8;i++){if(~key0==keyv[i]){keyvol=i;tx
();}}}   }
```

```
else{key1=0xFD;if(key0!=0xFF){for(i=0;i<8;i++){if(~key0==keyv[i]){keyvol
=i+8;tx();}}    }}
// key1=0xFB;if(key0!=0xFF){for(i=0;i<8;i++){if(~key0==keyv[i]){keyvol=i
+16;tx();}}    }
// key1=0xF7;if(key0!=0xFF){for(i=0;i<8;i++){if(~key0==keyv[i]){keyvol=i
+24;tx();}}    }
    }
  }
}
/**********主函数***************/
main()
{
clearmen();                            //初始化
while(1)
  {
   keywork();                          //按键扫描
   }
}
/*********40 kHz发生器***********/
//定时中断T1
void time_intt1(void) interrupt 3
{
  remoteout=~remoteout;
}
//*******************结束*********************//
/******************************************************/
//                      incept. c                     //
//                 实例3  遥控接收器                   //
/******************************************************/
//使用AT89C52单片机,12 MHz晶振
//
//#pragma src(E:\remote. asm)
#include "reg51. h"
#include "intrins. h"                  //_nop_()延时函数用
//
#define uchar unsigned char
#define uint unsigned int
#define disout P1                      //显示输出
//
```

```
sbit    remotein=P3^1;                        //遥控输入
sbit    sin=P3^0;                             //基准正弦波相位输入
sbit    AA=P0^0;
sbit    BB=P0^1;
sbit    CC=P0^2;
sbit    DD=P0^3;
sbit    EE=P0^4;
sbit    FF=P0^5;
sbit    GG=P0^6;
sbit    HH=P0^7;
sbit    II=P2^0;
sbit    JJ=P2^1;
sbit    KK=P2^2;
sbit    LL=P2^3;
sbit    MM=P2^4;
sbit    NN=P2^5;
sbit    PP=P2^6;
sbit    QQQ=P2^7;
//
uint i,j,m,n,k,s=1;
uint keyvol;                                  //值存放
//
/ **********1 ms 延时程序***********/
delay1ms(uint t)
{
for(i=0;i<t;i++)
    for(j=0;j<120;j++)
    ;
}
/ ************初始化函数**********/
clearmen()
{
EX0=1;
EA=1;                                         //开总中断
}
/ **********延时赋值函数***********/
loop()
{
switch(disout&0x07)
```

```
{
case 0:{s=1;break;}
case 1:{s=2;break;}
case 2:{s=3;break;}
case 3:{s=4;break;}
case 4:{s=5;break;}
case 5:{s=6;break;}
case 6:{s=7;break;}
case 7:{s=8;break;}
default:break;}
}
/ *************** 主函数 ****************/
main()
{
clearmen();                                    //初始化
loop();
P2=0xFE;
while(1)
 {
  while(sin==1);
  delay1ms(s);
  QQQ=0;delay1ms(1);QQQ=1;
  }
}
/ ********** 外部中断遥控接收函数 **********/
//外中断 0
void intt0(void) interrupt 0
{
EX0=0;keyvol=0;
if(remotein==0)
  {delay1ms(1);
  if(remotein==0)
    {while(1)
        {while(remotein==0);
        keyvol++;k=0;
        while(remotein==1){delay1ms(1);k++;if(k>2){ goto OOUUTT;};}
            }
OOUUTT:
    switch(keyvol)
```

```
    {
    case 2:{AA=~AA;break;}
    case 3:{BB=~BB;break;}
    case 4:{CC=~CC;break;}
    case 5:{DD=~DD;break;}
    case 6:{EE=~EE;break;}
    case 7:{FF=~FF;break;}
    case 8:{GG=~GG;break;}
    case 9:{HH=~HH;break;}
    case 10:{PP=~PP;break;}
    case 11:{NN=~NN;break;}
    case 12:{MM=~MM;break;}
    case 13:{LL=~LL;break;}
    case 14:{KK=~KK;break;}
    case 15:{JJ=~JJ;break;}
    case 16:{II=~II;break;}
    case 17:{if(disout==0x00){disout=0xFF;}else{disout--;}loop();break;}
    default:break;
    }
    }
    }
EX0=1;
}
// ********************结束 ************************//
```

附录 A 网络资源内容说明

本书的网络资源包含 18 个文件夹:第 4 章 例子流水小灯汇编程序、第 5 章 例子 C 程序、第 6 章 例子 C 程序、第 6 章 例子汇编程序、第 7 章 实验 1 LED 小灯实验程序、第 8 章 实验 2 定时计数器实验程序、第 9 章 实验 3 定时器中断实验程序、第 10 章 实验 4 串行口通信实验程序、第 11 章 实验 5 按键接口实验程序、第 12 章 实验 6 8 位共阳数码管实验程序、第 13 章 实验 7 LCD 液晶显示器实验程序、第 14 章 实验 8 单片机时钟电路的设计制作实验程序、第 15 章 实验 9 DS1302 实时时钟设计实验程序、第 16 章 实验 10 数字温度计设计实验程序、第 17 章 实例 1 8×8 点阵 LED 字符显示器的设计程序、第 18 章 实例 2 8 路输入模拟信号数值显示器的设计程序、第 19 章 实例 3 15 路电器遥控器的设计程序及单片机时钟电路的设计制作实验板电路图及 PCB 资料。网络资源中包含了书中第 4~19 章中的所有汇编或 C 程序。

本书网络资源包含的文件夹如下:

| 第 4 章 例子流水小灯汇编程序

| 第 5 章 例子 C 程序

         | 小灯 C 程序

| 第 6 章 例子 C 程序

         | 查询法方波产生 C 程序

         | 中断法方波产生 C 程序

         | 方式 0 时发送 8 个字节 C 程序

         | 方式 0 时接收 8 个字节 C 程序

         | 方式 1 时发送 8 个字节 C 程序

| 第 6 章 例子汇编程序

         | 定时器例子程序

         | 中断例子程序

         | 串口发送演示程序

| 第 7 章 实验 1 LED 小灯实验程序

         | 4 个 C 程序

         | 4 个汇编程序

| 第 8 章 实验 2 定时计数器实验程序

         | 4 个 C 程序

         | 4 个汇编程序

第 9 章　实验 3　定时器中断实验程序
　　　　　2 个 C 程序
　　　　　2 汇编程序

第 10 章　实验 4　串行口通信实验程序
　　　　　3 个 C 程序
　　　　　3 个汇编程序

第 11 章　实验 5　按键接口实验程序
　　　　　2 个 C 程序
　　　　　2 个汇编程序

第 12 章　实验 6　8 位共阳数码管实验程序
　　　　　3 个 C 程序
　　　　　3 个汇编程序

第 13 章　实验 7　LCD 液晶显示器实验程序
　　　　　1 个 C 程序

第 14 章　实验 8　单片机时钟电路的设计制作实验程序
　　　　　1 个 C 程序
　　　　　1 个汇编程序

第 15 章　实验 9　DS1302 实时时钟设计实验程序
　　　　　1 个 C 程序
　　　　　1 个汇编程序

第 16 章　实验 10　数字温度计设计实验程序
　　　　　1 个 C 程序
　　　　　1 个汇编程序

第 17 章　实例 1　8×8 点阵 LED 字符显示器的设计程序
　　　　　1 个 C 程序
　　　　　1 个汇编程序

第 18 章　实例 2　8 路输入模拟信号数值显示器的设计程序
　　　　　1 个 C 程序
　　　　　1 个汇编程序

第 19 章　实例 3　15 路电器遥控器的设计程序
　　　　　1 个 C 程序
　　　　　1 个汇编程序

单片机时钟电路的设计制作实验板电路图及 PCB 资料

附录 B "单片机原理及应用"
课程的教学大纲(参考)

课程名称(中文)： 单片机原理及应用

课程名称(英文)： Principles & Applications of Microcontroller

课程编码： 0431020

学时/学分： 32/2

开课学期： 第 4 学期

课程性质： 学科基础课

适用专业： 船舶电子电气工程、电子信息工程、电气工程及其自动化

1. 课程教学目的与任务

本课程是船舶电子电气工程、电子信息工程、电气工程及其自动化专业的学科基础课程。课程的教学目的和任务是让学生学习掌握单片机的基本原理,掌握单片机实际应用系统的设计开发知识,学会使用单片机汇编语言或 C 语言进行一些简单的单片机应用系统的设计;培养学生设计智能化电子产品的能力与创新意识,为毕业后从事电子电气自动化设计打下坚实的基础。

2. 课程教学内容与基本要求

本课程通过对单片机的基本内部组成原理、单片机的内部资源使用方法、单片机应用系统的设计编程方法介绍,要求学生了解常用 51 系列单片机的应用特点,掌握单片机实际应用系统的设计开发过程,并能独立设计一些不太复杂的单片机应用小系统程序。根据课程应用性强的特点,要求重点培养学生实际编程设计的动手能力。

第 1 部分 51 系列单片机原理。

第 1 章,绪论:了解单片机的发展史,熟悉单片机的应用开发过程,教学内容重点要讲清楚单片机的发展过程,单片机的定义特点,单片机的应用模式,单片机的主要应用领域,单片机主要厂商及产品,单片机的发展方向,单片机的开发过程等,教学过程中要充分向学生展示单片机应用的广泛性,编程开发的简单性,提高学习该课程的兴趣。

第 2 章,单片机基本结构与工作原理:主要教学内容为单片机的基本结构,单片机内部资源的配置,单片机的外部特性,SFR 运行管理模式,单片机 I/O 端口及应用特性,单片机存储器系统及操作方式;教学重点与难点是理解内部结构和引脚功能,掌握 RAM 中 SFR 和数据区地址划分,掌握 ROM 中程序复位及中断入口地址,掌握 4 个输入、输出口的特点,掌握所有 SFR 的意义及特点。

第 3 章,单片机的汇编指令系统:主要教学内容为单片机指令系统基础,单片机

指令系统的分类与说明,单片机指令的应用例子;教学重点与难点是了解什么是寻址方式和指令系统,掌握 51 系列的寻址方式和指令格式,掌握 111 条指令的使用方法。

第 4 章,单片机汇编语言程序设计基础:主要教学内容为汇编语言应用程序设计的一般格式、简单结构程序、分支结构程序、循环结构程序、子程序结构程序、查表程序、查键程序、显示程序;重点让学生了解程序设计的一般规律,掌握不同程序结构的单片机汇编程序设计的基本方法。

第 5 章,单片机 C 语言程序设计:主要教学内容为 C 语言程序单片机设计的一般格式、数据类型、运算符和表达式、一般的语法结构,Keil－C51 软件的一般应用;重点让学生掌握单片机 C 语言程序设计的一般方法,初步能使用 Keil－C51 软件进行单片机的 C 语言程序编写。

第 6 章,单片机基本单元结构与操作原理:教学主要内容为定时器/计数器的基本结构与操作方式,中断系统的基本原理与操作方式,串行口的基本结构与操作方式;重点让学生掌握定时器、中断及串行口的基本汇编或 C 语言编程方法。

第 2 部分实验的教学内容为 7 个验证性上机编程实验及 3 个综合性设计实验。其为独立实验设课内容,在该理论课程教学中讲解第 14 章、第 15 章、第 16 章三个实验项目。

第 7 章,实验 1　LED 小灯实验:完成对接在 P1、P3 端口的发光二极管闪亮控制程序的编程和调试。

第 8 章,实验 2　定时器/计数器实验:使用单片机定时器,编程完成对接在 P1、P3 端口的发光二极管闪亮控制程序的调试。

第 9 章,实验 3　定时器中断实验:使用单片机定时中断方式,编程在 P1 端口输出一定周期要求的方波信号或小灯亮灭控制信号。

第 10 章,实验 4　串行口通信实验:分别使用同步移位及方式 1 编程实现单片机串行方式数据发送及接收。

第 11 章,实验 5　按键接口实验:编程实现行列式按键及单端口按键的读键与小灯亮灭控制功能。

第 12 章,实验 6　八位共阳 LED 数码管实验:学习使用动态扫描法实现 LED 数码管显示数字的编程方法。

第 13 章,实验 7　LCD 液晶显示器实验:学习使用点阵液晶显示器(AM-PIRE128×64 LCD)的中文及英文字符显示方法。

第 14 章,实验 8　时钟电路的设计制作:要求用六位 LED 数码管显示时、分、秒,以 24 小时计时方式运行,使用按键开关可实现时、分调整功能,或由学生自己定义时钟系统的功能及实现方法,重点让学生学会使用定时器中断,掌握通过程序实现 24 小时计时的方法,理解动态扫描原理、定时响铃原理、时间调整原理、班级学号显示原理等。

第 15 章,实验 9　DS1302 实时时钟设计:要求用实时时钟芯片 DS1302、单片机及六位 LED 数码管,能显示年、月、日、星期、时、分、秒,使用按键开关可实现年、月、日及时、分调整功能,或由学生自己定义时钟系统的功能及实现方法。

第 16 章,实验 10　数字温度计设计:要求能显示正、负温度,温度显示最小分辨率 0.1℃,显示(测量)温度范围为－55.0～125.0℃。或由学生自己定义测温精度及显示位数。

第 3 部分 51 系列单片机设计应用实例,内容为三个设计实例,作为学生课外学习内容。

第 17 章,实例 1　8×8 点阵 LED 字符显示器的设计。

第 18 章,实例 2　8 路输入模拟信号数值显示器的设计。

第 19 章,实例 3　15 路电器遥控器的设计。

3. 教学时数分配

总学时 32 学时,分配如表 B.1 所列。

表 B.1　数学时数分配

学时数　　　项目　　　　章节	讲课	习题课	实验(或上机)	合计
课程介绍、第 1 章　绪论	2			2
第 2 章　单片机基本结构与工作原理 2.1～2.2 /2.2～2.3 /2.4～2.6	6			6
第 3 章　单片机的指令系统 3.1～3.3/3.3	4			4
第 4 章　汇编语言程序设计基础 4.1～4.6/小灯亮灭程序演示、流水灯程序演示	4			4
第 5 章　单片机 C 语言程序设计 5.1～5.5/5.6	4			4
第 6 章　单片机基本单元结构与操作原理 6.1 /6.2/6.3	6			6
第 14 章　单片机课程实验——时钟电路的设计制作分析/"六位时钟电路程序"分析	2			2
第 15 章　单片机课程实验——DS1302 实时时钟设计分析	2			2
第 16 章　单片机课程实验——数字温度计设计分析	2			2
合　计	32			

4. 与相关课程的联系

本课程所涉及的知识基础是计算机程序语言及电路设计中的模拟电路与数字电路的基础知识。应先修计算机文化基础、C 语言程序设计、模拟电子技术、数字电子技术等基础课程。单片机设计中有关数制与运算的知识涉及"计算机文化基础"课程,单片机设计中采用 C 语言程序设计,知识涉及"C 语言程序设计"课程,单片机接口设计中的知识涉及到"模拟电子技术"、"数字电子技术"等基础课程。本课程是提高单片机课程实验、单片机课程设计、毕业设计等实践环节教学质量的重要基础课程。

5. 课程考核与成绩评定

本课程考核满分为 100 分,其中平时听课与作业占总评分的 30%,课程考试占总评分的 70%。课程考试采用计算机电子考试或纸质考试,计算机电子考试采用计算机题库出题,由计算机自动评分。纸质考试可采用开卷考试,考试内容强调对知识的理解和应用,避免死记硬背,题量适中。

6. 教材与教学参考书

教材:

[1] 楼然苗,胡佳文,李光飞,等. 51 系列单片机原理及应用[M]. 北京:北京航空航天大学出版社,2014.

教学参考书:

[1] 楼然苗,胡佳文,李光飞,等. 单片机实验与课程设计指导(Proteus 仿真版)[M]. 2 版. 杭州:浙江大学出版社,2013.

[2] 楼然苗,李光飞. 单片机课程设计指导[M]. 2 版. 北京:北京航空航天大学出版社,2012.

附录 C "单片机原理及应用实验"课程的教学大纲(参考)

课程名称(中文)： 单片机原理及应用实验

课程名称(英文)： Principles & Applications of Microcontroller

课程编码： 0431021　　　　　　　　　**开课学期：** 第 4 学期

学时/学分： 32/1　　　　　　　　　　**课程性质：** 学科基础课

实验指导书名称：

[1] 楼然苗,胡佳文,李光飞,等. 51 系列单片机原理及应用[M]. 北京:北京航空航天大学出版社,2014.

实验参考教材：

[1] 楼然苗,胡佳文,李光飞,等. 单片机实验与课程设计指导(Proteus 仿真版) [M]. 2 版. 杭州:浙江大学出版社,2013.

适用专业： 船舶电子电气工程、电子信息工程、电气工程及其自动化

1. 实验目的与要求

通过单片机编程与调试(仿真)实验,使学生掌握 51 系列单片机芯片的硬件接口应用和编程方法,进一步熟悉并掌握单片机最小应用系统的设计方法,加深学生对课程内容的理解,培养学生利用单片机解决实际问题的能力,为下阶段的课程设计及毕业设计打下良好的基础。

2. 主要仪器设备

计算机(预装 Proteus、Keil - C51、Wave 等软件)、STC89C52RC 单片机及单片机实验板(学校自制)、12 V 小电源、USB 转串口线(9 针串行线)等。

3. 实验方式与基本要求

本课程为独立设课实验,共开设 10 个实验项目,其中验证性实验项目 7 个,综合性设计实验项目 3 个,全部在实验室完成。因本课程实验与单片机原理及应用课程在同一学期开设,所以理论课排课从第 1 周开始,而实验排课时间可考虑从 6～10 周开始。实验基本要求如下：

实验 1：LED 小灯实验。完成对接在 P1、P3 端口的发光二极管闪亮控制程序的编程和调试。

实验 2：定时器/计数器实验。使用单片机定时器,编程完成对接在 P1、P3 端口的发光二极管闪亮控制程序的调试。

实验 3：定时器中断实验。使用单片机定时中断方式,编程在 P1 端口输出一定周期要求的方波信号或小灯亮灭控制信号。

实验 4：串行口通信实验。分别使用同步移位及方式 1 编程实现单片机串行方式数据发送及接收。

实验 5：按键接口实验。编程实现行列式按键及单端口按键的读键与小灯亮灭控制功能。

实验 6：八位共阳 LED 数码管实验。学习使用动态扫描法实现 LED 数码管显示数字的编程方法。

实验 7：LCD 液晶显示器实验。学习使用点阵液晶显示器（AMPIRE128×64 LCD）的中文及英文字符显示方法。

实验 8：时钟电路的设计制作实验。要求用六位 LED 数码管显示时、分、秒，以 24 小时计时方式运行，使用按键开关可实现时分调整功能，或由学生自己定义时钟系统的功能及实现方法。重点让学生学会使用定时器中断、掌握通过程序实现 24 小时计时的方法、理解动态扫描原理、定时响铃原理、时间调整原理、班级学号显示原理等等。

实验 9：DS1302 实时时钟设计实验。要求用实时时钟芯片 DS1302、单片机及六位 LED 数码管，能显示年、月、日、星期、时、分、秒，使用按键开关可实现年、月、日及时、分调整功能，或由学生自己定义时钟系统的功能及实现方法。

实验 10：数字温度计设计实验。要求能显示正负温度，温度显示最小分辨率 0.1 ℃，显示（测量）温度范围为 −55.0～125.0 ℃。或由学生自己定义测温精度及显示位数。

4. 实验报告要求

学生实验前应认真预习实验内容，实验后认真及时撰写实验报告并上交，实验报告要求用笔书写，文字工整，图表规范，结果讨论确切。

5. 实验成绩评定

① 实验考核成绩为 100 分制，总成绩按每次实验成绩累计，不设期末考试。其中实验项目 1 至项目 7 每个实验为 5 分，实验项目 8（时钟电路的设计制作）为 25 分，实验项目 9（DS1302 实时时钟设计）及实验项目 10（数字温度计设计）各为 20 分。

② 每次实验成绩可结合实验上课时是否准时到课、实验纪律、实验程序复杂程度等适当扣减分数。

③ 实验报告按老师统一格式。

6. 实验项目设置与内容

实验项目设置与内容如表 C.1 所列。

表 C.1　实验项目设置与内容

序号	实验项目名称	学时	属性	要求	基本实验要求	实验者类别	每组人数
1	LED 小灯实验	2	验证	必做	完成对接在 P1、P3 端口的发光二极管闪亮控制程序的设计和调试。具体要求: 1. 用程序延时的方法让 P1 口的某 1 个 LED 小灯每隔 1 s 交替闪亮。 2. 用程序延时的方法让 P1 口的 8 个 LED 发光二极管循环闪亮(每个亮 50 ms)。 3. 用程序延时的方法让 P1 口的 8 个 LED 小灯追逐闪亮(50 ms 间隔变化)。 4. 用程序延时的方法让 P1、P3 口的 16 个 LED 小灯循环闪亮(每个亮 50 ms)。 5. 完成实验报告	电子电气船电本科生	1
2	定时器/计数器实验	2	验证	必做	完成对接在 P1、P3 端口的发光二极管闪亮控制程序的设计和调试。具体要求: 1. 选择定时器 T0 为工作方式 1,定时溢出时间为 50 ms,使 P1 口的 8 个发光二极管循环闪亮。 2. 选择定时器 T0 为工作方式 1,定时溢出时间为 50 ms,使 P1.0 口的一个发光二极管每隔 1 s 交替闪亮。 3. 使用定时器 T0、T1 为工作方式 1,定时溢出时间为 50 ms,分别控制 P1、P3 口的小灯,各使对应端口的 8 个发光二极管循环闪亮。 4. 将 T0 定时器设定为工作方式 2,使 P1.0 口的一个发光二极管每隔 50 ms 交替闪亮。 5. 完成实验报告	电子电气船电本科生	1
3	定时器中断实验	2	验证	必做	在 P1 端口输出一定周期要求的方波信号或小灯亮灭控制信号。具体要求: 1. 利用 T0 的定时中断法,在 P1.0 端口产生 500 Hz(周期 2 ms)的对称方波脉冲。 2. 利用 T0、T1 定时中断,在 P1.0 端口与 P1.1 端口分别产生 500 Hz(周期 2 ms)、1 000 Hz(周期 1 ms)的对称方波脉冲。 3. 完成实验报告	电子电气船电本科生	1
4	串行口通信实验	2	验证	必做	1. 在串行口方式 0 下将数据 1、2、3、4、5、6、7、8 依次从单片机串行口通过同步移位方式发送到串入并出集成电路 74HC595,并在 74HC595 数据输出用 LED 小灯显示数据(灯亮为逻辑 0,灯灭为逻辑 1)	1	

序号	实验项目名称	学时	属性	要求	基本实验要求	实验者类别	每组人数
4	串行口通信实验	2	验证	必做	2. 在串行口方式1(波特率为1 200)下将数据1、2、3、4、5、6、7、8分别从一单片机发送到另一单片机,接收单片机在P1口输出接收到的数据,并用端口的LED小灯显示数据(灯亮为逻辑0,灯灭为逻辑1)。 3. 完成实验报告	电子电气船电本科生	1
5	按键接口实验	2	验证	必做	1. 用单片机P2.0~P2.2端口的3个按键分别控制P1.0~P1.3端口的3个LED小灯的亮与灭。 2. 用单片机P2.0~P2.7端口的16个行列式按键分别对应控制P1与P3端口的16个LED小灯的亮与灭。 3. 完成实验报告	电子电气船电本科生	1
6	八位共阳LED数码管实验	2	验证	必做	1. 将8个内存单元中的数(1~8)用八个LED共阳数码管显示出来。 2. 在显示数的百位及万位位置显示两个小数点。 3. 让某个内存中的数闪烁显示。 4. 完成实验报告	电子电气船电本科生	1
7	LCD液晶显示器实验	2	验证	必做	1. 显示四行汉字与数字。第一行为中文姓名,学号;第二行和第三行为自拟中文文字;第四行为数字或英文。 2. 让数据有动态的变化,或让某个文字闪烁显示	电子电气船电本科生	1
8	时钟电路的设计制作	6	综合	必做	用六位LED数码管显示时、分、秒,以24小时计时方式运行,使用按键开关可实现时分调整功能,或由学生自己定义时钟系统的功能及实现方法,完成实验设计报告	电子电气船电本科生	1
9	DS1302实时时钟设计	6	综合	必做	时钟计时器要求用六位LED数码管显示年、月、日、星期、时、分、秒,使用按键开关可实现年、月、日及时、分调整功能,或由学生自己定义时钟系统的功能及实现方法,完成实验设计报告	电子电气船电本科生	1
10	数字温度计设计	6	综合	必做	要求能显示正、负温度,温度显示最小分辨率0.1℃,显示(测量)温度范围为−55.0~125.0℃。或由学生自己定义测温精度及显示位数,完成实验设计报告	电子电气船电本科生	1

附录 D "单片机原理及应用实验" 课程的实验报告(式样参考)

实验项目名称：   实验学时：

实验属性(验证性/综合性)：

实验者姓名：   学号：   组别：

实验日期：

1. 实验目的与要求

2. 实验仪器(包括型号、编号等)

3. 实验硬件(仿真)电路图

4. 实验原理与程序(不够可加页)

5. 实验结果讨论

参 考 文 献

[1] 何立民. 单片机高级教程——应用与设计[M]. 北京:北京航空航天大学出版社,2000.

[2] 何立民. 单片机中级教程——原理与应用[M]. 北京:北京航空航天大学出版社,2000.

[3] 楼然苗,李光飞. 51系列单片机设计实例[M]:北京:北京航空航天大学出版社,2003.

[4] 楼然苗,李光飞. 51系列单片机设计实例[M]. 2版. 北京:北京航空航天大学出版社,2005.

[5] 楼然苗,李光飞. 单片机课程设计指导[M]. 北京:北京航空航天大学出版社,2007.

[6] 李光飞,楼然苗,胡佳文,等. 单片机课程设计实例指导[M]. 北京:北京航空航天大学出版社,2004.

[7] 李光飞,李良儿,楼然苗,等. 单片机C程序设计实例指导[M]. 北京:北京航空航天大学出版社,2005.

[8] 楼然苗,胡佳文,李光飞,等. 51系列单片机原理及设计实例[M]. 北京:北京航空航天大学出版社,2010.

[9] 楼然苗,胡佳文,李光飞,等. 单片机实验与课程设计(Proteus仿真版)[M]. 杭州:浙江大学出版社,2010.

[10] 楼然苗,李光飞. 单片机课程设计指导[M]. 2版. 北京:北京航空航天大学出版社,2012.

[11] 楼然苗,胡佳文,李光飞,等. 单片机实验与课程设计指导(Proteus仿真版)[M]. 2版. 杭州:浙江大学出版社,2013.

[12] 赖麒文. 8051单片机C语言彻底应用. 北京:科学出版社,2002.

[13] 何立民. 嵌入式系统的定义与发展历史. http://blog. csdn. net/leehom_zlj/archive/2007/12/11/1930071. aspx.